高等学校消防指挥专业系列教材
编委会名单

高等学校消防指挥专业系列教材

建筑防火

主　编　吕显智　周白霞

副主编　宋瑞明

参　编　李明昌　张　堃　马建云　陶　昆
杨　秸　杨　雁　马　峰

机械工业出版社

建筑防火是消防工程专业的核心课程之一。本教材以建筑防火的相关技术为主线，以标准、规范为依据，以建筑火灾基础理论为指导，介绍了建筑基本知识、建筑材料的火灾高温特性、建筑火灾与基本消防对策、建筑物耐火等级、建筑总平面防火、建筑物的防火分区、建筑消防安全疏散、建筑防排烟、建筑内部装修及外墙保温防火及建筑消防设施。

本书可供高等院校消防工程、建筑防火类专业的师生作为参考教材，也可供从事建筑防火工程的有关科研、设计和消防管理的技术人员在工作中学习参考。

图书在版编目（CIP）数据

建筑防火/吕显智，周白霞主编．—北京：机械工业出版社，2014.5（2025.8 重印）
高等学校消防指挥专业系列教材
ISBN 978-7-111-46386-3

Ⅰ．①建…　Ⅱ．①吕…　②周…　Ⅲ．①建筑物—防火系统—建筑设计—高等学校—教材　Ⅳ．①TU972

中国版本图书馆 CIP 数据核字（2014）第 067337 号

机械工业出版社（北京市百万庄大街 22 号　邮政编码 100037）
策划编辑：陈紫青　　责任编辑：邹云鹏　李　超　陈紫青
版式设计：墨格文慧　　责任校对：李锦莉
封面设计：路恩中　　责任印制：常天培
河北虎彩印刷有限公司印刷
2025 年 8 月第 1 版第 12 次印刷
184mm×260mm · 12.75 印张 · 2 插页 · 321 千字
标准书号：ISBN 978-7-111-46386-3
定价：39.00 元

电话服务　　网络服务
客服电话：010-88361066　　机　工　官　网：www.cmpbook.com
010-88379833　　机　工　官　博：weibo.com/cmp1952
010-68326294　　金　　书　　网：www.golden-book.com
封底无防伪标均为盗版　　机工教育服务网：www.cmpedu.com

前　　言

教材建设是院校建设的一项基础性、长期性工作。配套、适用、体系化的专业教材不但能满足教学发展的需要，还对深化教学改革、提高人才培养质量起着极其重要的作用。

本次教材编写工作，认真贯彻“教为战”的办学思想，满足当前消防人才培养的新需要，立足教学实际，注重学科专业体系化建设，注重对各学科知识内容的更新，特别是对前沿消防科学技术、消防理论研究成果的吸纳和应用；教材结构安排和编写体例紧紧围绕基础理论知识学习和基本操作训练，突出案例教学和实践教学，着重提高学生的专业理论水平和实际工作技能。本教材适用于消防指挥专业人才培养教学需要，也可用作企业专职消防员培训和消防工程技术人员的参考书。

本书由吕显智、周白霞担任主编。具体的编写分工如下：第一章，杨雁；第二章，张堃；第三章，杨秸；第四章，马峰；第五章，张堃；第六章，陶昆；第七章，宋瑞明；第八章，马建云；第九章，周白霞；第十章，吕显智、李明昌。吕显智负责全书统稿。四川消防总队防火部宋晓勇高级工程师、四川消防科研所张泽江研究员对本书的编写提出了许多宝贵的意见和建议，在此对他们表示衷心的谢意！

鉴于编者人员学识水平和实践经验有限，本书难免存在疏漏和错误之处，敬请读者和同行批评斧正。

编　者

目　　录

前言

第一章　建筑基本知识 1

第一节　建筑概述 1
第二节　工业与民用建筑的基本构造组成和分类 4

第二章　建筑材料的火灾高温特性 29

第一节　建筑材料及其火灾高温特性 29
第二节　钢材 31
第三节　钢筋混凝土 34
第四节　建筑玻璃 36
第五节　建筑塑料 39
第六节　木材 42

第三章　建筑火灾与基本消防对策 44

第一节　建筑火灾 44
第二节　建筑火灾的发展蔓延 49
第三节　建筑火灾的基本消防对策 59

第四章　建筑物耐火等级 62

第一节　建筑构件的耐火性能 62
第二节　建筑物耐火等级的划分及确定 64

第五章　建筑总平面防火 68

第一节　建筑总平面设计 68
第二节　建筑总平面设计的一般防火要求 73
第三节　防火间距 77
第四节　消防车道及登高救援场地 82

第六章　建筑物的防火分区 86

第一节　防火分区的划分 86
第二节　主要防火分隔物 92
第三节　特殊部位防火分隔及其布置 97

第七章　建筑消防安全疏散 101

第一节　概述 101
第二节　安全出口 105
第三节　疏散楼梯及楼梯间 111
第四节　消防电梯 115
第五节　特殊部位的安全疏散 117
第六节　消防应急照明和疏散指示标志 121

第八章　建筑防排烟 123

第一节　设置防排烟设施的必要性 123
第二节　火灾烟气的蔓延及控制方式 124
第三节　建筑防排烟设计 130
第四节　建筑防排烟设备及其附件 138

第九章　建筑内部装修及外墙保温防火 142

第一节　建筑内部装修防火概述 142
第二节　建筑内部装修防火设计一般要求 144
第三节　各类建筑内部装修防火设计 149
第四节　建筑外墙保温概述 153
第五节　建筑外墙保温防火设计要求 155

第十章　建筑消防设施 158

第一节　火灾自动报警系统 158
第二节　消火栓系统 167
第三节　自动喷水灭火系统 174
第四节　气体灭火系统 179
第五节　灭火器 183
第六节　建筑消防设施供电系统 194
第七节　建筑消防设施在灭火救援中的应用 197

参考文献 201

第一章　建筑基本知识

建筑活动是人类基本实践活动之一，建筑是人类文明的产物。人类在其进化和文明发展过程中不断地用各种材料修建各式建筑，使人类赖以生存的条件得到不断改善。各式各样的建筑物不仅反映了人类本身所处时代的科学技术与文化艺术的水平和成就，同时还反映了当时社会的政治、经济、军事等方面的情况。本章主要介绍建筑的基本发展情况以及最基础的建筑基本知识。

第一节　建 筑 概 述

【学习目标】

1. 了解建筑对人类的重要意义及建筑的简要发展历程。
2. 熟悉建筑物和构筑物的区别。

建筑总是伴随着人类的发展，建筑活动几乎与人类社会一样古老。恩格斯在《家庭、私有制和国家的起源》一书中说：在史前蒙昧时代的高级阶段，火和石斧通常已经使人能够制造木舟，有的地方已经使人能够用木材和木板来建筑房屋了。建筑物最初是人类为了遮风避雨和防备野兽侵袭的需要而产生的，当初人们利用树枝、石块这样一些容易获得的天然材料，粗略加工，盖起了树枝棚、石屋等原始建筑物；同时，为了满足人们精神上的需要，还建造了石环、石台等原始的宗教和纪念性建筑物。随着社会生产力的不断发展，人们对建筑物的要求也日益多样和复杂，出现了许多不同的建筑类型，它们在使用功能、建筑材料、建筑技术和建筑艺术等方面都得到了很大的发展。

本章学习目的是：学习建筑基础知识，熟悉建筑物的基本结构和构造，为进一步学习建筑预防火灾与扑救知识奠定基础。

一、建筑物和构筑物

“建筑”是建筑物和构筑物的总称。建筑物又通称为“建筑”。一般是把供人们生活居住、工作学习、娱乐和从事生产的建筑称为建筑物，如住宅、学校、办公楼、影剧院、体育馆等。所谓构筑物就是不具备、不包含或不提供人类居住功能的建筑，如水塔、蓄水池、烟囱及储油罐等。

二、建筑物的分类

（一）按建筑物用途分类

1. 民用建筑

民用建筑是指供人们工作、学习、生活、居住用的建筑物，包括居住建筑（住宅、宿舍、公寓等）和公共建筑（办公楼、教学楼、医院、图书馆、电影院、体育馆、展览馆、宾馆、商场、电视台、银行、航空港、公园、纪念馆等）。

2．工业建筑

工业建筑是指为工业生产服务的生产车间及为生产服务的辅助车间、动力用房、仓储用房等。

3．农业建筑

农业建筑是指供农（牧）业生产和加工用的建筑，如种子库、温室、畜禽饲养场、农副产品加工厂、农机修理厂（站）等。

大部分农业建筑的构造方法和设计原理与工业建筑、民用建筑相似，因此，人们又习惯把农业建筑划归到工业建筑和民用建筑两大类中。

（二）按建筑的高度分类

1．单层、多层建筑

单层、多层建筑是指建筑高度不超过27m的住宅，建筑高度不超过24m（或已超过24m但为单层）的公共建筑和工业建筑。

2．高层建筑

高层建筑是指建筑高度超过27m的住宅建筑和其他建筑高度超过24m的非单层建筑。

3．超高层建筑

超高层建筑是指建筑高度超过100m的高层建筑。

（三）按建筑结构形式分类

1．木结构建筑

木结构建筑是指以木材作为房屋承重骨架的建筑，如图1-1所示。我国古代建筑大多采用木结构。木结构具有自重轻、构造简单、施工方便等优点，但木材易腐、易燃，又因我国森林资源缺少，现已很少采用。

2．砖混结构建筑

砖混结构建筑是指以砖墙和混凝土构造的以梁、板、柱为主要承重构件的建筑。这种结构便于就地取材，能节约钢材、水泥和降低造价，但抗震性能差，自重大，不宜用于地震多发区和地基软弱的地方。

3．钢筋混凝土结构建筑

钢筋混凝土结构建筑是指以钢筋混凝土构件作为承重构件的建筑。该类建筑具有坚固耐久、防火和可塑性强等优点，故应用很广泛，发展前途最大。现代建筑中，多层与高层建筑常用的钢筋混凝土结构体系主要有框架结构和剪力墙结构（包括框-剪、全剪和筒式结构）等几种。

（1）框架结构　框架结构是指由梁和柱通过刚接或者铰接而构成承重体系的结构，即由梁和柱组成框架共同抵抗使用过程中出现的水平荷载和竖向荷载，如图1-2所示。采用框架结构的房屋墙体不承重，仅起到围护和分隔作用，一般用预制的加气混凝土、膨胀珍珠岩、空心砖或多孔砖、浮石、蛭石、陶粒等轻质板材砌筑或装配而成。

（2）剪力墙结构　剪力墙结构是指用钢筋混凝土墙板来代替框架结构中的梁柱的结构，其能承担各类荷载引起的内力，并能有效控制结构的水平力。剪力墙作为侧力构件用于高层建筑上，其主要效能在于提高房屋的抗侧力刚度。随着房屋高度的不断增加，所需抗侧力刚度的要求也逐渐增长，为了满足房屋在一定高度时对刚度的要求，就必须运用剪力墙这一手段。当前，剪力墙结构体系主要有：框架-剪力墙结构、剪力墙结构、筒式结构（图 1-5）等三大类。框架-剪力墙结构，就是在框架体系的房屋中设置一些剪力墙来代替部分框架的结构（图 1-3）。剪力墙结构是全部由剪力墙承重而不设框架的结构体系（图 1-4）。筒式结构由框架-剪力墙结构与全剪力墙结构综合演变和发展而来，它将剪力墙或密柱框架集中到由房屋的内部和外围而形成的空间封闭式的筒体中，如图 1-5 与图 1-6 所示。其特点是剪力墙集中而可获得较大的自由分割空间，多用于写字楼建筑。

图 1-1　木结构

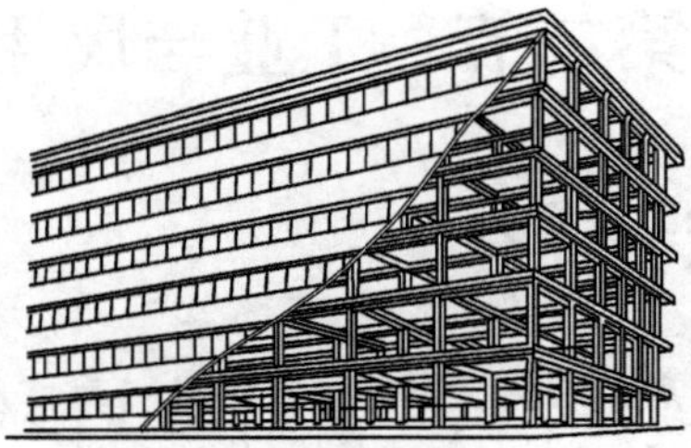

图 1-2　框架结构

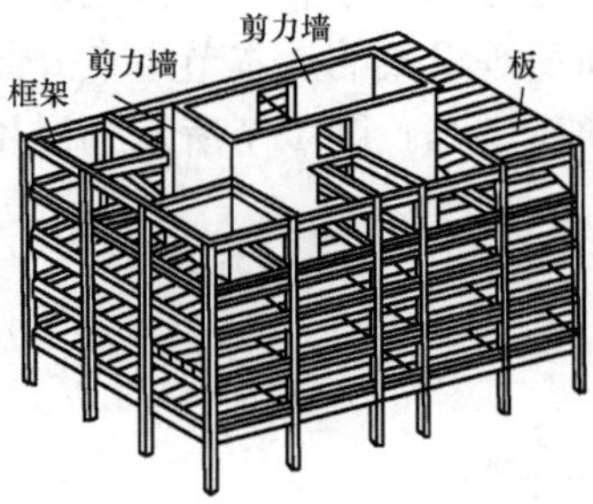

图 1-3　框架剪力墙结构

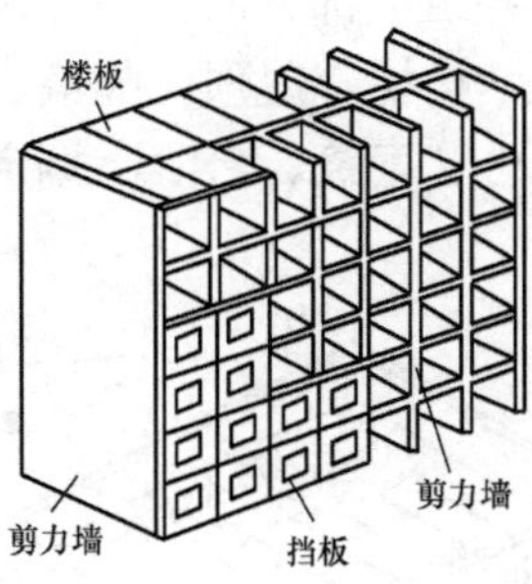

图 1-4　剪力墙结构

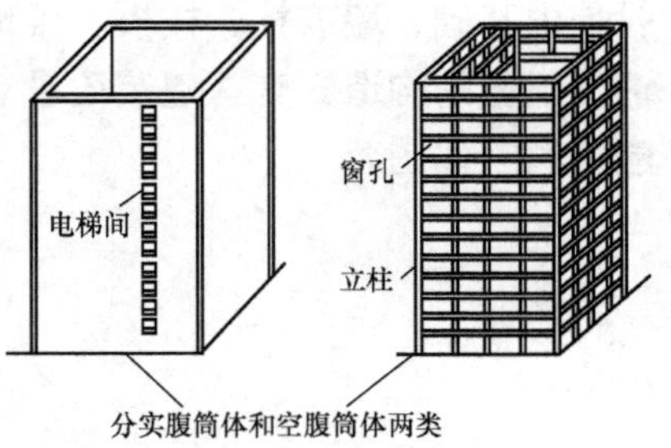

图 1-5　筒式示意

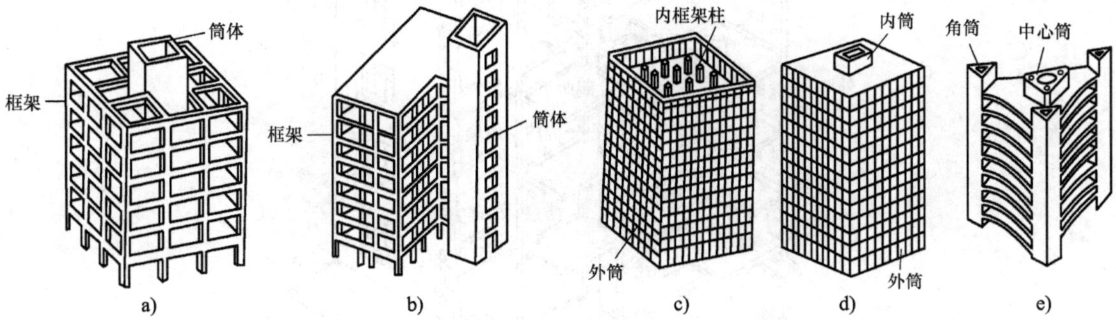

图 1-6　各种筒式结构

a）筒体-框架结构（内筒式）　b）筒体-框架结构（外移式）　c）框筒结构　d）筒中筒结构　e）多筒结构

4．钢结构建筑

钢结构建筑是指以型钢作为房屋承重骨架的建筑。钢结构力学性能好，便于制作和安装，结构自重轻，适宜在超高层和大跨度建筑中采用。随着我国高层、大跨度建筑的发展，采用钢结构的趋势正在增长。

（四）按建筑物的耐火等级分

根据建筑构件的燃烧性能和耐火极限，将建筑物的耐火等级划分为一、二、三、四级，其中一级耐火等级建筑物的耐火性能最好，四级耐火等级建筑物的耐火性能最差。

【思考与练习题】

1．建筑物和构筑物的区别是什么？

2．建筑物按结构类型和耐火等级如何分类？

第二节　工业与民用建筑的基本构造组成和分类

【学习目标】

1. 了解民用建筑的基本构造及分类。
2. 熟悉民用建筑中重要构、配件的位置、作用、特点及材料使用要求。
3. 了解工业建筑的特点及分类。

建筑构造是一门专门研究建筑物各组成部分的构造原理和构造方法的学科。一幢建筑一般是由基础、墙或柱、楼板、楼地面、楼梯、屋顶、隔墙、门和窗等组成的，本节重点介绍这几部分的构造。有些建筑还设有阳台、雨篷、台阶、烟道和通风道等。图 1-7 所示为民用建筑的立体图。

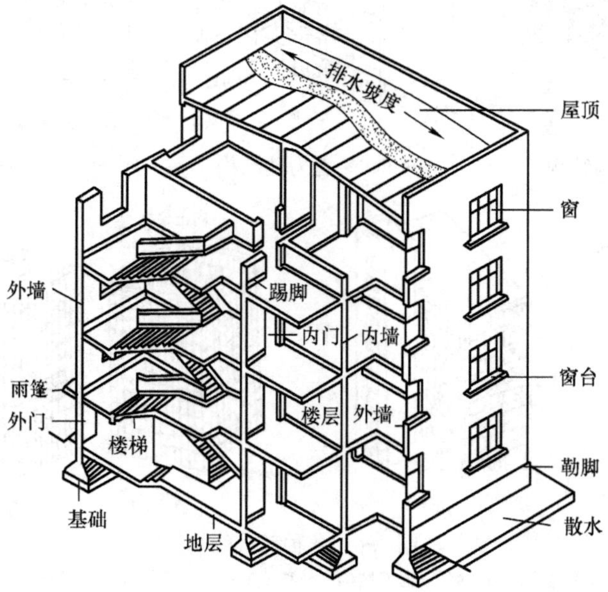

图 1-7　民用建筑立体图

一、民用建筑的基本构造组成

（一）基础和地下室

1．基础与地基

基础与地基是两回事，但又有不可分割的关系。地基承受由基础传来的全部荷载，包括建筑物的自重和其他荷载；基础是建筑物的一个组成部分，它承受着建筑物的全部荷载并把它传给地基。

地基有天然地基和人工地基之分。凡天然土层具有足够的承载能力，不需进行人工改善或加固便可作为建筑物地基的称为天然地基。天然地基不能承受基础传递的全部荷载，需经人工处理后作为地基的土体称为人工地基。

基础按构造形式分为条形基础、满堂基础、箱形基础、桩基础、片筏基础、井格基础等，如图 1-8 所示；按材料分为砖基础、毛石基础、混凝土基础和钢筋混凝土基础等；按埋置深度分为浅基础、深基础和不埋基础。

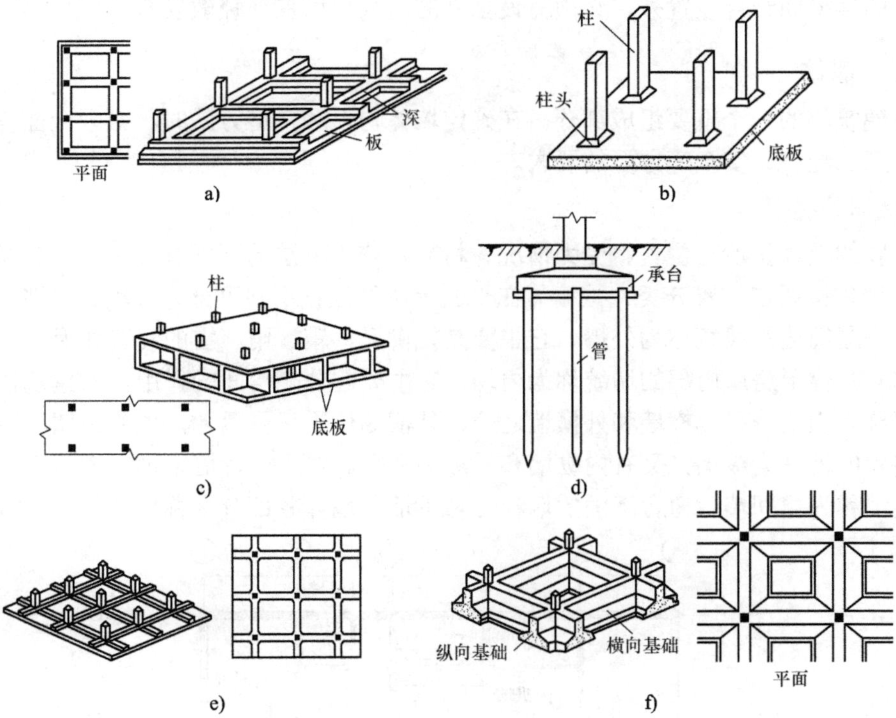

图 1-8　基础的类型

a）条形基础　b）满堂基础　c）箱型基础　d）桩基础　e）片筏基础　f）井格基础

2．地下室的构造组成及分类

建筑物下部的地下使用空间称为地下室。地下室一般由墙身、底板、顶板、门窗、楼梯等部分组成，地下室的构造组成如图 1-9 所示。

按埋入地下深度的不同地下室可分为全地下室和半地下室，如图 1-10 所示。全地下室是指地下室地面低于室外地坪的高度超过该房间净高的 1/2，半地下室是指地下室地面低于室外地坪的高度为该房间净高的 1/3～1/2。半地下室往往利用采光井采光，这类做法的实例较多。现代高层建筑大多都设有地下室。

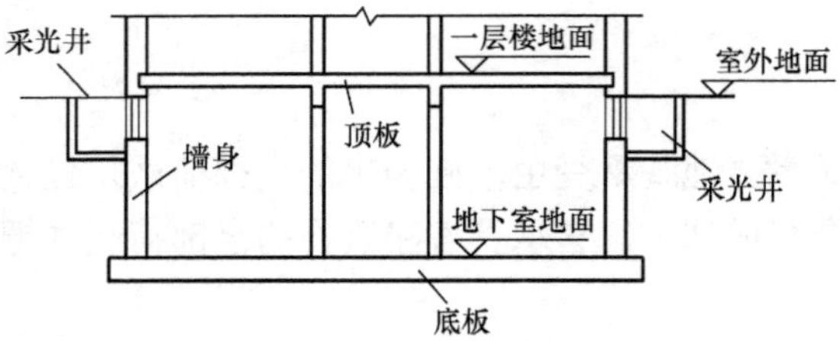

图 1-9　地下室的构造组成

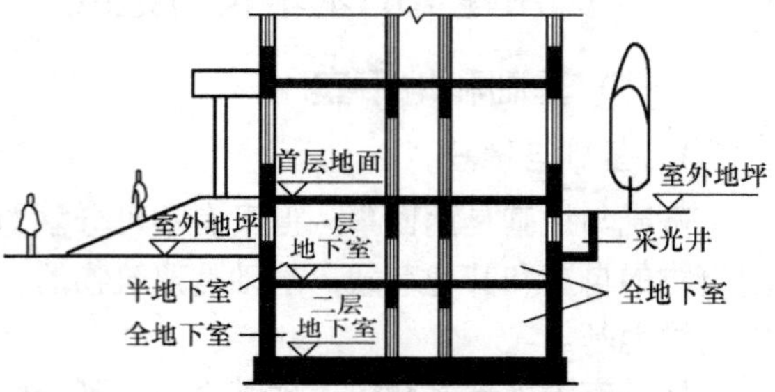

图 1-10　地下室的类型

按功能分地下室有普通地下室和人防地下室；从结构上看，又有砖墙结构和钢筋混凝土结构地下室。人防地下室多设于较重要的建筑物下面。由于其上的建筑物有一定的防护能力，又由于它与地面建筑物同时建造，同单独建造的人防工事相比，能降低造价，节约用地，便于施工，有利于平战结合。人防地下室可适当增加内墙以提高结构的抗力，其出入口除与地面建筑物的楼梯间结合设置外，必须另设独立的出入口以保证疏散安全。

（二）墙体

墙是建筑物的一个重要组成部分。在确定墙体材料和构造方法时，必须全面考虑使用、结构、施工、经济、安全等方面的要求。

1. 墙体的类型

建筑物的墙体按所在位置、受力情况、材料及施工方法的不同有如下几种分类方式：

（1）墙体按所在位置分类　按墙体在平面上所处位置不同可分为外墙、内墙和纵墙、横墙。位于房屋周边的墙统称为外墙，它主要是抵御风、霜、雨、雪的侵袭和保温、隔热，起维护作用。凡位于房屋内部的墙统称为内墙，它主要起分隔房间的作用。沿建筑物短轴方向布置的墙称为横墙，有内横墙和外横墙之分，外横墙位于房屋两端，也称山墙。沿建筑物长轴方向布置的墙称为纵墙，又有内纵墙和外纵墙之分。对于一片墙来说，窗与窗之间和窗与门之间的墙称为窗间墙，窗台下面的墙称为窗下墙。墙体各部分名称如图 1-11 所示。

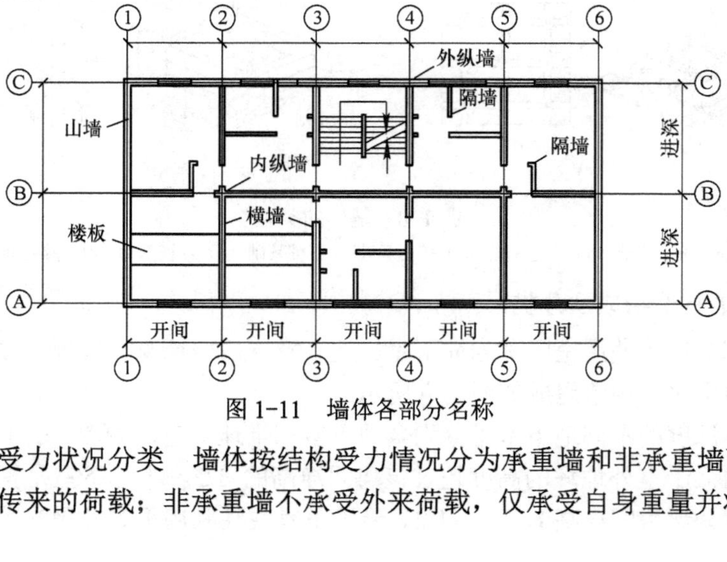

图 1-11　墙体各部分名称

（2）墙体按受力状况分类　墙体按结构受力情况分为承重墙和非承重墙两种：承重墙直接承受上部结构传来的荷载；非承重墙不承受外来荷载，仅承受自身重量并将其传至梁或楼板。悬挂在建筑物外部的轻质墙体称为幕墙，包括金属幕墙和玻璃幕墙。

（3）墙体按材料分类　墙体所用材料种类很多，用砖和砂浆砌筑的墙为砖墙；用石块和砂浆砌筑的墙为石墙；用土坯和黏土砂浆砌筑的墙或在模板内填充黏土夯实而成的墙为土墙；现浇或预制的钢筋混凝土墙；利用工业废料制成各种砌块砌筑的砌块墙。

2．砖墙材料

砖按材料不同，有黏土砖、页岩砖、粉煤灰砖、灰砂砖、炉渣砖、加气混凝土砌块、陶粒砌块、混凝土空心砌块等；按形状分有实心砖、多孔砖和空心砖。

3．对墙的要求

不同性质和位置的墙，应分别满足或同时满足下列某项或某几项要求：

1）所有的墙都应有足够的强度和稳定性，以保证建筑物坚固耐久。

2）建筑物的外墙必须满足热工方面的要求，以保证房间内具有良好的气候和卫生条件。

3）要满足隔声方面的要求。

4）要满足防火要求。

5）要减轻自重，降低造价，不断采用新的墙体材料和构造方法。

6）要适应建筑工业化的要求，尽可能采用预制装配化构件和机械化施工方法。

4．砖墙构造

常用的实心砖墙是由普通黏土砖砌成的。普通黏土砖墙的厚度是按半砖的倍数确定的，标准砖的尺寸是：240mm×115mm×53mm。如半砖墙（12 墙）、3/4 砖墙（18 墙）、一砖墙（24 墙）、一砖半墙（37 墙）、两砖墙（49 墙）等，相应的实际尺寸为 115mm、178mm、240mm、365mm、490mm 等，习惯上以它们的标志尺寸来称呼。墙厚与砖规格的关系如图 1-12 所示。

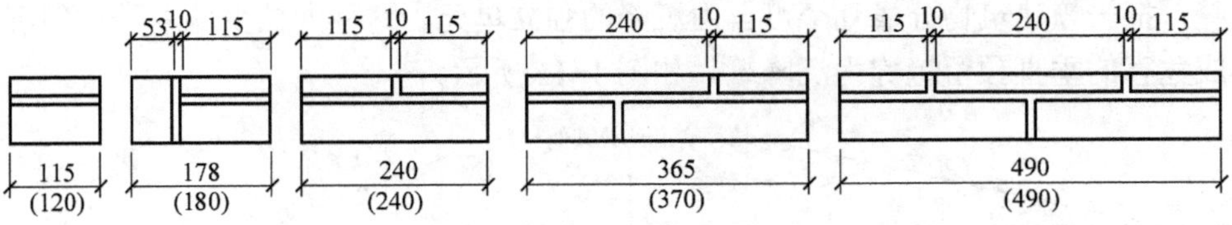

注：( ) 内尺寸为标志尺寸

图 1-12　墙厚与砖规格的关系

5．墙体细部构造

墙体的细部构造包括门窗过梁、窗台、勒脚、散水、明沟、变形缝、壁柱、门垛、圈梁等。

（1）过梁　当墙体上开设有门窗洞口时，为了承受洞口上部砌体传来的各种荷载，并把这些荷载传给洞口两侧的墙体，常在门窗洞口上设置过梁。

（2）窗台　当室外雨水沿窗向下流淌时，为避免雨水积聚于窗洞下部，并沿窗下框向室内渗透污染室内，常在窗洞下部靠室外一侧设置窗台。窗台应向外形成一定坡度，以利于排水。窗台有悬挑窗台和不悬挑窗台两种。

（3）勒脚　勒脚是墙身接近室外地面的部分，如图 1-13 所示。其高度一般指室内地坪与室外地面之间的高度差部分，也有将底层窗台至室外地面的高度视为勒脚。它起着保护墙身和增加建筑物美观的作用。

（4）散水与明沟　为防止雨水对墙基的侵蚀，常在外墙四周将地面做成倾斜的坡面，以便将雨水散至远处，这一斜坡即为散水，如图 1-13 所示。

明沟是设置在外墙四周的排水沟，将屋面落水和地面积水有组织地导向地下排水井，如图 1-14 所示。明沟一般设置在墙边，当屋面为自由落水时，明沟外移，其中心线与屋面檐口对齐。

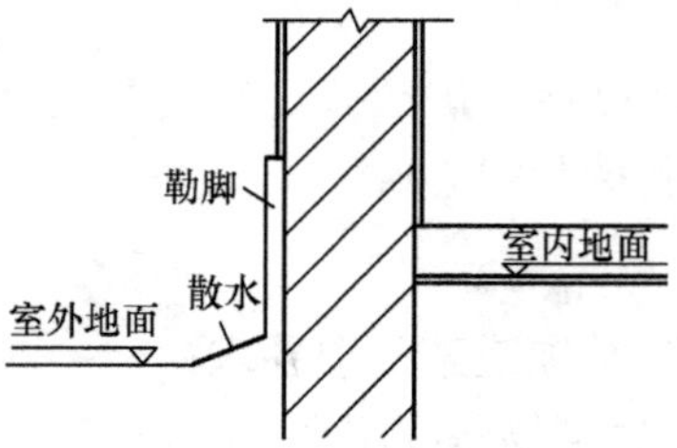

图 1-13　勒脚、散水

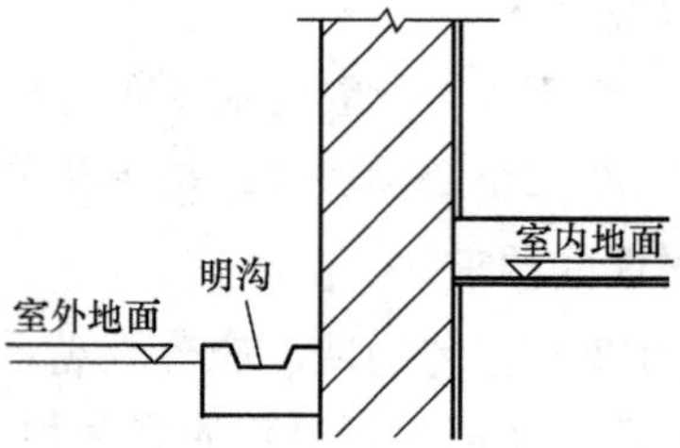

图 1-14　明沟排水

（5）变形缝　由于温度变化、地基不均匀沉降以及地震等因素的影响，使结构内部产生附加应力和变形，易使建筑物破坏、产生裂缝甚至倒塌。为减轻对建筑物的损坏，预先在变形敏感的部位将结构断开，预留缝隙，以保证建筑物有足够的变形宽度而不使建筑物破损。这种将建筑物垂直分割而预留的缝称为变形缝。变形缝有伸缩缝、沉降缝和防震缝三种。

1）伸缩缝（或温度缝）。伸缩缝是在长度或宽度较大的建筑物中，为避免由于温度变化引起材料的热胀冷缩导致构件开裂，而沿建筑物的竖向将基础以上部分全部断开的预留人工缝，如图 1-15 所示。

2）沉降缝。在同一幢建筑中，由于其高度、荷载、结构及地基承载力的不同，致使建筑物各个部分沉降不均匀，墙体拉裂。故在建筑物某些部位设置从基础到屋面全部断开的垂直预留缝，把一幢建筑物分成几个可自由沉降的独立单元。这种为减少地基不均匀沉降对建筑物造成危害的垂直预留缝称为沉降缝，如图 1-16 所示。

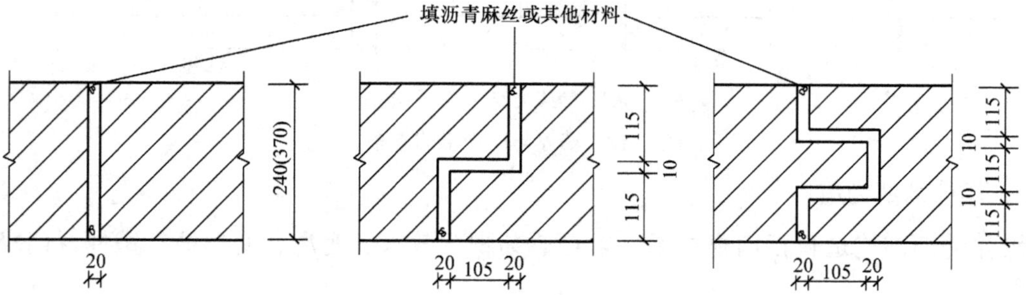

图 1-15　伸缩缝形式

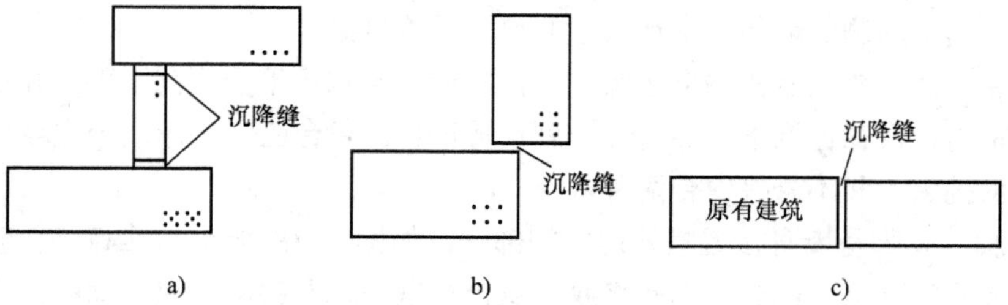

图 1-16　沉降缝设置举例

3）防震缝。地震烈度大于或等于 8 度的地区，为防止建筑物各部分由于地震引起房屋破坏所设置的垂直缝称为防震缝。防震缝从基础顶面断开，并贯穿于建筑物全高。缝的两侧应有墙，将建筑物分为若干体型简单、结构刚度均匀的独立单元。在地震设防区，当建筑物需设置伸缩缝或沉降缝时，应统一按防震缝对待。

（6）墙身的加固　由于墙身承受集中荷载，受开设门窗洞口及地震等因素的影响，使墙体的稳定性受到影响，须在墙身采取加固措施，通常采用以下办法：

1）壁柱和门垛。当墙体的窗间墙上出现集中荷载，而墙厚又不足以承担其荷载，或墙体的长度和高度超过一定限度并影响到墙体稳定性时，常在墙身局部适当位置增设凸出墙面的壁柱以提高墙体刚度，如图 1-17 所示。

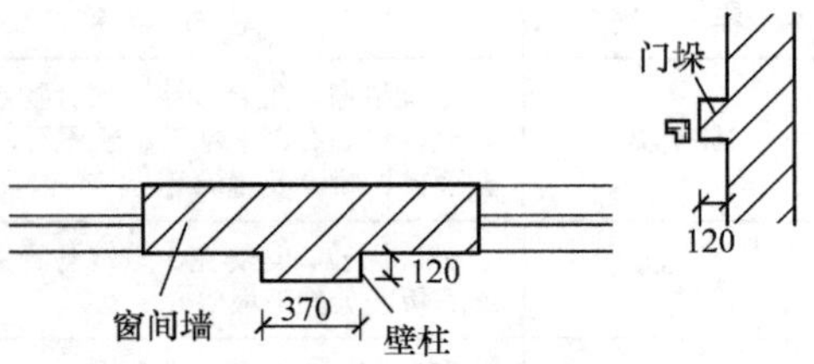

图 1-17　壁柱和门垛

当在较薄的墙体上开设门洞时，为便于门框的安装和保证墙体的稳定，须在门靠墙转角处或丁字接头墙体的一边设置门垛，门垛凸出墙面不少于 120mm，宽度同墙厚，如图 1-17 所示。

2）圈梁。圈梁是在房屋外墙和部分内墙中设置的连续而封闭的梁，如图 1-18 所示。圈梁的主要作用是增强房屋的整体刚度，防止地基不均匀沉降引起墙体开裂，提高房屋的抗震能力。圈梁的数量和位置与房屋的高度、层数、地基状况和地震烈度有关。圈梁可分为钢筋混凝土圈梁和钢筋砖圈梁。

3）构造柱。钢筋混凝土构造柱是从构造角度考虑设置的，一般设在建筑物四角、内外墙交接处、楼梯间、电梯间以及某些较长墙体中部，以加强墙体的整体性。构造柱必须与圈梁及墙体紧密相连。圈梁在水平方向将楼板和墙体箍住，而构造柱则从竖向加强层间墙体的连接，与圈梁一起构成空间骨架，从而加强建筑物的整体刚度，提高墙体抵抗变形的能力，即使开裂也不倒塌。内外墙相交处的构造柱如图 1-19 所示。

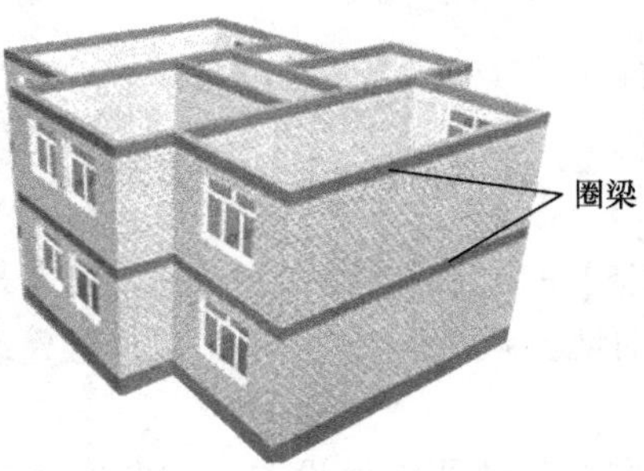

图 1-18　圈梁

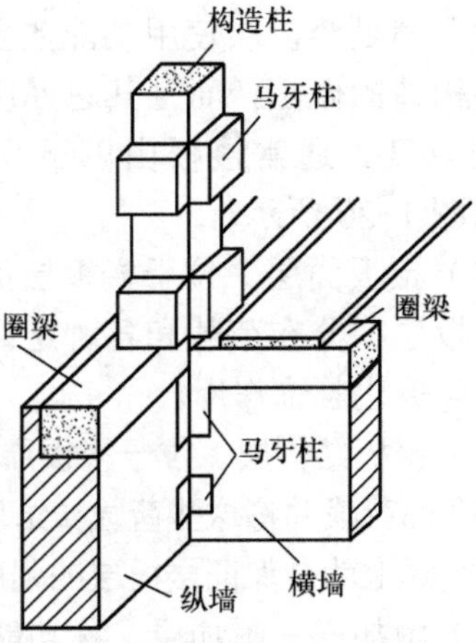

图 1-19　内外墙相交处的构造柱

6．隔墙与隔断

隔墙与隔断是分隔建筑物内部空间的非承重构件。

隔断与隔墙是有区别的，前者不到顶，后者到顶。

隔墙是分隔建筑物内部空间的非承重内墙，本身重量由楼板或梁来承担。要求隔墙自重轻，厚度薄，有隔声和防火性能，便于拆卸，浴室、厕所的隔墙应能防潮、防水。

7. 墙面装修

墙面装修有抹灰类、贴面类、涂料类、裱糊类和铺钉类等几种，具体分类见表 1-1。

表 1-1　墙面装修分类表

类　别	室外装饰	室内装修
抹灰类	水泥砂浆、混合砂浆、聚合物水泥砂浆、拉毛、水刷石、干粘石、斩假石、拉假石、假面砖、喷涂及辊涂等	纸筋灰、麻刀灰粉面、石膏粉面、膨胀珍珠岩灰浆、混合砂浆、拉毛及拉条等
贴面类	外墙面砖、马赛克、玻璃马赛克、人造水磨石板及天然石板等	釉面砖、人造石板及天然石板等
涂料类	石灰浆、水泥浆、溶剂型材料、乳液涂料、彩色胶砂涂料及彩色弹涂等	大白浆、石灰浆、油漆、乳胶漆、水溶性涂料及弹涂等
裱糊类		塑料墙纸、金属面墙纸、木纹壁纸、花纹玻璃纤维布、纺织面墙纸及锦缎等
铺钉类	各种金属饰面板、石棉水泥板及玻璃等	各种木夹板、木纤维板、石膏板及各种装饰面板等

（三）楼板

楼板是分隔建筑竖向空间的水平承重构件。它一方面承受着楼板层上的全部活荷载和永久荷载，并把这些荷载合理有序地通过梁传给墙或柱；另一方面对墙起着水平支撑作用，以减小风力和地震产生的水平力对墙体的影响，加强建筑物的整体刚度；此外，楼板还应具备一定的隔声、防火、防水及防潮等能力。

1. 楼板的基本组成

为了满足楼板层使用功能的要求，楼板形成了多层构造的做法，而且其总厚度取决于每一构造层的厚度。通常楼板由以下几个基本部分组成，如图 1-20 所示。

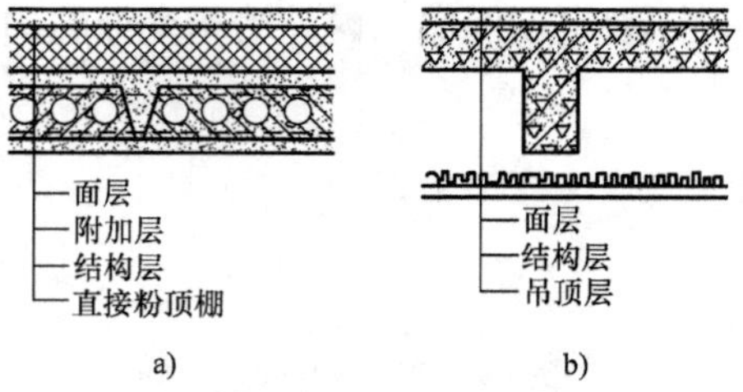

图 1-20　楼板层的基本组成

a）预制钢筋混凝土楼板层　b）现浇钢筋混凝土楼板层

（1）楼板面层　位于楼板层的最上层，起着保护楼板层、分布荷载和各种绝缘的作用，同时对室内起美化装饰作用。

（2）楼板结构层　位于楼板层的中部，是承重构件（包括板和梁）。主要功能是承受楼板层上的全部荷载并将这些荷载传给墙或柱；同时还对墙身起水平支撑作用，以加强建筑物的整体刚度。实际上就是保证楼板层的强度和刚度要求。

（3）附加层　附加层又称功能层，根据楼板层的具体要求而设置，主要作用是隔声、隔热、保温、防水、防潮、防腐蚀及防静电等。根据需要，有时和面层合二为一，有时又和吊顶合为一体。

（4）楼板顶棚层　位于楼板层最下层，主要作用是保护楼板、安装灯具、遮挡各种水平管线、改善室内光照条件及装饰美化室内空间。

2．楼板的材料类型

根据所用材料不同，楼板可分为木楼板、砖拱楼板、钢筋混凝土楼板和压型钢板组合楼板等多种类型，如图 1-21 所示。

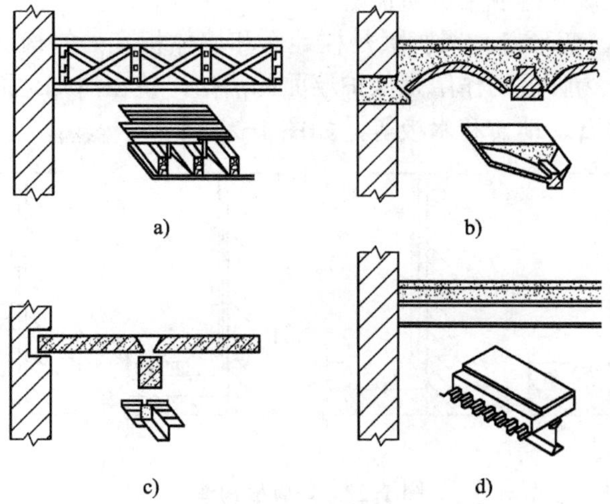

图 1-21　楼板的类型

a）木楼板　b）砖拱楼板　c）钢筋混凝土楼板　d）压型钢板组合楼板

3．楼板的细部构造

（1）楼板与隔墙　当房间内设有重质块材隔墙和砌筑隔墙且重量由楼板承重时，必须考虑结构的稳定与承重等因素。

（2）楼面变形缝　楼面变形缝的位置和大小应与墙体、屋面变形缝一致。在构造上要求面层和结构层完全脱开，在上下表面做盖缝条，盖缝条应能满足缝两侧构件能自由变形，且能满足防水要求。在缝内填塞有弹性的松软材料，用金属调节片封缝。

（3）顶棚构造　顶棚又称平顶，是楼板层的最下面部分，也是室内饰面之一。顶棚应表面光洁，美观，能反射光线，改善室内照度。对某些有特殊要求的房间，还要求顶棚具有隔声、保温及隔热等方面的功能。

4．楼地面构造

（1）地坪层构造　地坪是指建筑物最底层房间与土壤相交接处的水平构件。和楼板层一样，它承受着地坪上的荷载，并均匀地传给地坪以下的土壤。地坪的基本组成部分有面层、垫层和基层三部分，对有特殊要求的地坪，常在面层和垫层之间增设一些附加层。

常见的地面类型及实例见表 1-2。

表 1-2　常见的地面类型及实例

地 面 类 型	实　　例
整体类地面	水泥砂浆地面、细石混凝土地面、沥青砂浆地面及水磨石地面等
块材类地面	砖铺地面，大阶砖、墙地砖等面砖地面，天然石板及人造石板地面，木地面
卷材类地面	塑料地板、橡胶地毯、化纤地毯、无纺地毯及手工编制地毯等
涂料类地面	多种水溶性、水乳性及溶剂性涂布地面

（2）楼地面细部构造

1）变形缝构造。一般民用建筑的地面变形缝设置位置与楼板层变形缝位置一致，构造上也比较简单，一般只需将面层和垫层断开，在缝隙中填塞沥青麻丝或沥青木丝板等有弹性的松软材料，面上用油膏嵌缝或用板材盖缝。

2）踢脚板、墙裙、变形缝。踢脚板是楼地面和墙体相交处的构造处理。踢脚板面层一般和楼地面面层相同。踢脚板的作用是保护墙面的清洁，使在清扫地面时不致污染墙身。常用踢脚板有水泥、水磨石、地砖和木板等，如图1-22所示。

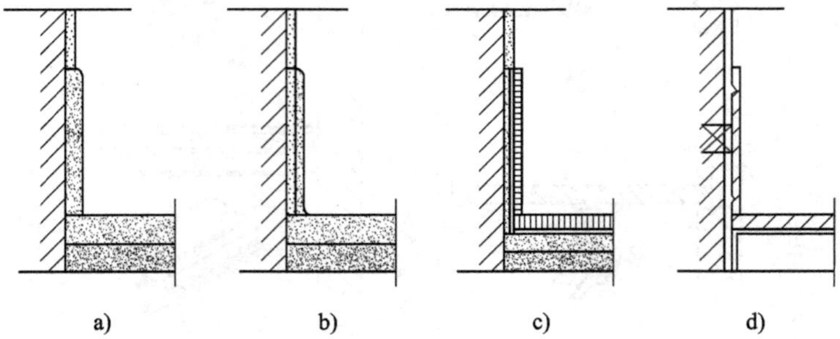

图1-22　踢脚板构造

a）水泥踢脚板　b）水磨石踢脚板　c）地砖踢脚板　d）木板踢脚板

墙裙是踢脚板的延伸，高度一般为900～1 800mm，按需要确定。在厕所、浴室及盥洗室等房间，墙身容易污染因而需要经常洗刷，应做墙裙。在一些标准较高的会议厅、餐厅等房间常做木墙裙。其他常用的墙裙有水泥墙裙、水磨石墙裙、瓷砖墙裙和木墙裙等，如图1-23所示。

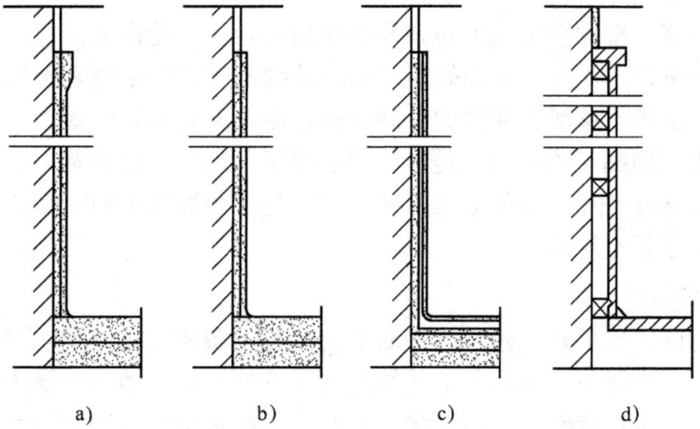

图1-23　墙裙构造

a）水泥墙裙　b）水磨石墙裙　c）瓷砖墙裙　d）木墙裙

（四）阳台、雨篷和露台

阳台和雨篷都属于建筑物上的悬挑构件。

阳台悬挑于建筑物每一层的外墙上，是连接室内的室外平台，给居住在多（高）层建筑里的人们提供一个舒适的室外活动空间，让人们足不出户，就能享受到大自然的新鲜空气和明媚阳光，还可以起到观景、纳凉、晒衣、养花等多种作用，改变单元式住宅给人们造成的封闭感和压抑感，是多层、高层住宅和旅馆等建筑中不可缺少的一部分。

阳台按其与外墙面的关系分为挑阳台、凹阳台、半挑半凹阳台，如图 1-24 所示；按其在建筑中所处的位置可分为中间阳台和转角阳台。

阳台深度约 1m 左右，宽度一般同房间的开间相同。有些建筑将几个相邻的阳台连在一起，分隔使用。阳台栏板（杆）高度一般不低于 1m。

雨篷位于建筑物出入口的上方，用来遮挡雨雪，保护外门免受侵蚀，给人们提供一个从室外到室内的过渡空间。雨篷有悬板式和梁板式两种，前者多用于次要出入口，后者多用于主要出入口。

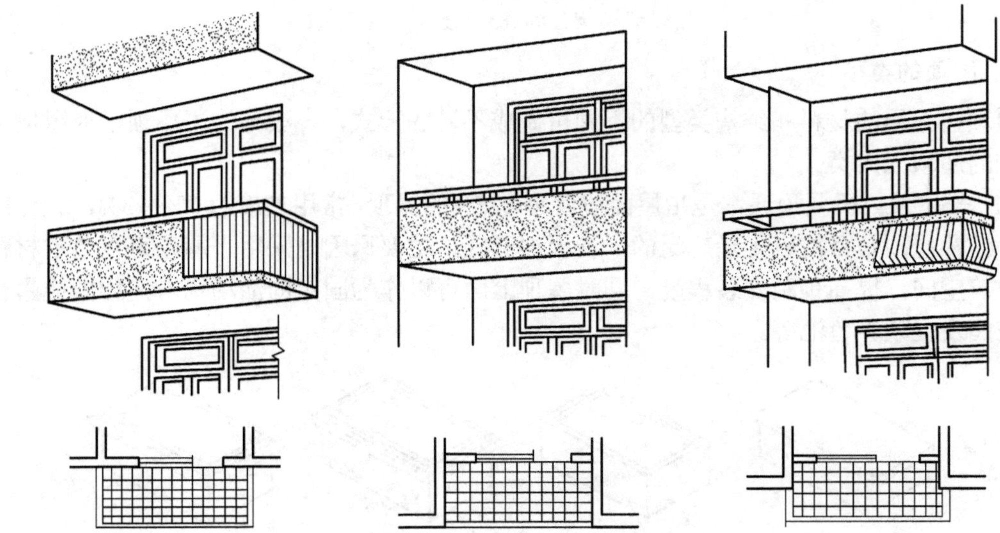

a)　　b)　　c)

图 1-24　阳台形式

a）挑阳台　b）凹阳台　c）半挑半凹阳台

露台一般是指建筑物中的屋顶平台，或由于建筑结构需求而在其他楼层中做出的大阳台，由于它面积一般均较大，上边又没有屋顶，所以称为露台。

（五）屋顶

1．屋顶的功能与组成

屋顶是建筑物最上层的覆盖部分，它承受屋顶的自重、风雪荷载以及施工和检修屋面的各种荷载，并抵抗风、雨、雪的侵袭和太阳辐射的影响，同时屋顶的形式在很大程度上影响到建筑造型。屋顶主要的功能是承重、围护（即排水、防水和保温隔热）和美观。屋顶主要由屋面层、承重结构、保温或隔热层和顶棚四部分组成，如图 1-25 所示。

屋面是屋顶的面层，它暴露在大气中，直接承受自然界的影响，因此要求所用材料应有较好的防水性能，并具有一定的强度和耐久性。屋顶承重结构用以承受屋顶的全部荷载，为保证建筑物坚固耐久，应具有足够的强度和刚度。保温或隔热层是为保证建筑物具有不同的使用功能，而合理地选用的构造处理方法。顶棚层则根据屋顶形式及使用功能的要求采用直接式顶棚或悬吊式顶棚。

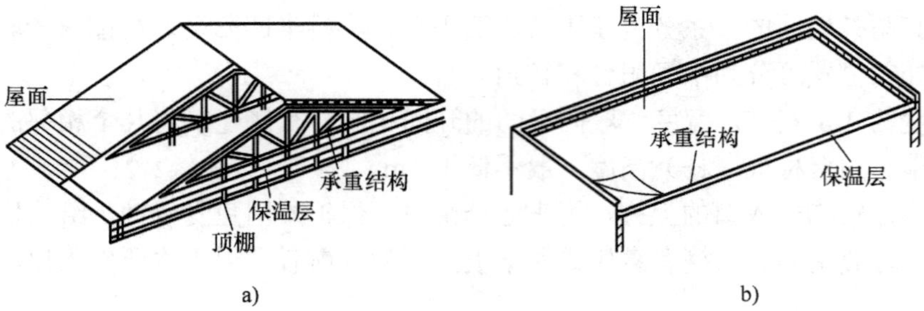

图 1-25　屋顶的组成

a）坡屋顶　b）平屋顶

2．屋顶的类型

屋顶按采用的材料和结构类型的不同可做成不同的形式，一般分为平屋顶、坡屋顶和其他形式的屋顶三大类。

（1）平屋顶　平屋顶通常是指屋面坡度小于 5%的屋顶，常用坡度为 2%～3%，如图 1-26 所示。这种屋顶是目前应用最广泛的一种屋顶形式，主要原因是采用平屋顶可以节省材料，扩大建筑空间，提高预制安装程度，同时屋顶上面可以作为固定的活动场所，如做成露台、屋顶花园及屋顶养鱼池等。

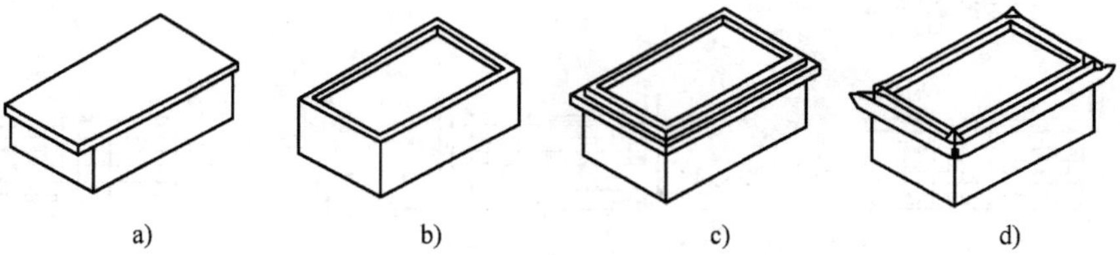

图 1-26　平屋顶的外形形式

a）挑檐　b）女儿墙　c）挑檐女儿墙　d）盝顶

（2）坡屋顶　坡屋顶通常是指屋面坡度较陡的屋顶，其坡度一般大于 10%，如图 1-27 所示。坡屋顶是我国传统的建筑屋顶形式，在民用建筑中应用非常广泛，城市建设中某些建筑为满足景观或建筑风格的要求也常采用。

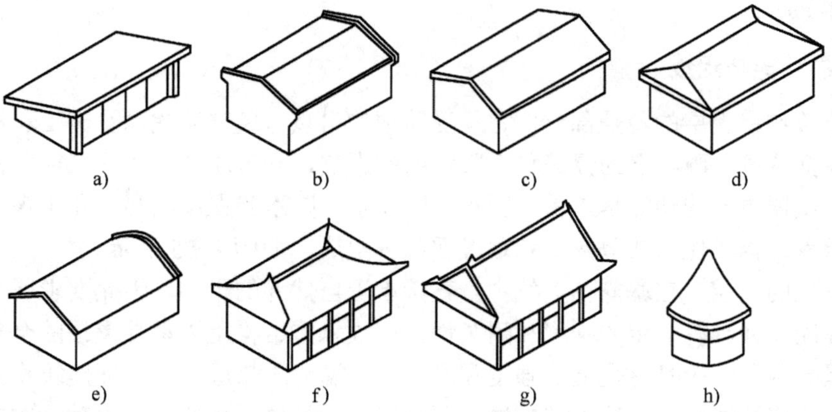

图 1-27　坡屋顶的外观形式

a）单坡顶　b）硬山两坡顶　c）悬山两坡顶　d）四坡顶　e）卷棚顶　f）抚殿顶　g）歇山顶　h）圆攒尖顶

（3）其他形式的屋顶 随着建筑技术的发展，出现了许多新型的屋顶结构形式，如拱结构、薄壳结构、悬索结构、网架结构等。这类屋顶多用于较大跨度的公共建筑，如图 1-28 所示。

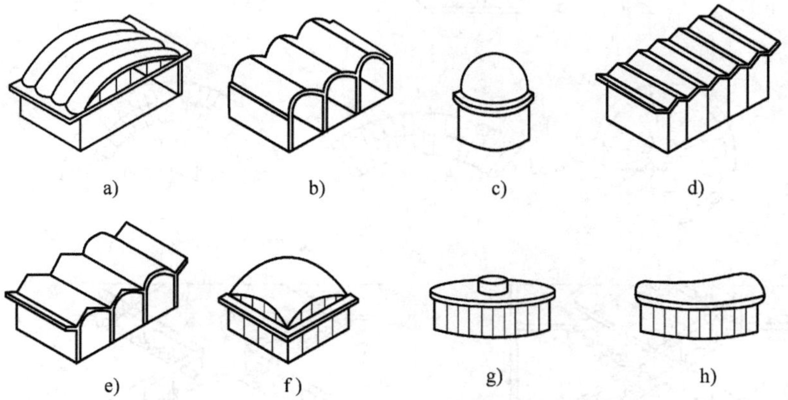

图 1-28 其他形式屋顶

a）双曲拱屋顶 b）砖石拱屋顶 c）玻璃网壳屋顶 d）V 形网壳屋顶
e）筒壳屋顶 f）扁壳屋顶 g）车轮形悬索屋顶 h）鞍形悬索屋顶

（六）楼梯和电梯

1．楼梯的类型

楼梯是房屋的垂直交通空间，是建筑内上、下层间的交通疏散设施。

根据结构材料的不同，楼梯可分为木楼梯、钢楼梯和钢筋混凝土楼梯。钢筋混凝土楼梯因具有坚固、耐久及防火的性能，得到了普遍的应用。

根据布置方式和造型的不同，楼梯可分为直上式、双折式、曲尺式、三跑式、多跑式、剪刀式、弧形和螺旋式等。

楼梯的形式是根据建筑的平面功能要求来决定的，有时也根据室内设计的美观要求而决定选型，如大厅中主要楼梯，常做成双分式、双合式楼梯，也可做成弧形楼梯或螺旋楼梯，如图 1-29 所示。

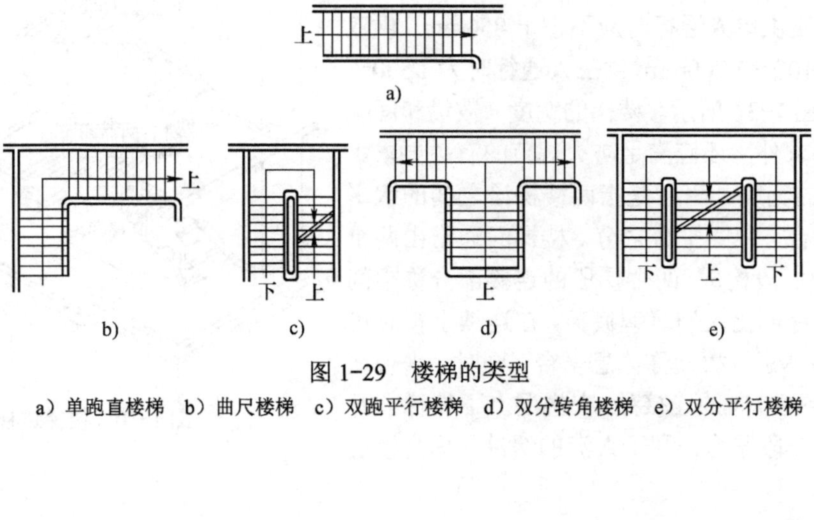

图 1-29 楼梯的类型

a）单跑直楼梯 b）曲尺楼梯 c）双跑平行楼梯 d）双分转角楼梯 e）双分平行楼梯

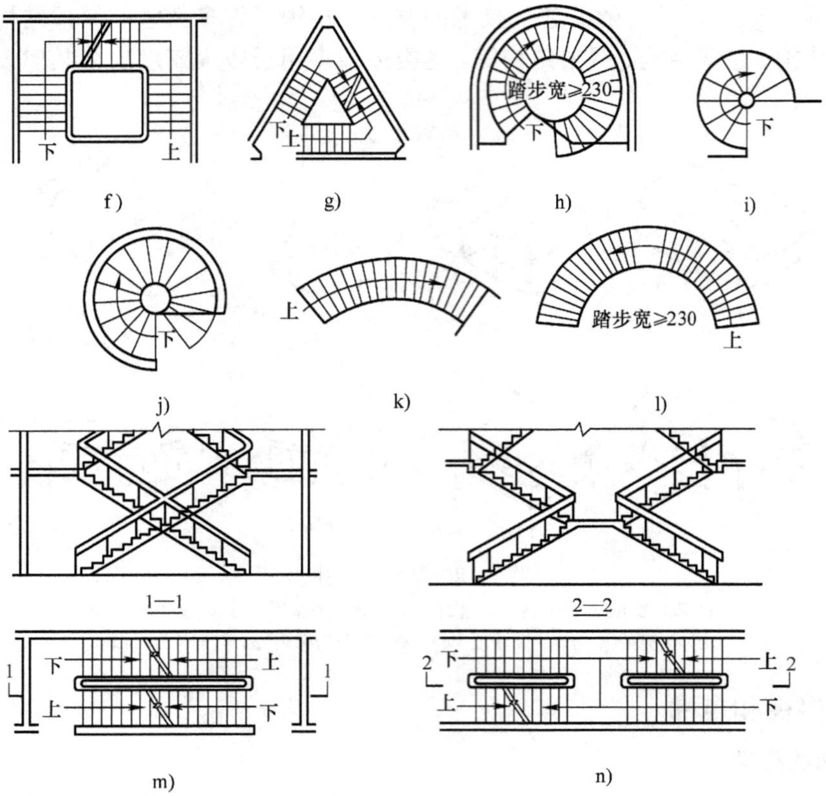

图 1-29　楼梯的类型（续）

f）三跑楼梯　g）三角形三跑楼梯　h）圆形楼梯　i）中柱螺旋楼梯　j）无中柱螺旋楼梯
k）单跑弧形楼梯　l）双跑弧形楼梯　m）交叉楼梯　n）剪刀楼梯

2．楼梯的组成和尺寸

（1）楼梯的平面组成与尺寸　楼梯由楼梯段、平台、栏杆和扶手三部分组成，如图 1-30 所示。楼梯的尺度决定于疏散的人流量。

1）楼梯段的宽度。楼梯段是楼梯的主要组成部分，必须满足上下人流及搬运物品的需要，为确保安全，楼梯段宽度供单人通行时应不小于 850mm，供双人通行时为 1 100～1 200mm，供三人通行时为 1 500～1 800mm，如图 1-31 所示。楼梯的宽度、数量和间距除满足使用要求外，还应满足防火规范的有关要求。

2）平台的宽度。平台是指两楼梯段之间的水平板，有楼层平台、中间平台之分。楼梯间通常由两个或两个以上的梯段构成，两个梯段的连接部分称中间平台，中间平台可让人们缓解疲劳，在连续上楼时可在平台上稍加休息，故又称休息平台。同时，平台还是梯段之间转换方向的连接处。在楼层上下楼梯的开始部位，也有一段平台，利于人流的缓冲，称为楼层

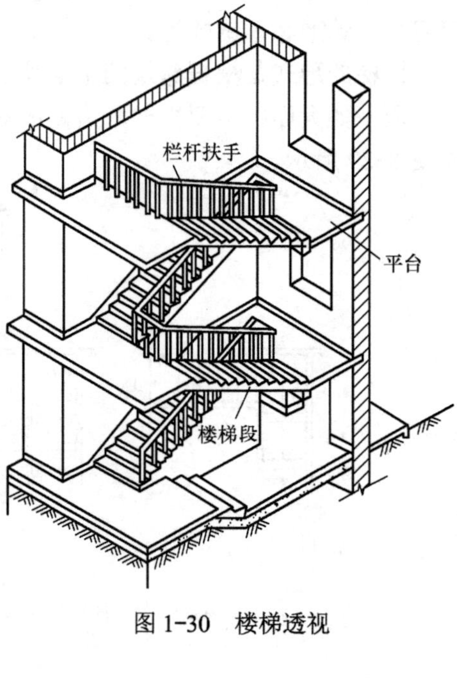

图 1-30　楼梯透视

平台。中间平台的净宽不应小于楼梯段的宽度。

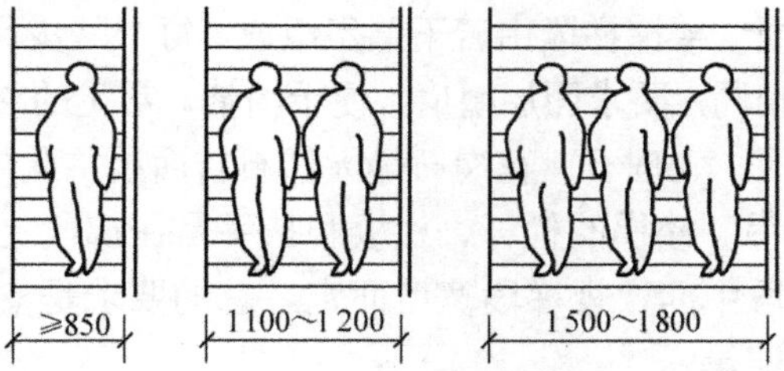

图 1-31 楼梯段宽度和人流股数的关系

3）栏杆扶手的高度。栏杆或栏板是设在楼梯段的安全措施，一般设在楼梯段的边缘和平台临空的一边，要求它坚固、可靠，并有足够的安全高度。栏杆和拦板上安装扶手，供人们能依扶着上、下楼梯。在梯段宽度大于 1 400mm 时，还要设靠墙扶手。楼梯段宽度超过 2 200mm 时，还应设中间扶手。扶手的高度在 30° 左右的坡度下常取 900mm，儿童使用的楼梯一般为 600mm，如图 1-32a 所示；顶层平台的水平安全栏杆扶手高度不小于 1 100mm，栏杆之间的水平距离不应大于 120mm，如图 1-32b 所示。

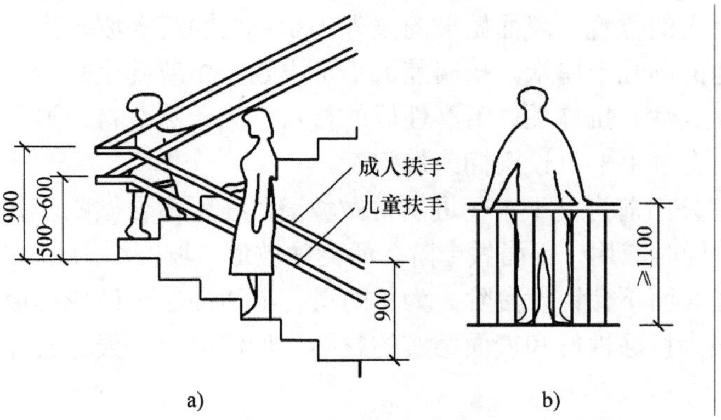

图 1-32 栏杆扶手高度

a）梯段处 b）顶层平台处安全栏杆

（2）楼梯的剖面

1）楼梯坡度和踏步尺寸。楼梯坡度一般以 20° ～45° 较为适宜，小于 20° 设计为坡道，大于 45° 设计为爬梯，确定了踏步的高宽比也就确定了楼梯的坡度。踏步的宽度越大，高度越小，则坡度越小，行走越舒适，但楼梯所占的面积也就越大。一般楼梯的踏步尺寸参见表 1-3。

表 1-3 一般楼梯的踏步尺寸 （单位：mm）

名 称	住 宅	学校办公楼	剧院、会堂	医院（病人用）	幼 儿 园
踏步高	156～175	140～160	120～150	150	120～150
踏步宽	250～300	280～340	300～350	300	250～280

2）楼梯的净空高度。楼梯的净空高度指梯段的任何一级踏步至上一层平台梁底的垂直高度，或底层地面至底层平台（或平台梁）底的垂直距离，或下层梯段与上层梯段间的高度。为保证这些部位行人畅通或搬运物件时不受影响，其净空高度在平台处通常应大于 2m，使身材高大的人不碰头，家具能顺利通过，并不产生压抑感，特别是公共建筑在梯段处净空高度应大于 2.2m，在人流少或次要部位不小于 1.9m。

3．楼梯的细部构造

（1）踏步的踏面与踢面　楼梯梯段由若干踏步组成，每个踏步又由踏面和踢面组成。楼梯踏步面层构造一般与地面相同，要求面层耐磨，便于清洁。常见的踏步面层材料有水泥砂浆面层，水磨石面层，缸砖贴面，大理石、花岗石等天然石材面层，此外还有塑料面层，地毯等。

（2）栏杆、栏板和扶手　楼梯的栏杆、栏板和扶手是在梯段上所设的安全措施，位置可在梯段的一侧或两侧或梯段中间，视梯段宽度而定。总的要求是安全、坚固、美观、舒适、构造简单、施工和维修方便等。

扶手供行走时依扶之用。当梯段宽度超过两股以上人流时，靠墙一侧有必要时可设靠墙扶手；当梯段宽度超过四股或五股人流时，应在梯段中央加设扶手。楼梯扶手可用硬木、钢管、水泥砂浆、水磨石、塑料、大理石或花岗石等制成。

4．室外台阶与坡道

（1）室外台阶　室外台阶是联系室内地面与室外地面的交通设施。室外台阶的坡度应比楼梯小，室外台阶踏步每步高约 100～150mm，踏面宽约 300～500mm。台阶与建筑出入口间应留有一定宽度的缓冲平台，平台长度应大于门洞口的尺寸，平台宽度至少应保证在门开启后还有站立一个人的位置，表面做坡向室外 1%～4%的流水坡。为了防潮、防水，一般底层地面均比室外地面高几十厘米，按高差大小可设置一个或几个踏步。

台阶应采用耐久性、抗冻性、耐磨性好的材料，如天然石材、混凝土、缸砖等。砖砌台阶表面容易剥落。台阶上部可设雨棚或加门廊。

（2）坡道　室外门前为便于车辆进出常做坡道。在不适合做踏步式台阶的地方，可改设坡道，也可和台阶同时应用，正面做台阶，两侧做坡道，坡度约为 1:10～1:5。安全疏散门口的外面必须设坡道，而不允许设台阶。为了防滑，坡道面层可做成锯齿形。

坡道材料一般为抗冻性好和表面结实的材料，如混凝土、天然石等，也应注意建筑主体的沉降问题。

常用台阶、坡道形式如图 1-33 所示。

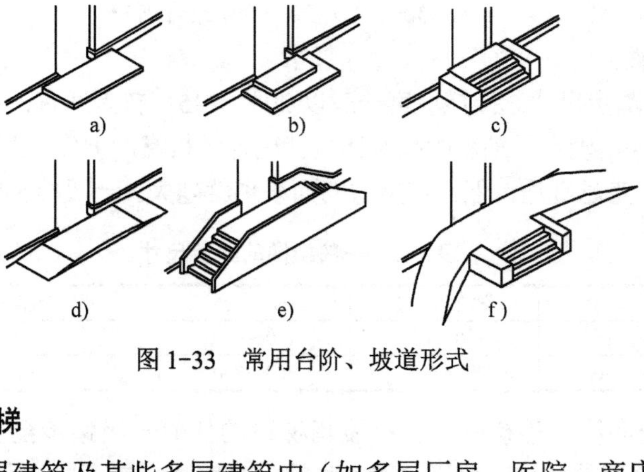

图 1-33　常用台阶、坡道形式

5．电梯及自动扶梯

（1）电梯　在高层建筑及某些多层建筑中（如多层厂房、医院、商店等），常设有电梯作为垂直交通工具。电梯的类型有客梯、货梯及专用电梯三种。

1）电梯的组成。电梯通常由轿厢（电梯厢）、电梯井道及运载设备三部分构成。电梯轿厢供载人或载货之用，要求造型美观、经久耐用。轿厢沿导轨滑行，电梯井道内的平衡锤由金属块叠合而成，用吊索与轿厢相连保持轿厢平衡。运载设备包括动力、传动及控制系统三部分。

2）电梯门套。电梯厅门为电梯各层的出入口，厅门洞口上安装门套，门套装修构造与电梯厅的装修统一考虑。有水泥砂浆门套、大理石门套、木板门套、钢板门套等。

电梯门一般为双扇推拉门，宽度为 900～1 300mm，开启方法有中央分开推向两边和双扇推向同一边。推拉门的滑槽通常安置在门套下楼板边梁的牛腿上。

(2) 自动扶梯　自动扶梯适用于有大量人流上下的公共场所，如车站、商场、地铁车站等，如图 1-34 所示。自动扶梯可正逆两个方向运行，可作提升及下降使用，机器停转时可作普通楼梯使用。自动扶梯是电动机械牵动梯段踏步连同栏杆扶手带一起运转。机房悬挂在楼板下面。

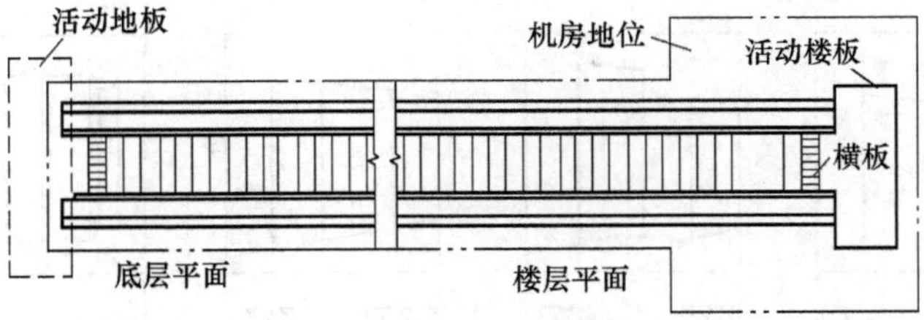

图 1-34　自动扶梯平面图

（七）窗和门

门和窗是房屋围护结构中的两个配件。门主要用作交通联系，兼采光和通风；窗主要用作采光通风及眺望。两者在不同情况下还具有分隔、保温、隔声、防水、防火等围护功能，也具有重要的建筑造型和装饰作用。

1．窗的种类

窗按所用材料的不同划分为木窗、钢窗、钢筋混凝土窗、塑料窗、铝合金窗、塑钢窗等。木窗主要由不易变形的木材做成。它一般由窗框、窗扇、五金零件及附件四部分组成。木窗加工方便，使用普遍，但木窗容易损坏。钢窗坚固、耐久、防火、挡光少。塑料在建筑中的应用较为广泛。塑料可以直接做成窗框、窗扇，也可以包覆木材或金属的窗框、窗扇。

窗按镶嵌材料不同又可分为玻璃窗、纱窗及百叶窗等。

窗按开启方式的不同又可分为固定窗、平开窗、上悬窗、下悬窗、立转窗及推拉窗等，可根据使用要求选用。各类建筑广泛采用平开窗，一般为单层或双层平开玻璃窗，又有内开和外开之分。窗的开启方式如图 1-35 所示。

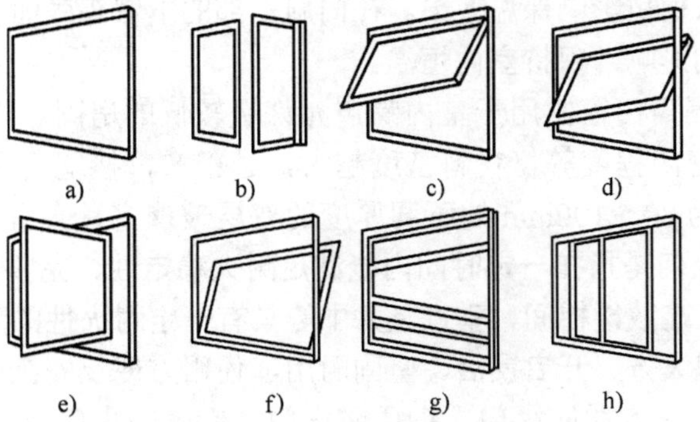

图 1-35　窗的开启方式

a）固定窗　b）平开窗　c）上悬窗　d）中悬窗　e）立转窗　f）下悬窗　g）垂直推拉窗　h）水平推拉窗

窗洞口的宽度和高度取决于使用功能及建筑立面的要求，均采用300mm的扩大模数。

2. 门的种类

门按所用材料不同有木门、钢门、钢筋混凝土门、塑料门及铝合金门等。

门按门扇的用料和做法不同分为拼板门、镶板门（装板门）、胶合板门（贴板门）、玻璃门、纱门、百叶门等。

门按开启方式不同有：平开门、弹簧门、推拉门、折叠门、转门、上翻门、升降门及卷帘门等，如图1-36所示，可根据使用要求选用。为了满足建筑上特殊的需要还有保温门、隔声门、防风沙门、防火门、防X射线门及防爆门等。

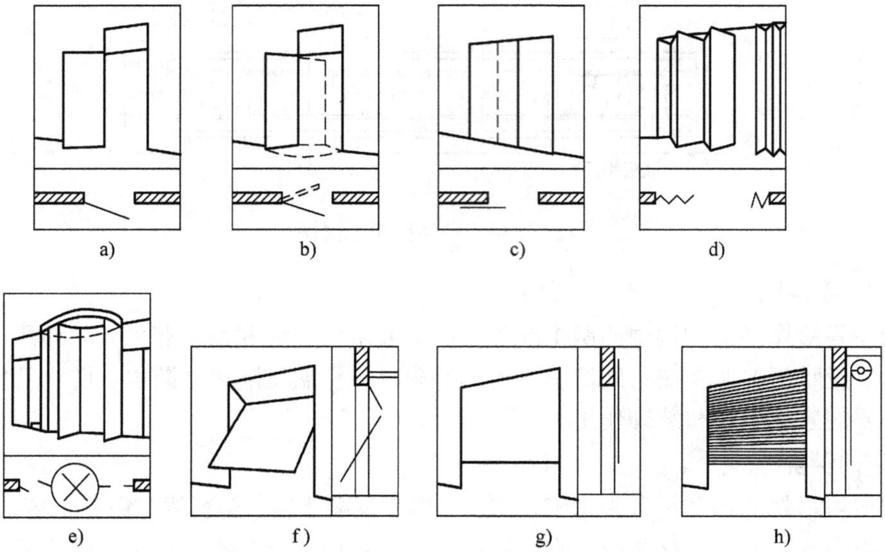

图1-36 门的开启方式

a）平开门 b）弹簧门 c）推拉门 d）折叠门 e）转门 f）上翻门 g）升降门 h）卷帘门

3. 特殊门窗

普通窗扇的玻璃厚度小、缝隙多、密闭性差，在不能满足室内保温、隔热、隔声等要求时，在构造设计中应进行特殊处理，即增大热阻或隔声量，堵塞传热或传声的缝隙。

（1）保温门 保温门扇采用双面钉木拼板、内充玻璃棉毡和木板之间铺一层200号油纸的方法，以防潮气进入棉毡影响保温效果。在门扇下部的下冒头底面安装橡胶条或设门槛密封，可减小室外气候的影响，保持室内恒温。

（2）隔声门窗 隔声门窗常用于室内噪声允许级较低的房间。隔声效果取决于隔声材料、门框与门扇间的密闭程度等，材料密度越大，越密实，接缝密闭越严，则隔声能力越强。如采用玻璃间距为80～100mm的不同厚度的双层玻璃窗，会有一定的隔声效果。

（3）防火门 防火门是指在一定时间内能满足耐火稳定性、完整性和隔热性要求的门。它是设在防火分区间、疏散楼梯间、垂直竖井中等具有一定耐火性的防火分隔物。防火门具有表面光滑平整、美观大方、开启灵活、坚固耐用、使用方便及安全可靠等特点。

防火门按材料分，有木质防火门、钢质防火门、钢木防火门及其他防火门等；按功能分，有常开防火门、常闭防火门、遇火灾快开防火门、高温防爆防火门、快速闭锁防火门及活动防火门等；按安装闭门器方式分，有外置闭门器防火门和内置闭门器防火门；按防火门的耐火性能分，有隔热防火门（A类）、部分隔热防火门（B类）和非隔热防火门（C类）等。

二、民用建筑的基本形式

各类建筑物的使用性质和组成类型不尽相同。但无论何种建筑物，从组成平面各部分的使用性质来分析，均可归纳为使用部分和交通联系部分。使用部分是指各类建筑物中的主要使用房间和辅助使用房间。交通联系部分是建筑物中各房间直接、楼层之间和室内与室外直接的联系空间。建筑物的平面组合分析主要是人们通过对建筑空间或环境所指出的基本要求的分析，即对使用、交通流线、采光、通风、朝向、安全、技术、艺术及环境等的分析，通过分析，研究几个部分的特征和相互关系，以及平面与周围环境的关系，在各种复杂的关系中找出平面组合的规律，使建筑物满足功能、经济、技术、美观的要求。具体要求为：

1）功能合理，结构紧凑。

2）结构经济合理。

3）设备管线布置简洁、集中。

4）体型简洁、构图完整。

（一）居住建筑

居住建筑包括宿舍、公寓、住宅等。其中，住宅由居住和辅助两部分组成。居住部分包括起居室和卧室，这类房间统称为居室。辅助部分包括厨房、卫生间（浴室、厕所）、走廊、楼梯及储藏室等。

1．住宅的平面组合

住宅平面组合以户为基本单位。户是由居室、厨房、厕所等组成的。根据每个居室大小和数量不同，可有各种不同的户型。由几个相同或不同的户型，结合楼梯、走廊等交通面积组合成单元，再根据总建筑面积和地形等条件，将几个单元拼凑成一幢住宅，如图1-37所示。

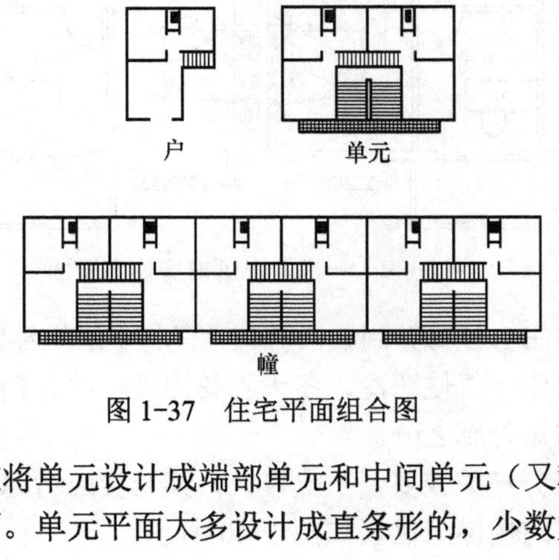

图1-37 住宅平面组合图

在平面组合过程中，应将单元设计成端部单元和中间单元（又称标准单元），这样才能组合成一幢完整的住宅平面。单元平面大多设计成直条形的，少数为转角形或其他形状，可根据需要拼接组合成各种平面形状的住宅，如图 1-38 所示。

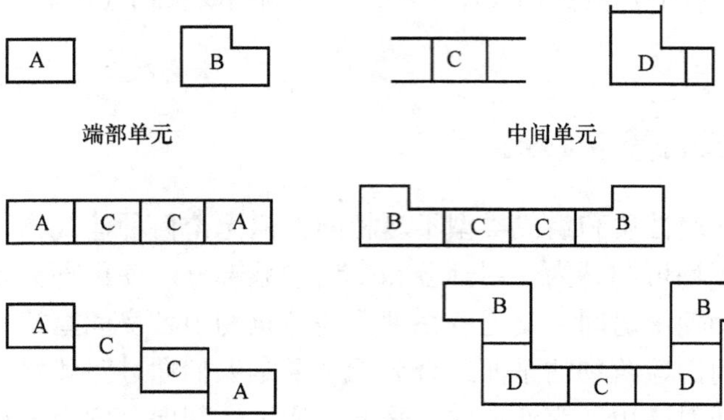

图 1-38 单元组合示意

2．单元住宅的平面类型

（1）内廊式 内廊式住宅有长内廊与短内廊之分。长内廊的楼梯服务户数多，干扰大，朝向与分户都较难处理，故在住宅设计中很少采用。采用较多的是短内廊式住宅，即一座楼梯服务 2～4 户。

短内廊住宅的特点是：单元内各户集中紧凑，平面利用率高，建筑物进深大，防寒、保温好，因此更适合于北方地区。一梯两户短内廊住宅平面如图 1-39 所示。

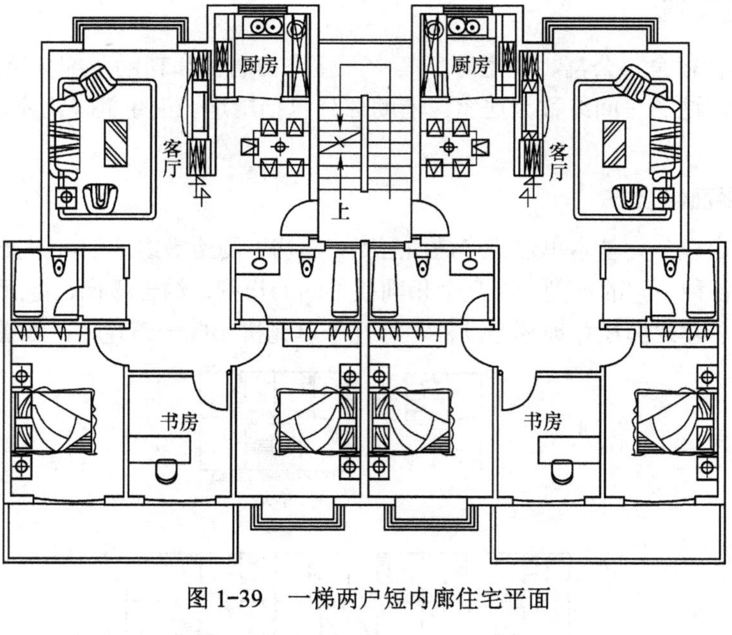

图 1-39 一梯两户短内廊住宅平面

（2）外廊式 外廊式住宅容易做到独门独户，有利于组织穿堂风，建筑朝向处理较自由，适合于南方地区。在北方由于气候寒冷，冬天容易出现破冰开门的现象，不利于防寒保暖。外廊式住宅也有长外廊与短外廊之分。

长外廊住宅的楼梯服务户数较多，干扰较大，其长度应考虑建筑物防火和安全疏散方面的有关要求。外廊式住宅的楼梯间位置如图 1-40 所示。

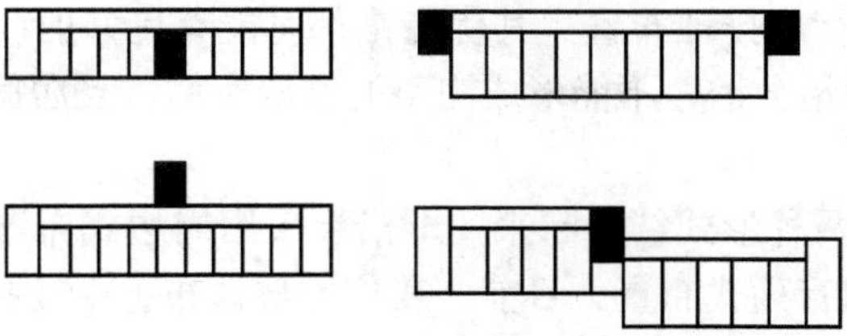

图 1-40 外廊式住宅的楼梯间位置

将每座楼梯的服务户数限制在 3～5 户组成一个单元，即成通常所称的短外廊式住宅。他除了具有外廊式的许多优点外，还改善了住户多、干扰大这一缺点，故采用得较为普遍。

（3）内天井式 加大住宅平面进深，有利于提高建筑物密度，节约用地，但会使部分房间的采光和通风不好处理，为此，可在单元内设置天井。天井有较好的拔风效果，对住宅的通风降温有利。缺点是容易造成声音和视线的干扰，有一部分住户的朝向不好，天井底部比较潮湿，下水处理也较麻烦。

3．点式

平面短而深且只有一个单元的住宅，称为点式住宅。高层点式住宅又称塔式建筑，点式住宅可以充分利用零星土地，提高建筑密度，丰富建筑群体的空间造型，美化城市街景。点式住宅平面如图 1-41 所示。

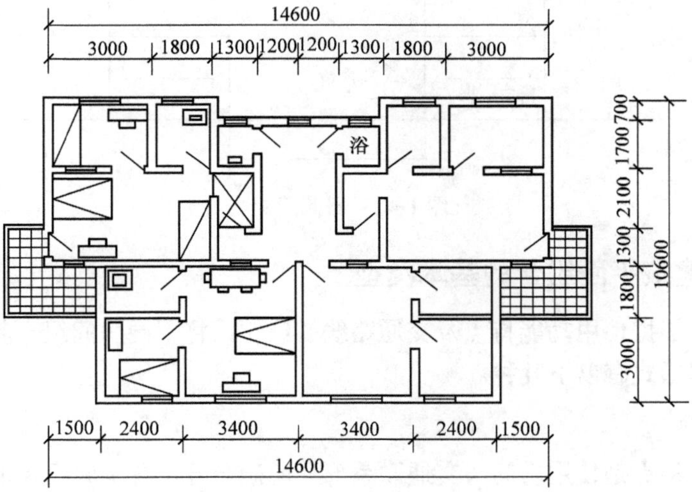

图 1-41 点式住宅平面

4．住宅的群体布置

住宅的群体布置应根据居民区总体规划来进行。居民区规划内容包括住宅与公共福利建筑的分区，道路网设计，住宅的布置形式、朝向和间距的确定等。

（1）布置形式 在一个特定的地段内布置住宅，要根据当地的气候条件、地形、地质状况和周围环境等因素，选择恰当的布置形式。住宅群体布置形式一般有下列几种。

1）周边式。住宅沿基地周边布置，其优点是用地紧凑，基地内能形成较完整的空间，沿街布置的建筑物一般能满足城市规划要求。缺点是东西向住宅的朝向不好，封闭的庭院对通风也不利。

2）行列式。住宅成行成排地布置，其优点是都可能有良好的朝向，成批建造的住宅群采用此种形式较多。但用地分散，不能形成完整的庭院空间，且居民区内的空间布局往往显得单调呆板。

3）混合式。将上述两种形式结合起来，即沿街采用周边式布置，安排一些商店等服务性建筑，内部住宅群采取行列式布置。目前，在住宅群体布置中较多地采用这种方式。

（2）朝向、通风和住宅的间距　根据我国大部分地区的日照要求，朝南或略偏东、西，是我国住宅建筑的主要朝向。布置住宅时，为了保证一定的日照时间，必须使后排住宅的底层居室窗口不致为前排住宅的阴影所遮挡。为此，就要定出建筑物的高度与间距之间的合适比率。当住宅为南北向布置时，以冬至的太阳高度角为准（因为冬至这一天太阳高度角最小，如能满足日照要求的话，其他时间也能满足要求），我国大部分地区的日照最小间距，可按下面比数确定：

$$H:L=1:1.1\sim1:1.2$$

其中，H 为建筑物的檐部与后一幢住宅底层窗台的高度差，L 为两相邻住宅之间的净距，如图 1-42 所示。

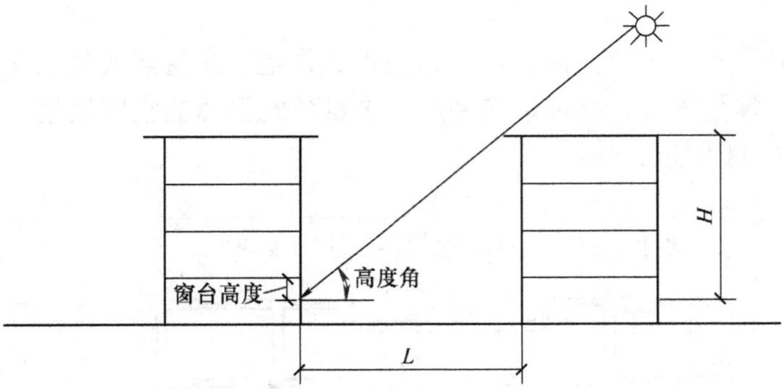

图 1-42　日照间距

（二）公共建筑平面组合的基本类型

平面组合就是根据使用功能特点及交通路线的组织，将不同房间组合起来，常见的公共建筑平面组合基本形式有以下几种。

1．走道式组合

走道式组合的特点是使用房间与交通联系部分明确分开，各房间沿走道一侧或两侧并列布置，房间门直接开向走道，通过走道相互联系。这种形式可以保证使用房间的安静和不受干扰，结构简单，施工方便，因此，教学楼、办公楼或医院住院部等一般都采用这种形式。例如：炎热地区某小学平面即采用这种形式，如图 1-43 所示。

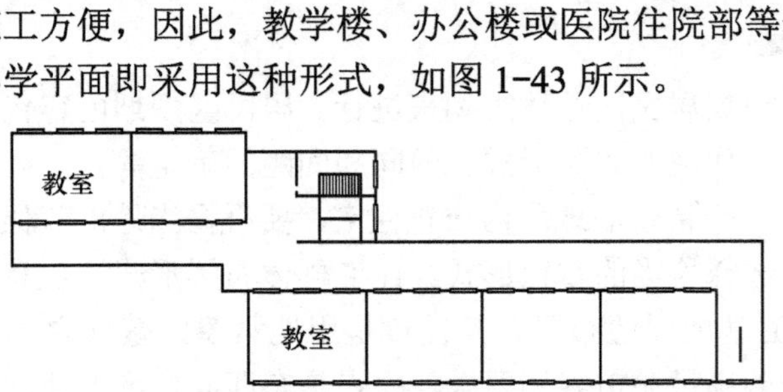

图 1-43　炎热地区某小学平面

走道式的平面布置分为两种：靠走道两侧布置房间的称为中间走道式，靠走道一侧布置房间的称为单面走道式或外廊式，如图 1-44 所示。

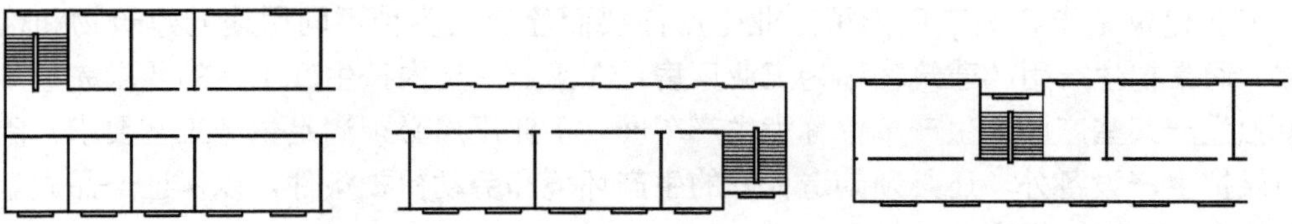

a)　　b)　　c)

图 1-44　过道式平面类型

a）中间走道式　b）单面走道式　c）外廊式

2．穿套式组合

有些建筑物要求各房间连续使用，具有明确简捷的流程，常采用穿套式的布置方式。这种方式将房间按使用顺序串联起来，可以提高效用，节省交通面积。穿套式平面的人流路线应合理安排，要避免交叉造成使用上的混乱。展览馆、商店等公共建筑常采用这种布置方式。图 1-45 所示分别为休斯顿曼尼尔博物馆、华盛顿国家航空航天博物馆。

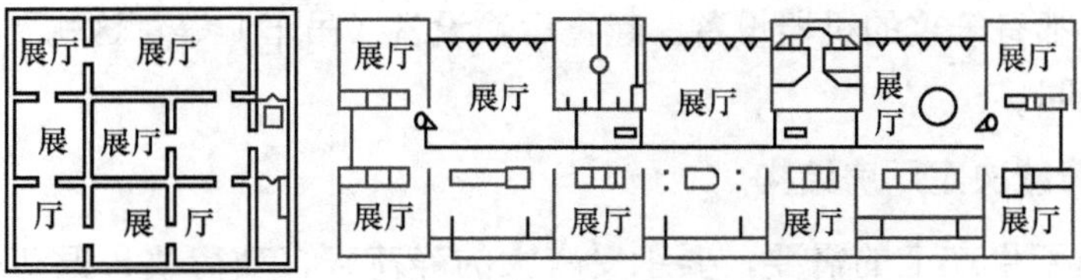

a)　　b)

图 1-45　穿套式空间布置示例

a）休斯顿曼尼尔博物馆　b）华盛顿国家航空航天博物馆

3．大厅式组合

当建筑物以一个大厅为主要房间，其他为辅助房间时，常将其他房间围绕着大厅进行布置，形成环绕大厅式的平面布置。如电影院、剧场和体育馆等建筑，就是以观众厅为中心，围绕观众厅布置门厅、休息厅、厕所和其他辅助房间。

4．单元式组合

单元式组合是将关系密切的房间组合在一起成为一个相对独立的单元，并用水平交通或垂直交通联系各个单元的组合形式。它的最大特点是：功能分区明确、平面布置紧凑、布局灵活、能适应不同的地形、满足朝向要求及形成多种不同组合形式，因此，广泛用于如学校、幼儿园、医院等类型的建筑。

5．混合式组合

由于建筑功能的复杂性，除少数功能单一的建筑只需要采用一种形式外，大多数建筑都是以一种组合形式为主，采用两种以上的混合式平面组合形式。

三、工业建筑的分类、结构类型

工业建筑是指各类工厂为了工业生产需要而建造的各种不同用途的建筑物和构筑物的总称。通常把生产用的建筑物称为工业厂房，在工业厂房内按生产工艺的要求完成某些工序或单独生产某些产品的生产单位称为生产车间。工业厂房必须满足生产工艺要求，除能够布置和保护生产设备外，还必须创造良好的生产环境和劳动保护条件，以保证产品质量，保证工人的身体健康，提高劳动效率。

（一）工业建筑的特点

1．工艺流程要求决定着厂房的平面布置和形式

生产工艺流程的要求是确定厂房的平面布置和形式的主要依据之一。如重型机械、冶金类厂房，因原材料、半成品、成品运输量大，体积和质量大，故要求采用以水平交通为主的单层的平面形式；如电子工业，因产品体积相对较小，质量轻，故适合采用多层厂房的形式。

2．生产设备的要求决定着厂房的空间尺度

厂房内一般都有笨重的机器设备、起重运输设备（吊车）等，这就要求厂房内有较大的面积和宽敞的空间。

3．厂房的荷载决定厂房结构

工业建筑由于生产上的需要，要承受较大的静荷载、动荷载、振动或撞击力等，故厂房的结构往往大而重，技术要求高，常采用由大型的承重构件组成的钢筋混凝土结构或钢结构。

4．厂房的功能要求不同使厂房的构造复杂

不同的生产工艺对厂房提出的功能要求不同，因此，厂房在采光、通风、防水排水等构造处理上比较复杂。如冶金和机械加工车间，除了根据设计要求选择侧窗及天窗形式外，还应确定合理的构造做法以满足生产的需要；对有恒温恒湿要求的生产车间，则应根据产品的需要采取保温、隔热等构造措施。

（二）工业建筑的分类

1）按内部生产环境分为热加工厂房、冷加工厂房、恒温恒湿厂房、洁净厂房及有侵蚀性介质作用的厂房。

2）按层数分为单层厂房、多层厂房及组合式厂房。

3）按用途分为主要生产厂房、辅助生产厂房、动力用厂房、仓储类建筑及运输工具用房。

4）按承重骨架的材料分为砖石结构厂房、钢筋混凝土结构厂房、钢结构厂房及组合结构厂房。

近年来，我国钢材供应量逐步增加，特别是随着压型彩色钢板等的推广运用，我国单层厂房中越来越多地采用钢结构或轻钢屋盖结构等。在实际工程中，钢筋混凝土结构、钢结构

等可以组合应用，也可采用网架、折板、壳体等屋盖结构。

（三）单层工业建筑的结构类型

1．框架结构

钢筋混凝土框架结构单、多层厂房类似于民用建筑中的框架结构，一般采用现浇施工；当跨度比较大时，可以采用预应力技术。图 1-46 所示为某三层框架结构厂房的剖面图。

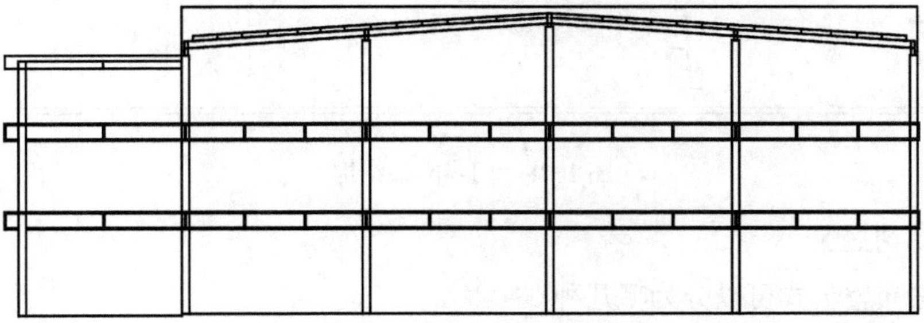

图 1-46　某三层框架结构厂房的剖面图

2．排架结构

排架结构是我国目前单层厂房中应用较多的一种基本结构形式，如图 1-47 所示。排架结构有钢筋混凝土排架（现浇或预制装配施工）和钢排架两种类型。它由柱子、屋面大梁或屋架等横向排架构件和屋面板、连系梁、支撑等纵向连系构件组成。排架结构主要适用于跨度、高度、吊车荷载较大及地震烈度较高的单层厂房建筑。

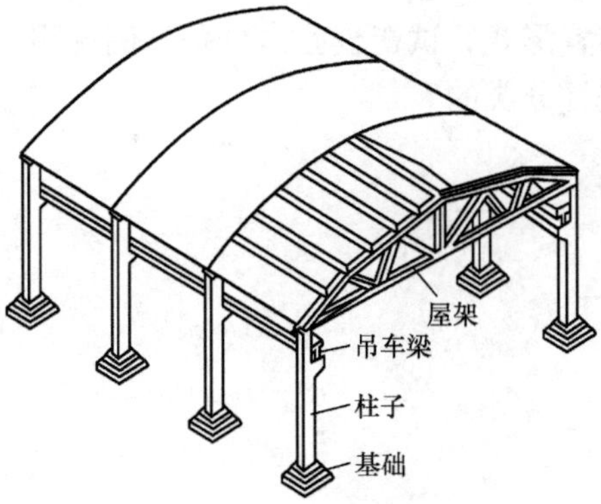

图 1-47　排架结构

3．刚架结构

刚架结构的主要特点是梁柱合一，即屋架（横梁）与柱子合并为同一构件，其连接处为整体刚接，柱与基础的连接通常为铰接。单层厂房中的刚架结构主要是门式刚架（图 1-48），门式刚架依其顶部节点的连接情况有两铰刚架和三铰刚架两种形式。门式刚架构件类型少、制作简便，比较经济，室内空间宽敞、整洁。它适用于屋盖较轻的无桥式吊车或吊车吨位不大、跨度和高度也不大的中小型厂房，在高度不超过 10m，跨度不超过 18m 的纺织、印染等厂房中应用较普遍。

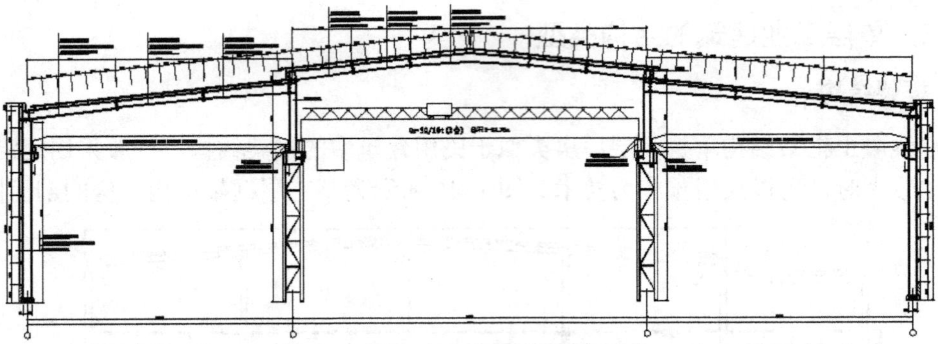

图 1-48　门式刚架结构

【思考与练习题】

1．楼梯按布置形式可以分为哪几种？
2．全地下室和半地下室的区别是什么？
3．楼梯由哪几部分组成？
4．墙体应满足的要求及作用是什么？
5．过梁、圈梁的作用是什么？
6．变形缝有哪三种形式？
7．楼梯平台的宽度有何要求？
8．什么是点式住宅？
9．住宅有哪些布置形式？
10．公共建筑有哪些布置形式？试在校区内分别举例说明。
11．工业建筑是如何进行分类的？

第二章　建筑材料的火灾高温特性

建筑材料的燃烧性能和建筑构件的耐火极限是影响建筑火灾的重要因素之一。建筑材料种类繁多，各类建筑材料在燃烧过程中有着复杂的性能。随着现代建筑科学技术的发展，大量新型建筑材料的应用越来越广泛，使建筑火灾的发展蔓延更趋复杂。基于对建筑物的经济性和人的生命安全考虑，我们必须对建筑材料的火灾高温特性进行准确的分析研究。

第一节　建筑材料及其火灾高温特性

【学习目标】

1. 了解什么是建筑材料。
2. 熟悉建筑材料的分类。
3. 掌握建筑材料的火灾高温特性。

建筑材料在火灾高温下的特性直接关系到建筑物的火灾危险性大小、火势蔓延扩大的速度及建筑物的安全。因此，必须研究建筑材料在火灾高温下的各种特性，在建筑防火设计中科学合理地选用建筑材料，以减少火灾损失。

一、建筑材料

所谓建筑材料是指建造建筑物时使用的材料。建筑材料的品种繁多，为便于了解和对其防火性能进行研究，我们一般按建筑材料的化学构成把建筑材料分为无机材料、有机材料和复合材料三大类，见表 2-1。

表 2-1　建筑材料按化学构成分类

	分类名称	材料举例
建筑材料	无机材料	混凝土、胶凝材料类 砖、天然石材与人造石材类 建筑陶瓷、建筑玻璃类 石膏制品类 无机涂料类 建筑金属、建筑五金类 各种功能性材料等
	有机材料	建筑木材类 建筑塑料类 装修及装饰性材料类 有机涂料类 各种功能性材料等
	复合材料	各种功能性复合材料等

除按材料的化学构成区分外，根据材料的物理力学特性、外观和用于建筑物的不同部位，还可将材料分为结构材料、装饰材料和功能材料。结构材料包括木材、竹材、石材、水泥、

混凝土、金属、砖瓦、陶瓷、玻璃、工程塑料及复合材料等；装饰材料包括各种涂料、油漆、镀层、贴面、各色瓷砖及具有特殊效果的玻璃等；功能材料包括用于防水、防潮、防腐、防火、阻燃、隔声、隔热、保温及密封等特殊功能的材料。

二、建筑材料的火灾高温特性

建筑材料的火灾高温特性主要有以下五个方面。

（一）建筑材料的燃烧性能

1．燃烧性能的概念

建筑材料的燃烧性能是指当建筑材料燃烧或遇火时所发生的一切物理和（或）化学变化。这项性能由材料表面的着火性和火焰传播性、发热、发烟、炭化、失重以及毒性生成物的产生等特性来衡量，影响因素主要有建筑材料的化学成分及其生成热、形状、密度和表面积等。

2．建筑材料及制品的燃烧性能分级

我国建筑材料及制品的燃烧性能分级按照国家标准 GB 8624—2012《建筑材料及制品燃烧性能分级》执行，该标准将建筑材料及制品的燃烧性能等级划分为 A、B_1、B_2、B_3 四个级别，见表 2-2。

表 2-2　建筑材料及制品的燃烧性能等级

燃烧性能等级	名　称
A	不燃材料（制品）
B_1	难燃材料（制品）
B_2	可燃材料（制品）
B_3	易燃材料（制品）

《建筑材料及制品燃烧性能分级》将建筑材料分为平板状建筑材料、铺地材料和管状绝热材料三大类。将建筑用制品分为四大类，分别是窗帘幕布、家具制品装饰用织物；电线电缆套管、电气设备外壳及附件；电器、家具制品用泡沫塑料；软质家具和硬质家具。

（二）建筑材料高温力学性能

建筑材料的力学性能针对不同材料主要有抗拉强度、抗压强度、弹性模量、粘接力等方面。建筑材料高温力学性能主要研究材料在高温作用下，力学性能随温度升高的变化关系。对于结构材料，如用于承重构件的砖、石、混凝土及钢材等材料，在火灾高温作用下保持一定的强度对于人员疏散、火灾扑救工作都具有至关重要的意义。

（三）建筑材料燃烧时的毒性

建筑材料燃烧时的毒性包括建筑材料在火灾中受热发生热分解释放出的热分解产物和燃烧产物对人体的毒害作用，它除了对人身造成危害之外，还严重妨碍人员的疏散行动和消防扑救工作。统计资料表明，火灾中死亡的人员，主要是中毒所致，或先中毒昏迷而后烧死，

直接烧死的只占少数。特别是建筑装修采用大量塑料等高分子合成材料以后，火灾时会产生更多的毒性气体，对人员安全造成极大危害。

火场中常见的有毒气体有CO、HCN、$COCl_2$、CO_2、HCl、Cl_2、H_2S、SO_2、HF及NO_2等。

（四）建筑材料燃烧时的发烟性

建筑材料燃烧时的发烟性是指建筑材料在燃烧或热分解作用下，所产生的悬浮在大气中可见的固体和液体微粒。固体微粒就是炭粒子，液体微粒主要指一些焦油状的液滴。材料燃烧时的发烟性大小直接影响能见度，从而使人从火场中逃生发生困难，也影响消防人员的扑救工作。炭粒子生成多，意味着燃烧不完全，火灾现场会充满各种中间裂解产物和不完全燃烧产物。这些产物大都具有一定的毒性，应预防它们对人员的毒害作用；这些产物大都是可燃的，一旦氧气供应充足，例如打开门窗时，有可能发生轰燃，应立即采取有效措施防止。

（五）建筑材料的隔热性能

在隔绝火灾高温热量方面，材料的热导率和热容量是两个最为重要的影响因素。热导率是指在单位温度梯度作用下物体内所产生的热流密度，其影响构件的导热速度。热容量是指使单位质量物体改变单位温度时吸收或释放的内能，其影响构件的升温速度。此外，材料的膨胀、收缩、变形、裂缝、熔化及粉化等因素也对隔热性能有较大的影响。

【思考与练习题】

1．为什么要研究建筑材料的火灾高温特性？

2．建筑材料的火灾高温特性主要有哪些方面？

第二节 钢　　材

【学习目标】

1. 了解钢材的分类及规格。
2. 掌握钢材的火灾高温特性及钢结构的防火保护方法。

钢材品质均匀，强度高，有一定的塑性和韧性，具有承受冲击和振动荷载的能力，可以焊接或铆接，便于装配。钢结构由于具有强度高、自重轻、抗震性能好、施工快、建筑基础费用低、结构占用面积少及工业化程度高等诸多优点而得到了人们的普遍重视，大量运用于大跨度建筑和高层建筑。

一、建筑用钢材的规格

1．钢筋

钢筋种类很多，普通钢筋是将钢锭加热后用轧钢机轧制而成的，称为热轧钢筋。钢筋直径有6mm、7mm、8mm、9mm、10mm、12mm、14mm、16mm、18mm、20mm、22mm、25mm、28mm、32mm、36mm及40mm等。直径为6～12mm的可成卷盘状，称盘条。钢筋长度一般为 6～12m，按断面形状有圆钢筋、螺纹钢筋等多种，螺纹钢筋与混凝土有更好的粘接力。

2．型钢

具有一定断面形式和外形尺寸的钢材称为型钢。

型钢有角钢（等肢角钢、不等肢角钢）、工字钢、丁字钢、槽钢等。型钢断面形式简单，尺寸等级适应，便于轧制生产、构件组合和拼装制造，对简化结构、合理受力以及节约钢材都有重要意义。

通过焊接或铆接的方法，可将型钢制成各种钢构件，如钢屋架、钢柱、钢梁等，有时也可将型钢直接用作钢构件，如钢梁、钢檩等。

3．钢板

钢板按其厚度分为薄钢板（厚度 d<4mm）；中厚钢板（厚度 d=4～20mm）和厚钢板（厚度 d=20～60mm）。平钢板多用于结构构件，花纹钢板多用于工作平台板、楼梯踏步等。

二、钢材的火灾高温特性

钢材属不燃性建筑材料，但钢材在火灾高温作用下，强度损失很快，钢构件的耐火极限很低。

（一）钢材在火灾高温下的力学性能

1．钢材高温时的应力-应变曲线

在不同温度下进行钢材拉伸试验，就可以作出不同温度下的应力-应变曲线图。

如图 2-1 所示，200℃时低碳钢的应力-应变曲线位于常温 20℃时应力-应变曲线上面，这意味着 200℃时低碳结构钢的强度有所加强。400℃、600℃时的应力-应变曲线位于常温（20℃）时应力-应变曲线的下面，这意味着高温时钢材强度比常温时下降了。

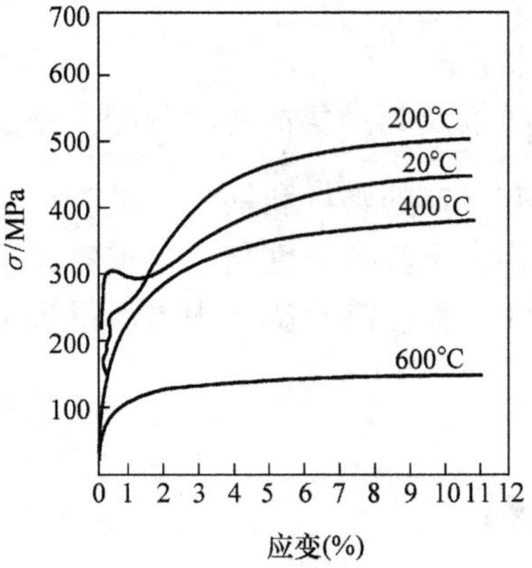

图 2-1　低碳结构钢在各种温度下的应力-应变曲线

2．钢材高温时的力学性能

钢材高温试验数据表明，随着温度的升高，钢材的强度和抗变形性能逐渐降低。按照性能指标下降幅度由小到大的次序为：抗拉强度、屈服强度和弹性模量。温度在 20～600℃之间时，钢材的极限延伸率也不断地减小。所有钢种在温度达到 800℃时，各项强度和变形指标都已经很低，只及常温的 10%左右。

（二）钢结构的临界温度

承重钢构件失去承载能力的温度称为钢结构的临界温度。一般常用建筑钢材的临界温度为 540℃。在建筑物火灾中，火场温度大多在 800～1 200℃之间，火灾发生 10min 内，火场温度即可高达 700℃以上。对裸露的钢构件，在这样的火灾温度下，只需几分钟其温度就可上升到 500℃左右而达到其临界值，进而失去承载能力，导致建筑物受到破坏甚至垮塌。影响钢结构临界温度的因素很多，例如结构荷载大小、构件截面形状、构件支撑条件及钢柱细长比等。

（三）钢构件的耐火极限

钢构件在火灾中，由于高温作用和钢材自身极高的导热性，使钢构件迅速升温，强度损失很快，蠕变加剧，以致发生塑性变形、产生局部破坏、丧失支撑能力而引起结构的垮塌或失稳。未经任何保护的钢构件，其耐火极限只有 0.25h 左右。

三、钢结构的防火保护

钢材在火灾高温作用下，强度损失很快。用钢材制作的构件，如梁、柱及屋架，若不加以保护或保护不力，在火灾中有可能失去承载能力而引起整个建筑的倒塌。要使钢结构在实际应用中克服防火方面的不足，必须进行防火处理，其目的就是将钢构件的耐火极限提高到设计规范规定的极限范围内。

钢结构的防火保护方法主要有涂覆防火涂料、包封法以及水冷法。

（一）涂覆钢结构防火涂料

施涂于建筑物和构筑物钢结构构件表面，能形成耐火隔热保护层，以提高钢结构耐火极限的涂料，称钢结构防火涂料。按其涂层厚度防火涂料可分为厚涂型、薄涂型和超薄涂型。

1．厚涂型防火涂料

涂层厚度一般为 8～50mm，呈粒状面，密度较小，热导率低，耐火极限可达 1.5～3.0h，又称钢结构防火隔热涂料。厚涂型防火涂料适用于建筑物或构筑物竣工后，已经被围护、装饰材料遮蔽、隔离，防火保护层的外观要求不高，但其耐火极限往往要求在 1.5h 以上的钢结构，如商贸大厦等超高层全钢结构以及宾馆、医院、礼堂、展览馆等建筑物的钢结构。厚涂型防火涂料热导率低、耐火隔热性好。

2．薄涂型防火涂料

涂层厚度为 3～7mm，有一定装饰效果，高温时涂层发泡膨胀，又称钢结构膨胀防火涂料。被涂覆过薄涂型防火涂料的钢结构，其耐火极限可达 0.5～1.5h。薄涂型防火涂料适用于建筑物或构筑物竣工后仍然裸露的钢结构，如体育场馆、工业厂房等的钢结构。薄涂型钢结构防火涂料、涂层粘结力强，抗震抗弯性好，可调配各种颜色以满足不同的装饰要求。

3．**超薄型钢结构防火涂料**

涂层厚度不超过3mm，被涂覆过超薄涂型防火涂料的钢结构，其耐火极限可达2.0～2.5h。超薄型防火涂料适用于工业厂房、体育馆、候机楼、高层建筑装饰的钢柱、钢梁、钢框、钢桁及钢网的防火保护。

（二）包封法

包封法是指将钢结构用防火隔热材料包封起来，使钢结构免受火灾高温作用。常用的防火隔热材料有石膏、矿棉、岩棉、玻璃纤维、蛭石、珍珠岩以及混凝土等。这些隔热防火材料有的能吸热、有的能释放结晶水，而有的导热能力差、隔热作用强等。

施工做法如采用不燃吊顶或隔墙把钢结构保护起来，使钢结构不与火直接接触；在钢结构外浇注混凝土保护层；用不燃性材料制作的板材，粘贴或用铁钉固定在钢结构上；喷涂无机防火隔热涂料，在钢柱表面用金属网抹50号砂浆起保护作用等。

（三）水冷却法

对空心钢柱，可在内部充循环冷却水。火灾时传递给钢柱的热量被内部冷却水带走，使钢柱温度不会升得很高。如匹兹堡美国钢铁办公大楼，钢结构16层，设置了冷水循环系统。这种办法的最大缺点是设备费用高，需设置蓄水池和冷却系统，还必须采取防锈和防水措施，因此实际应用受到限制。

【思考与练习题】

1．钢材的火灾高温特性主要有哪些？

2．钢结构一般应怎样进行防火保护？

第三节　钢筋混凝土

【学习目标】

1. 了解钢筋混凝土的组成及强度。
2. 掌握钢筋混凝土和预应力钢筋混凝土的主要火灾高温特性及其防火保护方法。

钢筋混凝土是通过在混凝土中加入钢筋与之共同工作来改善混凝土力学性质的一种组合材料，在建筑工程中常用“钢筋砼”来表示。钢筋混凝土具有较高的强度，广泛运用于各类建筑工程。

一、钢筋混凝土的组成

钢筋混凝土由钢筋和混凝土组成，浇筑混凝土之前，先进行绑筋支模，也就是用铁丝将钢筋固定成想要的结构形状，然后用模板覆盖在钢筋骨架外面，最后将混凝土浇筑进去，经养护达到强度标准后拆模，所得即钢筋混凝土。

钢筋与混凝土之所以可以共同工作是由它自身的材料性质决定的。首先钢筋与混凝土有着近似的线膨胀系数，不会由环境不同产生过大的应力。其次钢筋与混凝土之间有良好的粘结性，有时钢筋的表面也被加工成有间隔的肋条来提高混凝土与钢筋之间的咬合力，而且通常将钢筋的端部弯起 180° 弯钩。此外，混凝土中的氢氧化钙提供了碱性环境，在钢筋表面形成了一层钝化保护膜，使钢筋相对于中性与酸性环境下更不易腐蚀。

二、钢筋混凝土的火灾高温力学性能

钢筋混凝土耐火性能很好，钢筋外包着混凝土起到保护层的作用，不致因燃烧而很快达到钢筋的临界温度。在受热温度低于 400℃时，钢筋与混凝土各方面性能均不会发生大的变化，温度继续升高，表面混凝土酥裂，构件变形加大，两者的粘结力受到破坏，钢筋失去保护层，从而使构件承载力下降甚至发生破坏。为使钢筋混凝土在受热条件下，混凝土与钢筋之间的粘结力不致受太大的影响，在受拉区主筋最好采用螺纹钢筋，以增加粘结力。

受到火灾影响和损伤的钢筋混凝土外观上具有较为明显的特征，如构件表面粉刷层及混凝土爆裂脱落和烧伤层产生细微裂缝，梁和柱混凝土表面产生大面积龟裂，局部混凝土爆落和主筋外露，混凝土表面呈现淡红色（300～600℃时）、灰白色（600～800℃时）、草黄色（800℃以上时）等。

三、预应力钢筋混凝土

预应力钢筋混凝土是在外荷载作用之前，先对混凝土中的钢筋预加应力，造成人为的应力状态，使它能在外荷载作用以后，部分地或全部地抵消外荷载引起的应力，从而使构件在使用阶段的拉应力显著减小，延缓或避免裂缝的出现。预应力钢筋混凝土由于省材料、经济意义大，目前在建筑中广泛采用。

预应力钢筋混凝土构件耐火性能差，是建筑中的一个薄弱部位，在火灾时受高温作用，抗拉强度下降很快，温度达到 200℃时，预应力减小 45%～50%，温度达到 300℃时，就会失去全部预应力。主要有以下原因：

1）预应力钢筋混凝土一般用预应力钢丝、钢绞线和预应力螺纹钢筋，其屈服强度通常在 60MPa 左右，若这时受到 200℃高温作用，屈服极限开始下降。当受到 300℃高温作用时预应力几乎全部消失，构件刚度下降 2/3 之多，因预应力钢筋在高温下的强度、刚度下降，所以构件的变形随温度升高逐渐加大，甚至最后断裂破坏。

2）钢筋在高温作用下的蠕变作用。热轧低碳钢的应力增加 4 倍时，蠕变速度加快 1 000 倍。预应力钢筋比非预应力钢筋的应力要高出几倍，因此在同样高温作用下，预应力钢筋的蠕变速度要比非预应力钢筋的蠕变速度大得多。直接表现为预应力钢筋混凝土在高温作用下变形很快。

3）预应力构件变形增大后，容易出现裂缝，致使受力预应力钢筋直接受火焰作用，这也促使了预应力构件的强度、刚度进一步下降。

四、钢筋混凝土的防火保护

钢筋混凝土在火灾中受高温作用，强度会降低。如果室内可燃物很多，火灾时间长，钢筋混凝土强度损失很大，会危及建筑物安全；如果火灾作用时间短，钢筋混凝土构件基本能满足建筑设计防火规范要求。为了提高其耐火极限，除采取增加主筋的保护层厚度以外，还可采取喷涂防火涂料或砂浆的办法。

（一）喷涂防火涂料

在预应力混凝土楼板配筋一面喷涂 5mm 厚的涂料，楼板的耐火极限可达 2h 左右。这种方法适用于预应力混凝土楼板，钢筋混凝土梁、柱及普通混凝土结构，起防火隔热作用，主要用于预应力混凝土楼板。

（二）涂抹砂浆保护层

常用的保温隔热砂浆有水泥膨胀蛭石砂浆、水泥膨胀珍珠岩砂浆及水泥石灰膨胀蛭石砂浆等，具有保温隔热性能。其中膨胀珍珠岩是由珍珠岩经焙烧、膨胀而成的，最高使用温度为 800℃；膨胀蛭石由蛭石经焙烧、膨胀而得，最高使用温度为 1 000～1 100℃，涂 2cm 厚的蛭石石膏浆后，耐火极限可达 2h。

设置钢筋保护层时，楼板中钢筋保护层厚度必须在 2.5cm 以上，柱、梁中钢筋保护层厚度必须在 4.5cm 以上，以防止混凝土剥落，将钢筋暴露在空间。特别是构件连接受力处，在混凝土内可以适当添加耐火性能好的火成岩、炉渣作骨料。

【思考与练习题】

1．钢筋混凝土的火灾高温特性主要有哪些？

2．怎样对钢筋混凝土结构进行防火保护？

第四节　建筑玻璃

【学习目标】

1. 了解建筑玻璃的组成及分类。
2. 掌握建筑玻璃的火灾高温特性。
3. 掌握防火玻璃的分类和运用。

玻璃具有透光、透视、隔声及绝热的性质，有很好的艺术装饰作用，还能制成具有防辐射、防火等特殊用途的功能玻璃，在建筑中的应用非常广泛。

一、建筑玻璃的组成和分类

（一）玻璃的组成

玻璃是以石英砂、纯碱及石灰石为主要原料，外加助溶剂、脱色剂及着色剂等辅助原料，经高温熔融、成型及冷却而成的固态物质。

（二）建筑玻璃的分类

常见建筑玻璃主要有以下几种：

1．平板玻璃

平板玻璃有普通平板玻璃和浮法玻璃两种，二者只是生产工艺、品质不同。平板玻璃具有透光、隔热、隔声、耐磨及耐气候变化的性能，广泛应用于镶嵌建筑物的门窗、墙面及室内装饰等。相比而言，浮法玻璃表面更加平整光滑，厚度非常均匀，光学畸变更小。

2．节能玻璃

节能玻璃主要有镀膜玻璃、中空玻璃和着色玻璃。

镀膜玻璃是在玻璃表面涂镀一层或多层金属、合金或金属化合物薄膜，以改变玻璃的光学性能，满足某种特定要求，主要用于建筑玻璃幕墙，汽车、船舶等交通工具和液晶显示屏等。

中空玻璃四周用高强度、高气密性复合粘结剂，将两片或多片普通平板玻璃与密封条、玻璃条粘接密封，中间充入干燥气体，框内充以干燥剂，具有良好的保温、隔热及隔声等性能。主要用于采暖、空调及消声设施的外层玻璃装饰。

着色玻璃是在普通钠钙玻璃中引入起着色作用的氧化物，使玻璃着色而具有较高的吸热性能，能吸收大量红外线辐射能而又保持良好的可见光透过率的玻璃。着色玻璃在建筑工程中应用广泛，凡既需采光又需隔热的空间均可采用。

3．安全玻璃

安全玻璃是指经剧烈振动或撞击不破碎，即使破碎也不易伤人的玻璃，包括符合 GB 15763 规定的防火玻璃、夹层玻璃、钢化玻璃以及由它们构成的复合产品。

夹层玻璃由两片普通平板玻璃（也可以是钢化玻璃或其他特殊玻璃）和玻璃之间的有机胶合层构成，其主要特性是安全性好，破碎时，玻璃碎片不零落飞散，只能产生辐射状裂纹，不至于伤人。夹层玻璃的抗冲击强度优于普通平板玻璃，并有耐光、耐热、耐湿、耐寒及隔声等特殊功能，多用于面向室外的门窗。

钢化玻璃是将普通平板玻璃经过加工处理而成的一种预应力玻璃。钢化玻璃相对于普通平板玻璃来说，具有两大特征：①前者的强度是后者的数倍，抗拉强度是后者的 3 倍以上，抗冲击力是后者的 5 倍以上；②钢化玻璃不容易破碎，即使破碎也会以无锐角的颗粒形式碎裂，对人体的伤害大大降低。钢化玻璃主要用于门窗、间隔墙和橱柜门。

夹丝玻璃是将普通平板玻璃加热到红热软化状态时，再将预热处理过的铁丝或铁丝网压入玻璃中间而制成的。它的特性是防火性优越，可遮挡火焰，高温燃烧时不炸裂，破碎时不会造成碎片伤人，另外还有防盗性能，玻璃割破还有铁丝网阻挡。夹丝玻璃多用于高层楼宇和震荡性强的厂房以及屋顶天窗、阳台窗等。

防弹玻璃是在两片或两片以上原片玻璃中间，用 PVB 胶片在一定的温度和压力下胶合而成的多层玻璃组合体。在武器射程范围内，其可以抵抗子弹穿透，具有防弹、防爆及防盗功能，另外，还具有夹层玻璃的共性。

4．装饰玻璃

装饰玻璃主要有毛玻璃、彩色玻璃、压花玻璃及光栅玻璃等，主要用于门窗、室内间隔及浴厕等处，有良好的装饰效果。

二、玻璃的火灾高温特性

由于玻璃导热系数小，火灾中当玻璃受到火的作用时，受火面温度升高，背火面及其他未受火烤的区域仍维持较低温度，于是在玻璃内产生热应力。这个应力若超过玻璃强度，玻璃就会炸裂。玻璃在局部温度达到250℃时就会发生炸裂现象，火灾中火焰温度达700～1 000℃，玻璃很快会炸裂而失去隔火隔烟作用，在火焰高温持续作用下，700～800℃时开始软化，到 900～950℃时熔化，因此玻璃虽然是不燃烧材料，但耐火性能很差，普通玻璃制品的耐火极限很低。

三、防火玻璃

防火玻璃在防火时的作用主要是控制火势的蔓延或隔烟，是一种措施型的防火材料，其防火的效果以耐火性能进行评价。

（一）防火玻璃的分类

1．按耐火性能分

防火玻璃按耐火性能可分为两类：

（1）隔热型防火玻璃（A 类） 隔热型防火玻璃指耐火性能同时满足耐火完整性、耐火隔热性要求的防火玻璃。此类玻璃具有透光、防火（隔烟、隔火、遮挡热辐射）、隔声及抗冲击性能，适用于建筑装饰钢木防火门、窗、隔断、采光顶、挡烟垂壁、透视地板及其他需要既透明又防火的建筑组件。

（2）非隔热型防火玻璃（C 类） 非隔热型防火玻璃指只满足耐火完整性要求的防火玻璃。此类玻璃具有透光、防火、隔烟及强度高等特点，适用于无隔热要求的防火玻璃隔断、防火窗、室外幕墙等。

2．按结构分

防火玻璃按结构可分为复合防火玻璃（复合型和灌注型）和单片防火玻璃。

（1）复合防火玻璃（干法） 复合防火玻璃由两层或多层玻璃原片附之一层或多层水溶性无机防火胶夹层复合而成。

防火原理：火灾发生时，向火面玻璃遇高温后很快炸裂，其防火胶夹层相继发泡膨胀十倍左右，形成坚硬的乳白色泡状防火胶板，有效地阻断火焰，隔绝高温及有害气体。适用范围：建筑物房间、走廊、通道的防火门窗及防火分区和重要部位防火墙。

（2）灌注型防火玻璃 灌注型防火玻璃由两层玻璃原片（特殊需要也可用三层玻璃原片）制成，四周以特制阻燃胶条密封。中间灌注的防火胶液，经固化后为透明胶冻状并与玻璃粘接成一体。

防火原理：遇高温以后，玻璃中间透明胶冻状的防火胶层会迅速硬结，形成一张不透明的防火隔热层。在阻止火焰蔓延的同时，也阻止高温向背火面传导。此类防火玻璃不仅具有防火隔热性能，而且隔声效果出众。其可加工成弧形，适用于防火门窗、建筑天井、中庭、共享空间及计算机机房防火分区隔断墙。

（3）单片防火玻璃 单片防火玻璃是一种单层玻璃构造的防火玻璃，通过特殊化学处理在高温状态下进行离子交换，替换了玻璃表面的金属钠，形成低膨胀硅酸盐玻璃，具备高效的抗热性能，同时通过物理处理后，玻璃表面形成高强的压应力，大大提高了抗冲击强度，起到防火保护作用。单片防火玻璃具有优越的耐火性能，在高达 1 000℃的火焰冲击下能保持 90min

以上不炸裂，并且强度高、安全性好、耐候性高及可加工性能好，可根据实际要求加工成防火夹层玻璃、防火中空玻璃、点支防火式幕墙玻璃及防火镀膜玻璃等，适用于建筑物室内和室外。

3．耐火极限等级

防火玻璃按耐火极限可分为五个等级：0.50h、1.00h、1.50h、2.00h、3.00h。

（二）防火玻璃的应用

防火玻璃在建筑中应用广泛，在使用时必须注意以下几点：

1）选用防火玻璃前，要先清楚由防火玻璃组成的防火构件的消防具体要求，是防火、隔热还是隔烟等。

2）单片和复合灌注型防火玻璃不能像普通平板玻璃那样用玻璃刀切割，必须定尺加工，但复合型（干法）防火玻璃可以达到可切割的要求。

3）选用防火玻璃组成防火构件时，除考虑玻璃的防火耐久性能外，其支承结构和各元素也必须满足耐火的需要。

【思考与练习题】

1．建筑玻璃的火灾高温特性是什么？

2．防火玻璃主要有哪几种？在建筑中应如何正确运用？

第五节 建筑塑料

【学习目标】

1. 了解建筑塑料的分类与性质。
2. 掌握建筑塑料的火灾高温特性及防火保护方法。

建筑塑料是用于建筑工程的塑料制品的统称。塑料可加工成各种形状和颜色的制品，加工方法简便，自动化程度高，生产能耗低，因此，塑料制品已广泛应用于工业、农业、建筑业和生活日用品中。

一、建筑塑料的分类与性质

（一）塑料的组成

1．合成树脂

合成树脂由低分子量的简单分子通过聚合或缩聚反应制成。合成树脂是塑料中的主要成分，一般占30%～60%，在塑料中起胶结作用，塑料的性质主要取决于合成树脂。

2．填料

常用填料有木粉、石粉、炭黑、滑石粉及玻璃纤维，约占20%～50%。加入填料可以降低塑料成本，同时可增加塑料强度、硬度和耐热性。

3．外加剂

外加剂有固化剂、增塑剂、着色剂、稳定剂、润滑剂、发泡剂、抗静电剂及阻燃剂等。

可根据不同要求加入某些外加剂，以改善某一方面的性能。

（二）塑料的分类

1．热塑性塑料

热塑性塑料受热时软化，冷却时变硬，可多次反复进行，长久保持这种热塑性能。

2．热固性塑料

第一次受热时软化，继续加热则分子间交连而固化，冷却后再加热则不再软化。

（三）塑料的性质

多数塑料耐腐蚀性比较好，耐酸、耐碱、耐盐，但抗老化性能差，在光、热及电的作用下，会使性质恶化而失去弹性，变硬、变脆，出现龟裂。

二、建筑塑料的火灾高温特性

大部分塑料是可燃材料，少部分是难燃材料。塑料在火灾中具有燃烧热值大、火焰温度高、燃烧速度快、释放出大量烟及有毒气体等特点。

（一）塑料的燃烧过程

塑料燃烧属热分解式燃烧。其燃烧过程包括加热熔融、热分解和燃烧等过程。

1．加热熔融

塑料具有较高的强度、良好的耐腐蚀性与绝缘性，但其致命弱点是耐热性差，稍微加热即发生软化，机械强度降低，变成橡胶状物质。

2．热分解

温度继续升高，黏稠状物质的分子间的键开始断裂，分解成分子量较小的物质。塑料的热分解温度一般在 200～400℃，热分解产物大多数是可燃的、有毒的。在热分解过程中还会产生微炭粒烟尘而冒黑烟。在缺氧条件下，如在密封的房间内，这些热分解产物会越聚越多，一旦房间的门窗打开，与新鲜空气混合，有可能发生“爆燃”现象，促使火灾猛烈发展。

3．着火燃烧

当塑料分解产物浓度超过爆炸下限时，遇明火会发生一闪即灭的现象，即闪燃。发生闪燃的最低温度称闪点，塑料在实际火灾中闪燃现象是不明显的。若进一步提高温度，热分解速度加快，则会发生连续燃烧。

（二）塑料的燃烧特点

总体来说，大多数塑料燃烧时具有如下特点：

1．发热量大

大多数塑料燃烧时的发热量都比较高。如软质聚乙烯的燃烧热为 46.61MJ/kg，聚苯乙烯的燃烧热为 40.18MJ/kg，为木材燃烧热 14.64 MJ /kg 的 2～3 倍。

2．火焰温度高

大多数塑料燃烧时的火焰温度很高，多在 2 000℃左右，因而热辐射强，易于造成火势的迅速蔓延。如高密度聚乙烯火焰温度为 2 120℃，聚苯乙烯火焰温度为 2 210℃。

3．燃烧速度快

由于大多数塑料燃烧时发热量大、火焰温度高，因此燃烧速度快，火势发展猛烈。如聚苯乙烯燃烧速度为 12.7～63.5mm/min。

4．产生大量的有毒烟气

大多数塑料燃烧时，发烟量都比较大，并且烟雾中充满了大量有毒的热分解产物和燃烧产物。烟雾中含量最多的物质是 CO 和 CO_2，有的还会产生 NH_3、NO、NO_2、HCN、Cl_2、HCl、HF 及 $COCl_2$ 等有毒气体，还具有强烈的刺激性和腐蚀性。

三、建筑塑料的防火处理

塑料的防火处理主要是对塑料进行阻燃处理，将可燃、易燃的塑料变成难燃的塑料，使火灾难以蔓延。塑料的阻燃处理配方很多，可以根据要求选择，选择时要考虑阻燃效果好，阻燃剂材料来源丰富、便宜、无毒，并对材料的使用性能无多大影响。塑料的阻燃处理方法一般有以下三种：

（一）添加阻燃剂

在塑料中添加阻燃剂及惰性的无机填料，使塑料制品的燃烧特性得到改善。常用的无机阻燃剂有氢氧化铝、氢氧化镁、碳酸镁、硼酸锌及三氧化二锌；有机阻燃剂有氯化石蜡、六溴苯及十溴联苯醚等。填料有碳酸钙、滑石粉、珍珠岩粉、蛭石粉及陶土等。为了使树脂能与无机阻燃剂很好地融合，需对无机阻燃剂、无机填料进行表面处理。常用的表面处理剂有有机硅、石蜡等。

（二）共混

将原来阻燃性较差的树脂与阻燃性好的树脂按适当比例进行共混。在所有塑料树脂中，含卤素聚合物一般是难燃的，将阻燃性差的树脂与卤素树脂共混，则得到比原有树脂好的阻燃性能，例如在 ABS 树脂中加入聚氯乙烯。

（三）接枝

在基础聚合物上用阻燃性好的单体进行接枝共聚，例如在 ABS 树脂上接枝氯乙烯单体，氯乙烯含量达到一定数量时，就具有较好的阻燃性能。

【思考与练习题】

1．建筑塑料的火灾高温特性是什么？

2．怎样对建筑塑料进行防火处理？

第六节　木　　材

【学习目标】

1. 了解木材的组成及运用。
2. 掌握木材的火灾特性及防火保护方法。

木材具有材质轻、强度大、导热系数小、容易加工、装饰性好及取材广泛等优点，因此作为一种重要的建筑材料在建筑工程中得到广泛的应用。

一、木材的力学性能

木材是由占 90%的纤维素、半纤维素和木质素以及占 10%的浸提成分（如挥发油、树脂、鞣料和其他醇类化合物）所组成的。木材具有强度较高、自重小、易加工、色彩纹理美观及弹塑性好等特点，但也有构造不均匀、易开裂、变形及易燃烧等不足之处。

二、木材的火灾高温特性

木材容易燃烧，在火灾高温下的特性主要表现为燃烧性和发烟性。木材中含有水分，木材的含水量对木材的着火难易程度、燃烧速度、导热性和导电性都有很大影响。含水量越大，木材越不易燃烧，燃烧速度小，导电性、导热性则较高。

木材在受热的条件下，往往会发生热分解作用，在 100～150℃的范围内，木材受热时仅蒸发出水分，其化学组成几乎没有明显的变化。在 150～200℃时，木材的热分解作用逐渐明显，半纤维素开始分解，生成的气体中 CO_2 大约占 70%，CO 大约占 30%，热解混合气体的热值为 4.8MJ/m^3，木材表面变成褐色。由于木材在受热分解的同时放出热量，所以木材持续处在 100～200℃的环境中时就有可能被点燃或发生自燃，这一过程所持续的时间依环境温度及散热条件而定。

当温度继续上升达到 220～290℃时，半纤维素发生急剧的热分解，纤维素、木质素开始分解。该温度范围为木材的燃点范围，反应以放热为主。热分解所产生的气体中 CO_2、CO 的含量降低，甲烷、乙烷及含氧碳氢化合物等可燃气体的含量增高，热解混合气体的热值达到 16MJ/m^3。此时如遇外来火源就极有可能被点燃，产生光和热形成木材的气相燃烧。燃烧释放的热量再传递回木材，使木材的温度不断上升，热分解不断加剧，这样循环往复使火越烧越旺。随着温度的继续升高，达到 450℃以上时，木材表面与氧气反应形成固相燃烧。在实际火灾中，木材燃烧的火焰温度可高达 800～1 300℃。

三、木材及木制品的防火处理

由于木材具有可燃性，因此一旦起火，就极易造成火势的发展蔓延，引起人员伤亡和财产损失，必须对其进行防火处理以降低其可燃性。经防火处理的木材及木制品，其燃烧性能等级可从可燃性材料（B_2级）提高到难燃性材料（B_1级）。

对木材及木制品的防火处理有浸渍、添加阻燃剂和涂覆三种方法。

（一）浸渍

浸渍按工艺可分为常压浸渍、热浸渍和加压浸渍三种。

1．常压浸渍

在常压室温条件下，将木材浸渍在黏度较低的含有阻燃剂的溶液中，使阻燃剂溶液渗入到木材表面的组织中，经干燥使水分蒸发，阻燃剂留在木材的浅表层内。这种方法由于浸入的阻燃剂不多，阻燃效果受到限制，但其方法简单，适用于阻燃效果要求不高、木材密度不大的薄板材。

2．热浸渍

在常压下将木材放入热的阻燃剂溶液中浸渍，直至溶液冷却。因为木材受热，内部气体膨胀而释放出来，等到阻燃剂冷却后，木材内部孔隙就可以多吸收些阻燃剂溶液，然后进行干燥，将阻燃剂留在木材孔隙内。

3．加压浸渍

先将木材放在高压容器中，抽真空到7.9～8.6kPa，并保持15～60min，再注入含有阻燃剂的浸渍液并加压到1.20MPa，在65℃的温度下保持7h，解除压力后，排除阻燃剂溶液，为避免木材取出时继续滴液，可再次抽真空数分钟，最后放入烘窑进行干燥。加压浸渍适用于阻燃要求高的木材。浸渍效果好坏与木材密度关系很大。密度大的木材，如柞木、落叶松，由于其内部孔隙少，浸渍液很难渗入到内部；而密度小的木材，如毛白杨、桦木，内部孔隙多，浸渍液比较容易渗入。

（二）添加阻燃剂

在生产纤维板、胶合板、刨花板及木屑板的过程中，可以添加适量的阻燃剂，这样可使制品具有很好的阻燃特性。添加型阻燃剂应与胶粘剂及其他添加料能很好地相溶。用来制造人造板材的单板、刨花及纤维如果预先浸渍处理，则阻燃效果会更好，阻燃胶合板就是采用这种方法制造的。用于有阻燃要求的公共和民用建筑内部吊顶和墙面装修，也可采用这种方式。

（三）涂覆

涂覆就是在需要进行阻燃处理的木材表面涂覆防火涂料。在实际工程中常用饰面型防火涂料，这种涂料除了具备好的阻燃性以外，还具有较好的着色性、透明度、粘结力、防水及防腐蚀等普通涂料所具有的性能。

【思考与练习题】

1．木材的火灾高温特性有哪些？

2．木制品通常有哪些防火处理措施？

第三章　建筑火灾与基本消防对策

火灾是指在时间或空间上失去控制的燃烧。当今，火灾是世界各国所面临的一个共同的灾难性问题。据联合国“世界火灾统计中心”提供的资料介绍，发生火灾的损失，美国不到7年翻一番，日本平均16年翻一番，我国平均12年翻一番。全世界每天发生火灾一万多起，造成数百人死亡。近几年来，我国每年发生火灾约20万起，死2 000多人，伤3 000～4 000人，火灾每年造成的直接财产损失 10 多亿元，尤其是造成几十人、几百人死亡的特大恶性火灾时有发生，给国家和人民群众的生命财产造成巨大的损失。严峻的现实表明，火灾是当今世界上多发性危害中发生频率较高的一种灾害，必须加以严格防控。

火灾可分为建筑火灾、石油化工火灾、交通工具火灾、矿山火灾及森林草原火灾等。其中建筑火灾发生的起数和造成的损失、危害居于首位。根据我国20世纪90年代的火灾统计，建筑火灾次数占火灾总数的75%以上，所造成的人员死亡和直接财产损失占总损失的90%和85%。建筑火灾具有空间上的广泛性、时间上的突发性、成因上的复杂性及防治上的局限性等特点，其发生也是在人类生产生活活动中，由自然因素、人为因素及社会因素的综合效应的作用而造成的非纯自然的灾害事故。随着经济社会的发展，科学技术的进步，建筑呈现向高层、地下发展的趋势，建筑功能日趋综合化，建筑规模日趋大型化，建筑材料日趋多样化，一旦发生火灾容易造成严重危害。新疆克拉玛依友谊馆、辽宁阜新市艺苑歌舞厅、河南洛阳东都商厦、吉林中百商厦及湖南常德桥南市场等特大火灾，损失惨重，教训深刻。为避免、减少建筑火灾发生，我们就必须研究它的发生、发展规律，总结火灾教训，采取消防措施，防患于未然。

第一节　建 筑 火 灾

【学习目标】

1. 熟悉建筑火灾成因。
2. 了解建筑火灾的危害性。

我国2000—2009年10年间平均每年的火灾直接经济损失近13亿元，死亡2 149人，火灾形势如图3-1所示。

由图3-1可见，随着我国经济的不断发展，工业化、城市化及市场化进程不断加快，各种致灾因素增多，使得建筑物火灾的危险性和复杂性增加，预防和扑救难度加大，造成的危害加重。各类超大规模的工业建筑和特殊的民用建筑大量涌现，特别是超高层建筑、地下大型建筑和石油化工易燃易爆场所迅速增多。这些建筑规模巨大、结构复杂，含有的可燃物品种类多、数量大，而且人员十分密集，极易发生大面积立体火灾；一旦发生火灾，扑救十分困难，很容易蔓延发展成群死群伤火灾并造成重大财产损失，如火灾直接经济损失在2006—2008年间出现了较为明显的上升。同时，随着科学技术的发展，各种新材料、新能源、新工艺及新技术投入使用，带来了许多新的火灾问题。2000年以后，我国火灾"四项指标"虽稳中有降，但各项指标基数较高，现代经济状态下火灾对经济的破坏作用巨大，火灾形势依然不容乐观，这就对火灾的预防和管理提出了更高的要求。

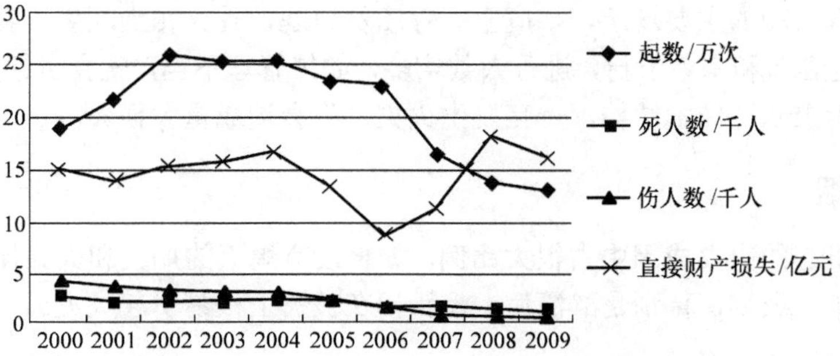

图3-1　我国2000—2009年火灾形势图

要从根本上防止和减少建筑火灾的发生，分析建筑火灾发生的原因就变得尤为重要，它是研究建筑防火的基础。

一、建筑火灾成因

尽管建筑火灾发生的原因多种多样，但归纳起来都是由人的不安全因素、物的不安全因素或者两者共同作用所导致，具体表现在以下八个方面：

（一）生活用火不慎

1．炊事用火

炊事用火是人们最经常的生活用火，除了居民家庭外，单位的食堂、饮食行业都涉及炊事用火。炊事用火的主要器具，如炉灶设置地点不当，安装不符合安全要求，烟囱距离可燃构件等太近或其间没有可靠的隔火、隔热措施，在使用炉灶过程中违反防火安全要求或出现异常事故等都可能引起火灾。

2．取暖用火

我国部分地区，特别是北方地区，冬季都要取暖。除了宾馆、饭店和部分居民住宅使用空调和集中供热外，其余部分使用明火取暖。取暖用的火炉、火炕、火盆及用于排烟的烟囱在设置、安装、使用不当时，都可能引起火灾。

3．照明灯火

城市和乡村在供电发生故障或修理线路时，常用蜡烛、油灯照明。婚事、丧事及喜事等也往往燃点蜡烛。少数无电的农村和边远地区则都靠蜡烛、油灯等照明。蜡烛和油灯使用不当，容易引起火灾事故。

4．燃放烟花爆竹

每逢节日庆典，人们多燃放烟花爆竹来增加欢乐气氛。但是在烟花爆竹燃放时多数要爆炸，同时也是一个火源，稍有不慎，不仅会造成人员伤亡，还会引起火灾。我国每年春节期间火灾频繁，其中80%以上是燃放烟花爆竹所引起的。

5．宗教活动用火

在进行宗教活动的主要场所，如庵堂、寺庙及道观，香火相当旺盛，整日香火不断，烛火通明。尤其是春节和宗教节日，进香人数增多，如果管理不当，就会引起火灾。加之庵堂、寺庙及道观多为土木、砖木结构，一旦发生火灾，将会造成重大损失。

（二）吸烟

吸烟不慎引起的火灾成因中占很大比例。如将没有熄灭的烟头和火柴梗扔在可燃物中引起火灾；躺在床上吸烟，特别是醉酒后，烟头掉在被褥上极易引起火灾。

（三）玩火

小孩玩火虽不是正常生活用火，但却是生活中常见的火灾原因。小孩玩火常见的情况有小孩在家中划火柴、玩打火机；把鞭炮内的火药取出点火玩；开煤气、液化气开关等。小孩玩火引起的火灾次数占火灾总次数的 10%左右，尤其是在寒、暑假期间，这种现象更为突出。

（四）违反生产安全制度

违反生产安全制度引起火灾的情况很多，如在易燃易爆的车间内动用明火，引起爆炸起火；将性质相抵触的物品混存在一起，引起燃烧爆炸；在焊接和切割时，会飞溅出大量火星和熔渣，焊接切割部位温度很高，如果没有采取相应的防火措施，则很容易酿成火灾；在机器运转过程中，不按时加油润滑，或没有清除附在机器轴承上面的杂质、废物，而使这些部位摩擦发热，引起附着物燃烧起火；电熨斗放在台板上，没有切断电源就离去，导致电熨斗过热，将台板烤燃引起火灾；化工生产设备失修，产生可燃气体、易燃液体及可燃液体的跑、冒、滴、漏现象，遇到明火燃烧或爆炸。

此外，生产用火不慎引起的火灾也很多，如用明火熔化沥青、石蜡或熬制动、植物油时，因温度超过其燃点，着火成灾；在烘烤木板、烟叶等可燃物时，因升温过高，引起烘烤的可燃物起火成灾；锅炉中排出的炽热炉渣处理不当，会引燃周围的可燃物。

（五）建筑电气设备设计、安装、使用及维护不当

电气线路往往由于短路、过负荷运行、接触电阻过大及漏电等原因，产生电火花、电弧或引起绝缘导线、电缆过热，都会造成火灾。

1．过负荷

电气线路中允许连续通过而不至于使导线过热的电流量，称为允许载流量或安全电流。

如果导线通过的电流超过了安全电流值，就称导线过负荷。一般绝缘导线的最高允许工作温度为65℃，当导线截面选择不当，实际负荷超过了导线的允许载流量，或在线路中接入过多或功率过大的电气设备，超过了配电线路的负载能力，引起过负荷时，导线的温度超过允许工作温度值，会使绝缘层加速老化，甚至损坏。严重过负荷时，会引起导线的绝缘层发生燃烧，并能引燃导线附近的可燃物，造成火灾。

2．短路

在电气线路上，由于各种原因发生相线与相线或相线与零线在某一点相碰，引起电流突然大量增大，称为短路。造成短路的原因有：使用导线、电缆时，没有按具体环境选用，使绝缘层受高温、潮湿或腐蚀等作用的影响而失去绝缘能力；线路年久失修，绝缘层陈旧老化或受损，使线芯裸露；线路过电压，使导线的绝缘被击穿；安装、修理人员接错线或带电作业时造成人为碰线短路；裸导线安装过低，搬运金属物品时不慎碰在导线上；导线机械强度不够，使导线断落接触大地；私拉私接电线，接头包裹不好；导线被小动物咬坏等。发生短路时短路点产生强烈的电火花和电弧，使导线的绝缘层迅速燃烧，并且短路电弧和熔化的高温金属都能引起导线附近的可燃物质发生燃烧。

3．接触电阻过大

导体连接时，在接触面上形成的电阻称为接触电阻。若接头处理好，则接触电阻小；若接头接触不良，则接触电阻过大。当电气回路中有较大电流通过时，若因为导线安装质量差，造成导线与导线、导线与电气设备接点连接不牢，或导线的连接处沾有杂质，如氧化层、泥污等，或连接点由于长期振动或冷热变化，使接头松动，或当铜铝连接时，接头处理不当，产生接触电阻过大时，在接触电阻过大的局部范围内，会产生极大的热量，可以使金属变色甚至熔化，并引起电气线路的绝缘层、附近的可燃物质着火。

4．漏电

导线或其支架材料的绝缘能力不佳，以致导线与导线、导线与大地间有微量的电流通过，称为漏电。当绝缘材料因使用时间较长、陈旧老化，绝缘强度减弱而漏电，或导线受潮、高温及腐蚀而降低绝缘强度，使绝缘材料被击穿漏电，或在安装或检修过程中，不慎损伤导线绝缘层，或用电设备的对地绝缘损坏时，会使局部物体带电而造成人身触电，严重时，漏电火花和产生的高温能成为火灾的着火源。

（六）自然现象引发

1．自燃

自燃是指在没有任何明火的情况下，物质受空气氧化或外界温度、湿度的影响，经过较长时间的发热和蓄热，温度逐渐达到自燃点而发生燃烧的现象。如库房里大量堆积的油布、油纸，因为通风不好，内部发热，以至积热不散发生自燃。

2．雷击

雷电引起的火灾原因，大体上有三种：一是雷电直接击在建筑物上发生的热效应、机械效应作用等；二是雷电产生的静电感应作用和电磁感应作用；三是高电位沿着电气线路或金属管道系统侵入建筑物内部。在雷击较多的地区，建筑物上如果没有设置可靠的防雷保护设施或其失效，便有可能发生雷击起火。

3．地震

发生地震时，人们急于疏散，往往来不及切断电源、熄灭炉火以及处理好易燃、易爆生产装置和危险物品等，因而伴随着地震的发生，会有各种火灾发生。

4．静电

静电通常是由摩擦、撞击而产生的。因静电放电引起的火灾事故屡见不鲜。如易燃、可燃液体在塑料管中流动，由于摩擦产生静电，引起易燃、可燃液体燃烧爆炸；抽送易燃液体时流速过大，无导除静电设施或者导除静电设施不良，致使大量静电荷积聚，产生火花引起爆炸起火；在有大量爆炸性混合气体存在的地点，身上穿着的化纤织物的摩擦、塑料鞋底与地面的摩擦产生的静电引起爆炸性混合气体爆炸等。

（七）放火

放火分刑事犯罪放火及精神病人放火。所谓放火，就是故意引起公私财物燃烧的行为。

（八）不明原因及其他原因火灾

因建筑火灾成因上的复杂性，在勘查条件被破坏、认定证据不充分技术条件下无法认定。还有的火灾是排除以上火灾原因之外的其他原因引发的。

二、建筑火灾的危害性

随着城市日益扩大，各种建筑越来越多，建筑布局及功能日益复杂，用火、用电、用气和化学物品的应用日益广泛，建筑火灾的危险性和危害性大大增加。

（一）危及生命安全

建筑火灾对生命的威胁主要来自以下几个方面：首先，建筑采用的许多可燃性材料或高分子材料，在起火燃烧时，会释放出一氧化碳、氰化物等有毒烟气，当人们吸入此类烟气后，将产生呼吸困难、头痛、恶心及神经系统紊乱等症状，甚至威胁生命安全。据统计，在所有火灾死亡的人中，约有3/4的人为吸入有毒有害烟气后直接导致死亡。其次，建筑火灾所产生的高温高热对人员的肌体造成严重伤害，甚至致人休克、死亡。据统计，因燃烧热造成的人员死亡约占整个火灾死亡人数的1/4。同时，火灾产生的浓烟将阻挡人的视线，进而对建筑内人员的疏散和消防队员扑救带来严重影响，这也是导致火灾时人员死亡的重要因素。此外，因火灾造成的肉体损伤和精神伤害将导致受害人长期处在痛苦之中。

（二）造成经济损失

据统计，在各类场所火灾造成的经济损失中，建筑火灾造成的经济损失居首位。2000—2009年，全国火灾造成的直接财产损失近130亿元。建筑火灾造成经济损失的原因主要有以下几个方面：首先，建筑火灾使财产化为灰烬，甚至因火势蔓延而烧毁整幢建筑内的财物。如

2004 年 12 月 21 日，湖南省常德市鼎城区桥南市场发生特大火灾，过火建筑面积 8 3276m^2，直接财产损失 1.876 亿元。其次，建筑火灾产生的高温高热将造成建筑结构的破坏，甚至引起建筑物整体倒塌。如 2003 年 11 月 3 日湖南省衡阳市衡州大厦火灾，最终导致建筑坍塌。第三，建筑火灾产生的流动烟气，将使远离火焰的物品，特别是精密电器、纺织物等受到侵蚀，甚至无法再使用。第四，扑救建筑火灾所用的水、干粉及泡沫等灭火剂，不仅本身是一种资源损耗，而且将使建筑内的财物遭受水浸、污染等损失。第五，建筑火灾发生后，因建筑修复重建、人员善后安置及生产经营停业等，会造成巨大的间接经济损失。

（三）破坏文明成果

历史建筑、文化遗址一旦发生火灾，除了会造成人员伤亡和财产损失外，还会损坏大量文物、典籍及古建筑等诸多的稀世瑰宝，对人类文明成果造成无法挽回的损失。1923 年 6 月 27 日，原北京紫禁城（现为故宫博物院）内发生火灾，将建福宫一带清宫贮藏珍宝最多的殿宇楼馆烧毁，据不完全统计，共烧毁金佛 2 665 尊、字画 1 157 件、古玩 435 件及古书 11 万册，损失难以估量。1997 年 6 月 7 日，印度南部泰米尔纳德邦坦贾武尔镇一座神庙发生火灾，使这座建于公元 11 世纪的人类历史遗产付之一炬。1994 年 11 月 15 日，吉林省吉林市银都夜总会发生火灾，蔓延到相邻的博物馆，使 7000 万年前的恐龙化石、大批珍贵文物付之一炬。

（四）影响社会稳定

事实证明，当学校、医院、宾馆及办公楼等人员密集场所发生群死群伤恶性火灾，或涉及粮食、能源及资源等有关国计民生的重要工业建筑发生大火时，极可能在民众中造成心理恐慌，进而影响社会的稳定。

【思考与练习题】

1. 建筑火灾的成因有哪些？
2. 建筑火灾的危害性有哪些？

第二节　建筑火灾的发展蔓延

【学习目标】

1. 熟悉建筑火灾蔓延形式，建筑火灾发展的一般规律及特点，建筑火灾蔓延的途径，高层建筑、大跨度建筑、地下建筑的火灾特点。

2. 掌握火灾初起阶段、发展阶段的特点及相应的建筑防火措施，火灾熄灭阶段的特点及熄灭阶段灭火时应注意的事项。

建筑火灾的发展与其他事物一样具有一定的规律及特点。研究不同建筑火灾的发展规律及蔓延特点，进而有针对性地采取一系列建筑防火对策，最大限度地降低建筑火灾损失和人员伤亡，是建筑防火的重要任务。

本节所讲述的建筑火灾，指的是起火点在室内的建筑火灾。

一、建筑室内火灾的发展过程

建筑火灾与其他类型火灾一样，在通常情况下，都有一个由小到大、由发展到熄灭的过程。与可燃液体和可燃气体火灾相比，建筑火灾阶段区别更明显，特点更突出。

建筑室内火灾最初都发生在建筑内的某个房间的某个部位，然后由此蔓延到整个房间。根据室内火灾温度随时间的变化特点，可以将建筑火灾发展过程分为三个阶段（见图 3-2），它们分别是初起阶段、全面发展阶段及衰减阶段。火灾发展的三个阶段各自持续时间长短、温度变化快慢，都是由燃烧当时的条件所决定的，是千差万别的，但每一阶段都有其自身的规律及特点。

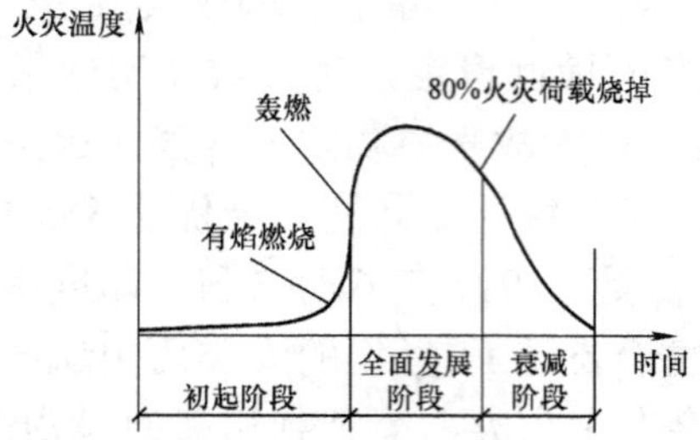

图 3-2　建筑室内火灾的温度-时间变化关系

1．室内火灾的初起阶段

（1）火灾初起阶段的发展过程及特点　室内发生火灾后，最初只是起火点周围的可燃物着火燃烧，这时燃烧就好比在敞开的空间里进行一样，起火点处局部温度较高，燃烧面积不大，室内各点的温度极不平衡，燃烧大多比较缓慢。由于受到室内可燃物的燃烧性能、分布以及建筑通风、散热等条件的影响，初起阶段的燃烧有可能形成灾害，也有可能中途自行熄灭，一般会出现下列三种情况之一：

1）最初着火的可燃物质烧完，而未延及其他的可燃物质，燃烧自动终止，这种情况多半出现在初始着火的可燃物处于隔离的情况下。

2）如果通风不足，则火灾可能由于缺氧而自行熄灭，或受到通风供氧条件的支配，以很慢的燃烧速度继续燃烧。

3）如果存在足够的可燃物质，而且具有良好的通风条件，则火灾迅速发展到整个房间，使房间中所有可燃物（家具、衣服及可燃装修等）卷入燃烧之中，从而使室内火灾进入全面发展的猛烈燃烧阶段。

概括起来，火灾初起阶段的特点主要是燃烧范围不大，火灾仅限于初始起火点附近；室内温度差别大、平均温度低，在燃烧区域及其附近温度较高，其他部位温度低；火灾发展速度较慢，火势不稳定；火灾持续时间因起火原因、可燃物质的性质和分布及建筑物通风条件等的影响而长短有别。

（2）相应的建筑防火措施

1）严控建筑材料关。在火灾初起阶段，起火点的燃烧是否能发展成为灾害，与可燃物的燃烧性能、数量及分布有着极大的关系。因此在选择建筑材料时，应严格把关，尽可能选择不燃或难燃建筑材料，少采用可燃或易燃性建筑材料。当少量选择了可燃或易燃建筑材料时，应采取相应的防火处理措施，变可燃、易燃材料为难燃建筑材料。对于建筑室内的可燃或易燃物品，要采取一定的防火隔离措施，控制火灾燃烧范围。

2）适当设置建筑消防设施。根据火灾初起阶段的特点可见，该阶段是灭火的最有利时机。如果能在火灾初起阶段及时发现并控制火灾，火灾损失就会大大降低。为此，应在一些建筑物内设置火灾自动报警系统，保证及时发现火灾；另外，还应根据建筑物的火灾危险性及重要程度，适当在建筑物内设置相应的灭火设施，如消防水喉、灭火器、室内外消火栓及自动灭火设施等，使火灾在初起阶段就得到控制或被扑灭。

3）完善建筑疏散设施。火灾初起阶段，燃烧范围小，火灾产生的温度不高，烟雾也较少，所以此阶段也是人员疏散的最有利时机。如果火灾时人员在初起阶段不能及时疏散，那么生命就会受到威胁，安全难以得到保障。为使人员在火灾时能安全迅速地撤离火灾现场，到达安全区域，建筑应有较完善的疏散设施。建筑防火设计时，应按照规范严格控制疏散距离，合理设置安全出口数量和宽度，对一些建筑还应按要求设置疏散指示标志、应急照明、应急广播、避难层及避难区等。

2．室内火灾的全面发展阶段

（1）火灾全面发展阶段的发展过程及特点。在火灾初起阶段后期，火灾燃烧范围迅速扩大，当房间温度达到一定值时，聚积在房间内的可燃气体就会突然起火，整个房间都充满火焰，房间内所有可燃物的表面都被卷入火灾之中，燃烧很猛烈，温度升高很快。房间内局部燃烧向整个房间燃烧过度的这种现象称为轰燃。轰燃是室内火灾最显著的特征之一，它标志着火灾全面发展阶段的开始。对于安全疏散而言，人们若在轰燃之前还没有从室内逃出，则很难幸存。

火灾全面发展阶段的特点为：

1）轰燃现象出现，温度接近直线上升，并达到最高值。轰燃现象发生后，房间内所有可燃物都在猛烈燃烧，放热速度加快，因而房间内温度升高很快，火场温度直线上升，并达到最高点，最高温度可达 1 100℃。

2）燃烧稳定，可燃物燃烧速度接近不变。可燃物燃烧速度指的是单位时间内烧掉的可燃物数量（质量减少量）。在我国，城镇建筑绝大多数都为钢筋混凝土结构建筑，耐火程度都比较高。房间起火后，由于其四周墙壁、楼板及地面等建筑构件坚固，耐火极限较高，一般不会被烧穿，因而发生火灾时房间通风开口面积大小并没有多大变化。而火灾全面发展阶段的燃烧速度主要又是由门、窗、洞口等开口面积的大小所控制，通风开口面积变化不大，单位时间内从室外补充进来的空气量就接近不变，所以此阶段室内火灾燃烧稳定，可燃物燃烧速度（单位时间内质量减少量）接近不变。

3）持续时间长短与起火原因无关。火灾全面发展阶段持续时间长短主要由可燃物的数量、燃烧速度决定，由建筑通风情况控制，而与起火原因无关。在可燃物数量一定的情况下，如果建筑开口面积较大、通风良好，可燃物燃烧速度较快，火灾持续时间就短；反之，火灾持续时间就长。在火灾全面发展阶段，由于燃烧猛烈，可燃物燃烧速度比其他两个阶段都快，所以此阶段烧掉的可燃物数量所占比例很大，约占整个火灾烧掉总数的 80%以上。

（2）相应建筑防火措施　为了减少火灾损失，针对火灾全面发展阶段的特点，在建筑防火设计中应采取的主要措施是：在建筑物内设置具有一定耐火性能的防火分隔物（如防火墙、防火卷帘及消防水幕等），划分防火分区，把火灾控制在一定的范围之内，防止火灾大面积蔓延；选用耐火程度较高的建筑结构作为建筑物的承重体系，确保建筑物发生火灾时不倒塌破坏，为火灾时人员疏散、消防队扑救火灾及火灾后建筑物修复继续使用创造条件，使火灾损失降低到最低限度。

3．室内火灾的衰减阶段

（1）火灾衰减阶段的发展过程及特点　在火灾全面发展阶段后期，随着室内可供燃烧的可燃物数量不断减少，火灾燃烧速度缓慢递减，温度逐渐下降，当火场平均温度下降到最高温度的80%时，标志着火灾发展进入了火灾衰减阶段。随后，房间温度下降明显，直到把房间内全部可燃物烧光，室内与室外温度达到相同，宣告火灾结束。

虽然火灾衰减阶段燃烧没有发展阶段那样猛烈，但从火灾发展的整个过程来看，火场仍存有大量未熄灭的灰烬，使得火场在一定时间内依然保持着高温状态，热辐射也强，同样存在着建筑物遭受坍塌破坏和火灾向其他部位蔓延的危险。

火灾衰减阶段温度下降速度与前两个阶段的火灾持续时间有关。前两个阶段火灾持续时间长的，温度下降速度要慢；反之，温度下降速度快。根据火灾试验表明，持续时间在 1h 以下的，火灾温度下降速度大约是 12℃/min；持续时间在 1h 以上的，火灾温度下降速度大约是 8℃/min。

（2）衰减阶段灭火时应注意的事项　熄灭阶段前期，燃烧仍十分猛烈，火灾温度依然很高。因此，灭火时，强调注意以下两个方面：

1）防止建筑构件因长时间受高温作用和灭火射水的冷却作用而出现裂缝、下沉、倾斜甚至倒塌破坏，威胁消防人员的人身安全。

2）全面清除火场余火，防止死灰复燃，防止向相邻建筑蔓延。

4．影响建筑室内火灾严重性的因素

建筑火灾严重性是指在建筑中发生火灾的大小及危害程度。火灾严重性取决于火灾达到的最高温度和在最高温度下燃烧持续的时间，它表明了火灾对建筑结构或建筑造成损坏和对建筑中人员、财产造成危害的程度。

火灾严重性与建筑的可燃物或可燃材料的数量、材料的燃烧性能以及建筑的类型、构造等有关。影响火灾严重性的因素大致有以下 6 个方面：

1）可燃材料的燃烧性能。

2）可燃材料的数量。

3）可燃材料的分布。

4）房间开口的面积和形状。

5）着火房间的大小和形状。

6）着火房间的热性能。

前 3 个因素主要与建筑及容纳物品的可燃材料有关，而后 3 个因素主要涉及建筑的布局。影响建筑火灾严重性的各种因素是相互联系、相互影响的，如图 3-3 所示。从建筑结构耐火而言，减小火灾严重性就是要限制火灾发生、发展和蔓延成大火的因素，根据各种影响因素合理选用材料、布局、结构设计及构造措施，达到限制发生重大火灾的目的。

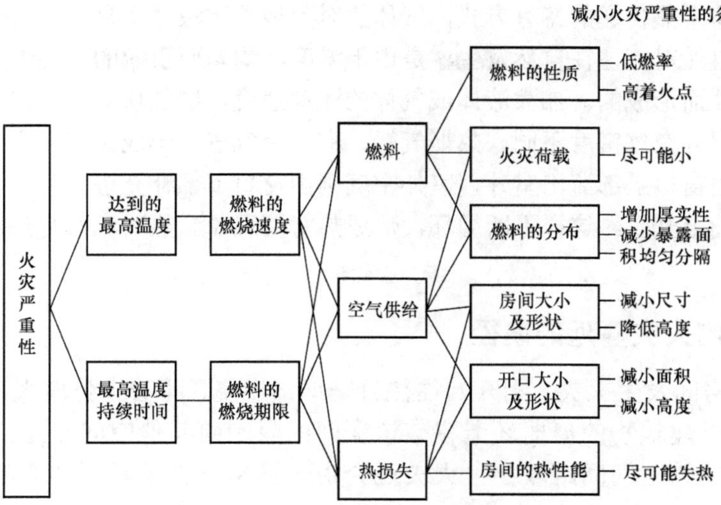

图 3-3 影响火灾严重性的因素

二、建筑内火灾的蔓延

火灾蔓延的实质是热的传播。建筑内火灾蔓延的形式和途径都比较复杂。

（一）建筑内火灾蔓延的形式

火由着火房间烧至其他房间或区域，主要是因为热传导、热辐射和热对流。

1．热传导

热量从系统的一部分传到另一部分或由一个系统传到另一系统的现象称为热传导。热传导是固体中热传递的主要方式。在气体或液体中，热传导过程往往和对流同时发生。各种物质的热传导性能不同，一般金属都是热的良导体，玻璃、木材、棉毛制品、羽毛、毛皮以及液体和气体都是热的不良导体，石棉的热传导性能极差，而且不可燃，常作为绝热材料。建筑中间隔墙一侧着火、钢筋混凝土楼板下面着火或通过管道及其他金属容器内部的高温，将热量由墙、楼板及管壁等的一侧表面传到另一侧表面，使靠近墙、管壁或堆放在楼板上的可燃物升温自燃，造成火灾蔓延。

2．热辐射

物体因自身的温度而具有向外发射能量的本领，这种热传递的方式称为热辐射。热辐射虽然也是热传递的一种方式，但它和热传导、热对流不同，它能不依靠媒质把热量直接从一个系统传给另一个系统。热辐射以电磁辐射的形式发出能量，温度越高，辐射越强。辐射的波长分布情况也随温度而变，如温度较低时，主要以不可见的红外光进行辐射，在 500℃以至更高的温度时，则顺次发射可见光以至紫外辐射。热辐射是远距离传热的主要方式。建筑中室内着火点附近的可燃物，虽然没有与火焰直接接触，也没有中间导热体作媒介，但通过热辐射也能着火燃烧。

3．热对流

热对流是液体或气体中较热部分和较冷部分之间通过循环流动使温度趋于均匀的过程。

对流是液体和气体中热传递的特有方式，气体的对流现象比液体明显。对流可分自然对流和强迫对流两种。自然对流往往自然发生，是由于温度不均匀而引起的。强迫对流是由于外界的影响对流体搅拌而形成的。加大液体或气体的流动速度，能加快对流传热。火灾条件下，室内的热烟气与室外空气密度不同，热烟气轻，室外空气重，形成压差，产生一种浮力，热烟气向上升腾，由窗口上部流出室外，室外空气则由窗口下部补充进室内，新鲜空气经燃烧受热膨胀后，又向上升腾，这样不断循环，形成热对流现象。热对流引起热烟气所经路线上的可燃物着火。

（二）建筑内火灾蔓延的途径

建筑内某一房间发生火灾，刚开始往往只是局部燃烧，随着火势增大，发展到轰燃以后，火灾就会通过建筑物的薄弱环节突破该房间的限制向其他空间蔓延，甚至蔓延到整个楼层；如果建筑物之间间距较小，火灾还会由一幢建筑物蔓延到其他相邻建筑物，形成大面积火灾。

一般而言，建筑物内发生火灾，会因未设防火分区、洞口分隔不完善或通过可燃的隔墙、吊顶等沿水平方向蔓延，或通过楼梯间、管道竖井及外墙窗口进行竖向蔓延，也可能通过空调系统管道蔓延。火灾在建筑内蔓延的一般规律如图 3-4 所示。

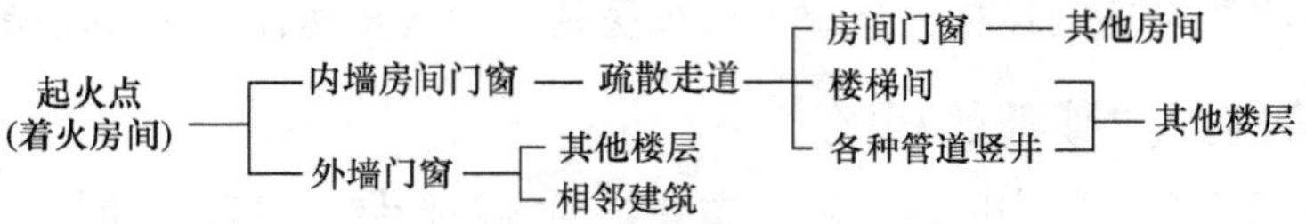

图 3-4　火灾在建筑内蔓延的一般规律

研究分析建筑火灾在空间上发展的一般规律及特点，就是要理清建筑火灾蔓延的途径，找出火灾中的建筑薄弱环节，并采取相应措施划分防火分区，处理好建筑物薄弱环节防火构造措施，把火势控制在一定的区域内，防止扩大蔓延。

火灾由起火部位向其他区域蔓延是通过可燃物直接延烧、热传导、热辐射和热对流等方式实现的。大量火灾实例表明，火灾从起火部位向其他部位蔓延的途径主要有以下几个方面。

1．内墙门

着火的房间，开始时往往只有一个，而火最后蔓延到整个楼层，甚至整幢建筑物，其原因大多是因为内墙的门没有能把火挡住，火烧穿内墙门，蹿到走廊，再通过相邻房间的门进入邻间引起燃烧。通常走廊内即使没有可燃物、高温热气流和未完全燃烧产物的扩散，仍能把火灾蔓延到相距较远的房间。

2．房间隔墙

房间隔墙如果采用可燃材料建造，或者虽然采用了不燃、难燃材料建造，但耐火性能较差，火灾时易被烧穿或无法隔火，相邻房间靠墙的可燃物，可能会因为火焰接触或墙的导热及辐射而自燃着火，使火势蔓延到相邻房间。

3．楼板孔洞

由于使用功能的需要，建筑物中设有许多竖向管井和开口部位，如楼梯井、电梯井、管道井、电缆井、垃圾井及通风和排烟井等。这些竖井管道和开口部位贯穿若干楼层，甚至整幢大楼。建筑物发生火灾时，会产生烟囱效应，据测定，高温烟气在竖向管井中向上蔓延的速度可达 3～5m/s，造成火势在短时间内迅速向上层蔓延，甚至引起立体燃烧，如图 3-5 所示。

图 3-5 楼梯间蔓延火灾

4．穿越楼板、墙壁的管道和缝隙

室内发生火灾，物质燃烧后形成的正压，会促使火焰和热气流通过该室内的任何孔洞缝隙，如玻璃幕墙缝隙，各类管道穿越楼板、墙壁的缝隙等，将火势蔓延出去；此外，穿过房间的干式金属管道在火灾高温作用下，有时也会因热传导将热量传到相邻或上层房间的一侧，引起相邻或上层房间着火。

5．闷顶

建筑闷顶内着火，或火势通过闷顶的人孔、住人闷顶的楼梯等开口部位进入闷顶内部时，由于闷顶内往往没有防火分隔，空间较大，很容易使火势沿水平方向蔓延，并通过闷顶内的孔洞向四周及下部的房间蔓延，且在蔓延的过程中不易被发现。

6．外墙窗口

室内火灾进入全面发展阶段，会有大量的高温烟气和火焰喷出窗口，能将上层窗口烧穿或直接通过打开的上层窗口引燃其室内可燃物，造成火势向上层蔓延。外墙窗口喷出的高温烟气、火焰除了在建筑物层间蔓延外，高温火焰的热辐射还对相邻建筑物及其他可燃物构成威胁，如图 3-6 所示。

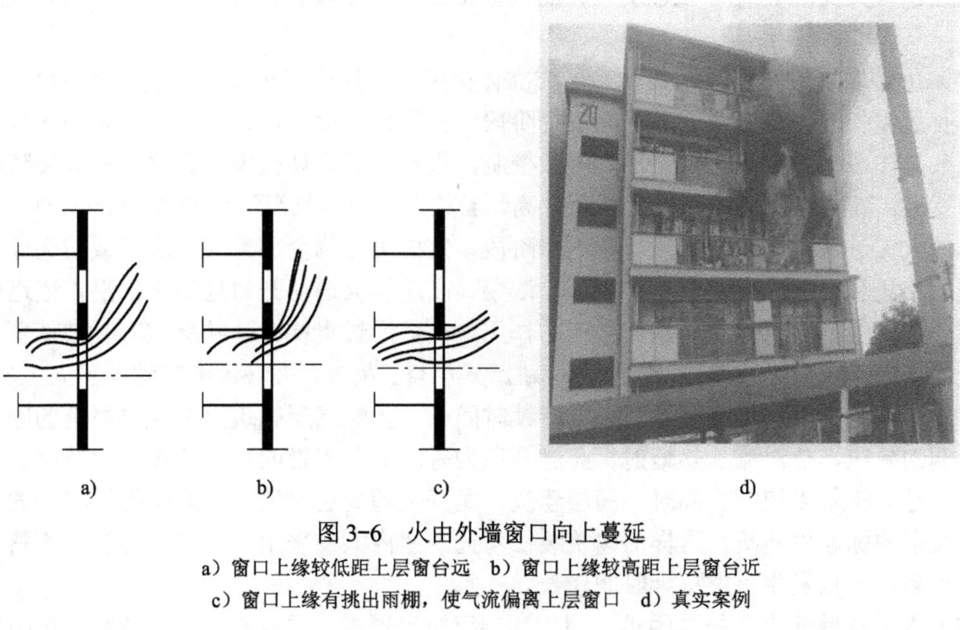

a) b) c) d)

图 3-6 火由外墙窗口向上蔓延

a）窗口上缘较低距上层窗台远 b）窗口上缘较高距上层窗台近

c）窗口上缘有挑出雨棚，使气流偏离上层窗口 d）真实案例

三、不同建筑的火灾特点

（一）不同用途建筑的火灾特点

建筑物按用途的不同可分为民用建筑和工业建筑两大类。

民用建筑室内存放的物品一般多为生活物品、办公物品与装修、装饰物品，绝大多数都是有机可燃物品，其燃烧时表现出来的高温性能基本相似。因此，民用建筑发生火灾时一般都会明显地经历火灾初起阶段、全面发展阶段和熄灭阶段，表现出单一性的火灾特点。

工业建筑主要包括厂房和库房（仓库）两大类。厂房的火灾特点主要取决于生产过程中所使用的原材料、生产加工的产品种类的火灾危险性大小以及其生产工艺流程。如石油化工生产，大多是在高温高压状态下进行的各种理化反应，一旦发生火灾，通常是先爆炸、后着火，有时则是先着火后爆炸，甚至发生多次爆炸。库房的火灾特点主要取决于库房内储存物资的数量和性质。库房内存放的是难燃或不燃物资时，其火灾危险性就比较小，一般不易起火，或是即使起火了也比较容易控制；库房内存放的是可燃物资时，其火灾特点与民用建筑基本相似，一般都要经历火灾的三个阶段，只是数量大的火灾蔓延速度快、燃烧猛烈、火场温度高及建筑会被烧得严重变形而倒塌；库房内存放的是易燃易爆化学危险物品时，其火灾则表现出燃烧伴随爆炸、爆炸伴随燃烧的特点，这种火灾一般比较难控制，扑救难度大，火灾产生的破坏力极强，建筑往往会遭受到毁灭性的破坏，火灾损失极大。从以上分析可以看出，相比较民用建筑而言，工业建筑火灾表现出多样性的特点。

（二）不同形式建筑的火灾特点

由于建筑物存在形式的不同，发生火灾时表现出来的特点也不尽相同。

1．高层建筑的火灾特点

高层建筑火灾除具有一般建筑火灾的典型特征外，还具有其突出特点，主要表现为以下三点：

（1）火势发展过程特征明显，易形成立体火灾　高层建筑火灾的发展和蔓延特点突出，一般具有火灾初起、全面发展和下降三个阶段。并且由于火势蔓延途径多，影响火势蔓延的因素复杂，如在初起阶段火势得不到有效控制，极易形成立体火灾。高层建筑火灾随着燃烧时间的持续，高层建筑房间的室温不断升高，当其室内上层气温达到400～600℃时，会发生轰燃，使火灾进入全面发展阶段。在这一阶段，室内可燃物全部着火，房间或防火分区内充满浓烟、高温和火焰。在火风压作用下，浓烟、高温和火焰从开口处喷出，沿走道迅速向水平方向蔓延扩散；同时，由于烟囱效应的作用，火势通过电梯井、共享空间及玻璃幕墙缝隙等途径迅速向着火层上层蔓延，甚至出现跳跃式燃烧。另外，火势还会突破外窗向上层延烧。

（2）影响火灾蔓延因素复杂，火灾持续时间长　影响高层建筑火灾发展蔓延的因素有火风压、烟囱效应、热对流、热辐射、轰燃及风力等。这些因素的存在使高层建筑火灾发展蔓延迅速，且火势难以控制。同时，高层建筑，尤其是超高层建筑，一般都处于城市的黄金地段，是城市的标志性建筑。这样的建筑装修考究，室内大量采用了可燃、易燃装修材料，燃烧物质较多，一旦发生火灾持续时间较长。

（3）人员疏散和火灾扑救困难　因为高层建筑楼层多、垂直距离大，被困人员疏散距离长，所用的疏散时间长，而高层建筑的火灾蔓延又比较迅速，火灾初起阶段一般较短，所以高层建筑发生火灾时人员疏散困难；同样因为高层建筑楼层多、垂直距离大，凭我国现有的灭火技术装备很难做到有效地控制火灾，火灾扑救工作难度大，特别是当火灾发生在上部楼层时，这一问题就变得更为突出。

2．地下建筑的火灾特点

地下建筑处于室外地面以下，只有通过通道和出入口与地面连接，通风条件差，火灾时烟雾很快充满地下空间并难以排出，表现出难排烟、难排热的特点。因为难排烟，大量烟雾就会遮挡人的视线，而且使人中毒；因为难排热，高温会使人的生理机能下降，行动缓慢，所以地下建筑火灾易造成大量人员伤亡。而且地下建筑出入口布置形式和数量、内部空间的大小及通过设施的完善状况等因素决定着地下建筑内风的流动状态和火势发展蔓延的快慢，使火势发展蔓延情况变得复杂，致使地下建筑发生火灾时人员疏散、火灾扑救异常困难。

3．大跨度建筑的火灾特点

大跨度建筑，如影剧院、礼堂、体育馆及大型工业厂房等，一般都采用钢结构承重结构形式。钢材虽为不燃性建筑材料，但其强度会随着温度的升高而迅速降低。据实验证明，当温度达到 400℃时，钢材的强度会下降至原来的一半；而当温度达到 800℃时，其强度就会完全消失。大家都知道，火灾现场的温度一般都在800℃甚至1 000℃以上，在这样高的温度下钢结构的承载能力会迅速下降，致使钢结构产生过大变形而坍塌破坏，并且这种坍塌往往没有任何预兆，故大跨度钢结构建筑在火灾时表现出突发性坍塌破坏的特点。

四、火灾中建筑结构的倒塌与破坏

（一）建筑结构倒塌破坏的原因

1．高温作用

在火灾情况下，木质结构表面炭化，削弱了荷载断面；钢结构因受热产生塑性变形；硅酸盐砌块因内部热分解而松散；预应力钢筋混凝土结构因受热失去预加应力；钢筋混凝土因受热造成抗拉、抗压强度下降，特别是保护层因受热发生剥落，甚至出现钢筋与混凝土剥离现象等，这些情况都会导致构件的承载力降低。

2．爆炸作用

火灾时，建筑物内发生爆炸，其产生的冲击波、压力波和震动，破坏了建筑物的主要承重构件和结构的稳定性，导致建筑物发生局部破坏和整体倒塌。

3．附加荷载

上部结构局部倒塌重压在下部楼板上；灭火时用水过量，楼层内大量积水未能及时排除；室内储存物品，如棉花、纸张等，大量吸收灭火用水；进入着火建筑物内的人员过多等，这些情况都能导致建筑物活荷载加大，当超过建筑物构件的承载能力时，建筑结构便会发生倒塌。

4．冷热骤变

处于高温状态下的建筑结构材料，在消防射流的作用下，会造成结构表面收缩开裂或变形，特别是钢结构构件局部过热遇水骤冷时会发生较大变形，使钢结构失去静态平衡稳定性，导致结构整体倒塌失效。

5．外力冲击

火场上使用大口径水枪（炮）对承重构件进行直接冲击，或使用大型机械设施疏散重要物资和清理现场，意外冲（撞）击了承重柱或承重墙时，可能会导致建筑结构局部或整体倒塌。

（二）建筑结构倒塌破坏的规律

根据对火灾情况下建筑结构倒塌破坏的大量调查研究和分析可知，建筑结构倒塌破坏有其自身的规律。

1）建筑结构倒塌破坏的次序一般是先吊顶，后屋顶，最后是墙柱。

2）木结构和钢结构建筑都易于发生倒塌破坏，而且破坏来得早，来得突然。

3）木结构屋顶一般很少发生整体坍塌，大多是局部破坏；钢结构屋顶易发生整体坍塌或大部分破坏。

4）在结构形式中，简支构件、悬梁构件等静定结构比连续梁等超静定结构易于发生倒塌破坏；三铰薄壳结构屋顶的坍塌破坏大多是整片的；桁架结构在火灾条件下不仅破坏发生得早，而且往往是大面积破坏。

5）预制楼板、砖墙的混合结构，装配式钢筋混凝土结构，现浇混凝土无梁的板柱结构以及单跨步单层的砌体且缺乏横墙的结构等，易发生连续倒塌。

（三）建筑结构倒塌破坏的征兆

建筑结构倒塌除了由爆炸所引起而发生在一瞬间外，一般都要经过一定的燃烧时间，室内也必然存在着较高的温度。因此，建筑结构倒塌破坏前会出现一些征兆。

1．结构变形

建筑结构变形，表明建筑物正在逐步失去原有的承载能力和稳定性。如建筑结构部分或整体倾斜、承重钢构件大幅度弯曲、承重墙墙面外鼓或出现较大裂缝、楼板下沉及墙体或楼板变形造成玻璃幕墙成片破碎等，这些情况都是建筑物发生倒塌破坏前的重要征兆。

2．异常声响

建筑结构倒塌破坏前，一般会发出“咔嚓咔嚓”或“叽叽嘎嘎”的声响，且声音由小到大，直到倒塌破坏发生。

火场上，一旦发生上述异常情况，要及时采取有力措施，包括采取紧急撤退行动等，力避人员伤亡。

【思考与练习题】

1．建筑火灾的蔓延形式有哪些？

2．火灾在建筑物内的蔓延途径主要有哪些？
3．对建筑火灾初起阶段的相应防火措施是什么？
4．对建筑火灾发展阶段的相应防火措施是什么？
5．高层建筑火灾的特点是什么？
6．地下建筑火灾的特点是什么？
7．大跨度建筑的火灾特点是什么？
8．建筑结构倒塌破坏的规律和主要征兆是什么？

第三节　建筑火灾的基本消防对策

【学习目标】

1. 熟悉建筑防火技术的划分。
2. 掌握积极防火对策、消极防火对策的主要措施。

在研究建筑火灾的发生、发展及扩大蔓延规律的基础上，采取相应的防控技术措施，阻止火势蔓延，把火灾控制在最小范围内，最大限度地减少人员伤亡和火灾损失，是当前设计、施工单位以及监督部门亟待研究和解决的新课题。

一、建筑消防技术

建筑防火是一门研究如何预防、控制建筑火灾危害的学问，是人类在长期与火灾的斗争中，在建筑设计时采用的防火技术措施的总结。这些防火技术措施总体可归纳为防火技术、避火（逃生、疏散）技术、控火技术及耐火技术，在设计过程中依靠建筑设计、结构设计、采暖通风设计和电气设计等相关专业人员共同完成。

防火技术：防止火灾发生的技术，即建造中采用非燃性建筑材料，例如，易燃易爆场所设置防爆电器、不发火地面，电气线路的链接，电气设备的安全要求及各种热流装置的控制要求等。

避火技术：在火灾发生时，人员安全脱离火场的技术，例如，火灾的探测，合理设置疏散通道、疏散设施和安全出口及声光警报等问题的研究。避火技术用以为火灾时人员逃生创造安全条件。

控火技术：其作用一是把火灾控制在初起阶段，如安装火灾自动报警器、自动灭火系统，进行初期有效的扑救；二是把火灾控制在较小的范围，在建筑物平面和竖向设置防火分隔，划分防火分区，在建筑物之间留有一定防火间距，切断火灾蔓延的途径，减少成灾面积。

耐火技术：作用是加强建筑构件的耐火稳定性，使其在火灾中不致失效，尤其是不能发生整体倒塌。

随着建筑火灾的发展，要采取相应的防火措施加以控制。图 3-7 所示为建筑火灾发展的时间线及相应的防火措施。

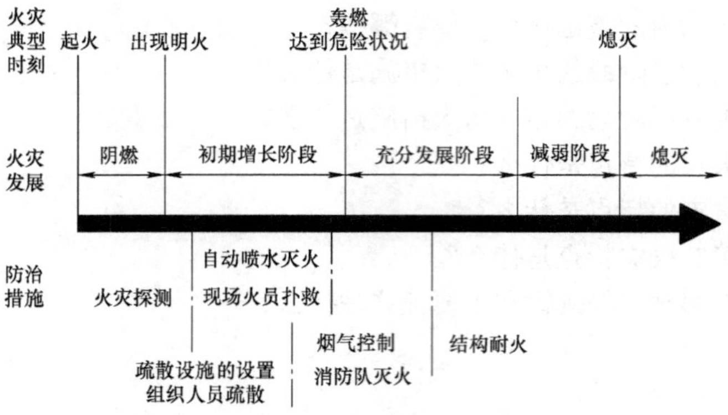

图 3-7　建筑火灾发展的时间线及相应的防火措施

二、建筑消防对策

根据对建筑火灾成因及建筑火灾发展规律的分析，目前世界各国普遍采用的建筑消防基本对策主要有两种：一是积极防火对策，即防止建筑起火，以及在起火后积极控制、消灭火灾的措施；二是消极防火对策，即控制建筑火灾损失的措施。

（一）积极防火对策

积极防火对策是指在建筑设计与使用过程中，最大限度地破坏火灾构成条件，阻止火灾发生。一旦发生火灾，积极采取主动有效措施发现火灾、消灭火灾，确保人员安全和财产安全。以积极防火对策进行防火，可以减少火灾的发生次数，但却不能从根本上杜绝火灾的发生。

积极防火对策在建筑设计过程中表现为要严格按照《建筑防火设计规范》进行科学、合理的设计，排除建筑先天性火灾隐患，最大限度地降低火灾发生的概率；积极防火对策在建筑使用过程中主要表现为对“人与物”的管理，积极排除人的不安全因素和物的不安全因素，尽可能破坏火灾构成条件。

1．加强管理，预防人为因素引发火灾

加强人员培训，宣传教育，提高员工安全意识，教育人员遵守安全规定和操作规程。

2．严格执行设备、设施的设计要求，消除各种设备、设施的安全隐患，预防火灾发生

严格执行国家各项设计规程和要求，提高设备、设施的安全系数，降低各项设备、设施系统发生火灾的概率，加强对新工艺、新设备安全方面的研究，特别是用火、用电的易燃、易爆设备的安全问题。

3．科学设计安全疏散系统

人为安全是消防安全工作的重中之重。科学合理地设计疏散通道、疏散设施、安全出口及防排烟设施，可为受灾区域人员的安全逃生创造条件。同时要加强安全疏散系统的管理，确保火灾时完整好用。

4．合理设置火灾自动报警系统

在火灾的初起阶段，往往会有不少特殊现象或征兆，如发热、发光及散发出烟雾等，这些早期特征是物质燃烧过程中物质转换和能量转换的结果。这就为发现火灾苗头、进行火灾探测提供了信息和依据。火灾自动报警系统是早期发现火灾、控制火灾的重要技术手段，其往往与自动灭火系统联动，达到阻止火势扩大的目的，同时有利于人员疏散。

5．合理设置自动灭火系统和消火栓系统

自动灭火系统是建筑火灾早期扑救的主要力量，是全天侯的消防员，它的诞生使建筑火灾的控制得到质的飞跃。随着我国经济的发展，它得到了普遍广泛的使用，有力地保障了建筑的安全。据统计，80%的火灾一般开启 1～4 个喷头就能得到有效的控制。

6．合理设置防排烟系统

烟气是导致建筑火灾中人员伤亡的最主要原因。如何有效地控制火灾时烟气的流动，对于保证安全疏散以及火灾救援行动的开展起着重要的作用。

（二）消极防火对策

消极防火对策是指针对可预见的建筑火灾而采取的设法及时控制火灾与消灭火灾的一系列措施。从定义可以看出，消极防火对策主要体现在“控”字上。“控”就是要控制火灾的燃烧范围，防止火灾扩大蔓延而增大火灾损失。

1．合理设定建筑的耐火等级，确保建筑具有良好合理的抗火能力

建筑的耐火等级主要涉及建筑结构构件的耐火性能。建筑结构负载着整个建筑荷载，也包含了人员的生命，一旦结构在火中出现垮塌，那么人员生命也将受到伤害。所以建筑结构的抗火能力就成了保护建筑安全和人员生命安全的最后一道屏障（防线），因此要根据不同建筑的特点，包括结构特点、使用特点及火灾危险性，正确选择建筑的耐火等级，确保建筑和人员生命的安全。

2．合理确定建筑防火分区，有效控制火灾蔓延

在建筑物内实行防火分区和防火分隔，可有效地控制火势的蔓延，有利于人员疏散和火灾扑救，达到减小火灾损失的目的。

3．合理确定建筑的防火间距，防止火灾在建筑之间蔓延

建筑物发生火灾后，往往会因热辐射等作用而使火灾在相邻建筑间蔓延，造成大面积燃烧。因此，要根据相邻建筑物的具体情况合理确定防火间距。

消极防火措施是一种被动的保护措施，是建筑安全的最后一道屏障。单独使用一种措施往往都不会太理想，即无法保障人员安全，经济上也不合算，只有综合使用积极的防火对策和消极的防火对策才能取得最佳效果。

【思考与练习题】

1．建筑防火技术主要有哪几个方面？
2．积极防火对策主要有哪些？
3．消极防火对策主要有哪些？

第四章　建筑物耐火等级

建筑物的耐火等级是衡量建筑抵御火灾能力大小的重要标准，它是由建筑构件的燃烧性能和耐火极限来确定的，建筑防火安全的许多参数均与建筑物耐火等级有关。合理确定建筑构件的燃烧性能和耐火极限，使建筑物具有足够的耐火能力，从而为建筑内的人员疏散、灭火救援提供安全条件，对减少人员伤亡和财产损失具有十分重要的意义。

第一节　建筑构件的耐火性能

【学习目标】

1. 了解建筑构件的燃烧性能分类及耐火极限的定义。
2. 熟悉建筑构件耐火极限的判定及影响因素。
3. 掌握提高建筑构件耐火极限的措施。

建筑构件多为建筑结构的重要支承体系，如建筑物的柱、梁及楼板等。要保证建筑物火灾时的结构安全，为安全疏散被困人员、抢救财产和扑灭火灾创造有利条件，就要求建筑构件具有一定的耐火性能。

一、建筑构件的耐火性能

建筑构件的耐火性能包含建筑构件的燃烧性能和耐火极限两个方面。

（一）建筑构件的燃烧性能

建筑构件的燃烧性能由制成建筑构件的建筑材料的燃烧性能决定。根据组成建筑构件的建筑材料的燃烧性能，建筑构件按燃烧性能可分为三类：不燃烧体、难燃烧体和燃烧体。

1．不燃烧体

用不燃性建筑材料制成的建筑构件统称为不燃烧体。这种建筑构件在空气中受到火烧或高温作用时不起火、不微燃、不炭化，如土墙、砖墙及钢筋混凝土构件和钢构件等。

2．难燃烧体

用难燃性建筑材料制成的建筑构件，或者基层为燃烧材料、用不燃性建筑材料做保护层的建筑构件，以及经过防火阻燃处理的建筑构件统称为难燃烧体。这种建筑构件在空气中受到火烧或高温作用时难起火、难微燃、难炭化，当把火源移走后燃烧或微燃就会立即停止，如沥青混凝土，经过防火阻燃处理后的木质防火门、木龙骨等。

3．燃烧体

用燃烧性建筑材料制成的建筑构件为燃烧体。这种建筑构件在空气中受到火烧或高温作用时较容易起火燃烧，当把火源移走后燃烧仍能继续进行，如木柱、木屋架及纤维板吊顶等。

（二）建筑构件的耐火极限

建筑构件抵抗火烧的时间长短是用耐火极限来衡量的。

1．建筑构件耐火极限的定义

建筑构件的耐火极限是指按照标准温度-时间曲线对某一建筑构件进行耐火试验，从建筑构件受到火烧作用时起，到建筑构件失去稳定性或完整性或隔热性止的这段时间，如图 4-1 所示。这段时间的单位为小时（h）。

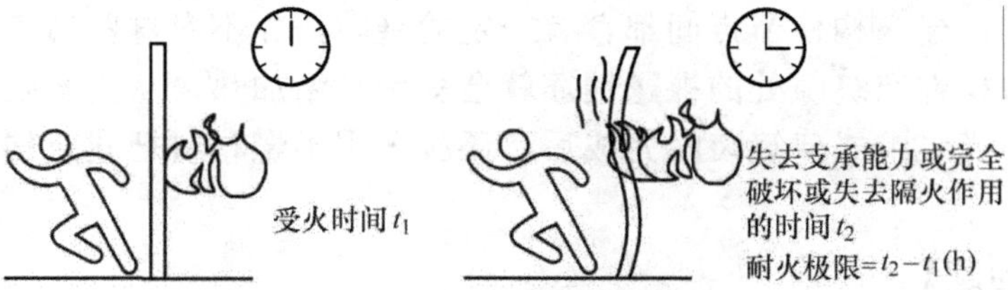

图 4-1　建筑构件的耐火极限

2．耐火极限的判定

一般来讲，判断某一建筑构件是否达到了耐火极限：建筑承重构件由稳定性来判定；建筑分隔构件由完整性或隔热性来判定；建筑承重分隔构件由稳定性或完整性或隔热性来判定。在标准耐火试验中，建筑构件只要出现以下三种现象的任意一种，就表明达到了耐火极限。

（1）失去稳定性　指建筑构件失去了支承能力或抗变形能力。如柱不能支承梁、梁不能支承楼板等均为失去支承能力；柱、梁或楼板变形过大危及到建筑结构安全为失去抗变形能力。

（2）失去完整性　指建筑构件失去了密闭分隔建筑空间的能力。如建筑分隔构件（如墙、楼板等）一面受到火烧，当构件出现裂缝或孔隙时，火焰就会穿过这些裂缝或孔隙，使建筑构件背火面的可燃物燃烧起火，此时就认为此建筑构件失去了完整性。

（3）失去隔热性　指建筑分隔构件失去了隔绝过量热量传导的性能。当建筑构件失去绝热性时，建筑构件的背火面温度就会升高，从而导致背火面的可燃物发生受热燃烧现象。

二、改变和提高建筑构件耐火性能的措施

建筑构件的燃烧性能和耐火极限，除与制作建筑构件所采用的建筑材料的燃烧性质有关外，还与建筑构件的构件尺寸、保护层厚度、构造做法以及建筑构件在建筑结构中的支承情况等有着紧密关系。实际工作中，当遇到某些建筑构件的燃烧性能和耐火极限满足不了防火要求时，应采取适当措施加以解决。常见的措施有以下几种：

1）尽量采用导热系数较低的不燃性建筑材料制作建筑构件。

2）适当加大建筑构件的截面尺寸。试验表明，随着建筑构件截面尺寸的增加，其耐火极限也相应提高。如 C20 混凝土的普通钢筋混凝土柱，截面尺寸为 180mm×180mm 时，其耐

火极限为 1.20h；截面尺寸为 370mm×370mm 时，其耐火极限可高达 4.30h。

3）适当增加钢筋混凝土构件的受力钢筋保护层厚度。钢筋混凝土构件的耐火极限主要取决于其内部的受力钢筋在高温条件下的强度变化情况。适当增加建筑构件的受力钢筋保护层厚度，可以延缓和减少火灾中的高温热量向钢筋传递，使钢筋升温减慢，延缓强度降低时间，从而提高建筑构件的耐火极限。

4）对建筑构件进行防火保护。对耐火极限较低的建筑构件，采取适当的防火保护能大大提高其耐火极限，如在钢梁、钢屋架下方加设耐火吊顶，在构件表面涂覆防火涂料或用不燃性材料加以保护等。

5）进行合理的耐火构造设计。为防止建筑构件由于变形过大而破坏，要尽量避免设计简支建筑构件，应合理增加构件约束，使其变为超静定构件。此外，在一些建筑特别是装配式建筑中，建筑构件节点间都存有一定的缝隙，如不对这些节点缝隙进行防火处理，火灾时建筑构件在缝隙处的裸露钢筋就会受到高温加热，从而影响到建筑构件的耐火性能。因此，当装配式建筑装配完成后，还应采用不燃材料把建筑构件节点间的缝隙填实。

【思考与练习题】

1. 不燃烧体构件、难燃烧体构件、燃烧体构件的概念分别是什么？
2. 什么是建筑构件的耐火极限？
3. 建筑构件耐火极限的三个判定条件是什么？
4. 怎样提高建筑构件的耐火极限？

第二节　建筑物耐火等级的划分及确定

【学习目标】

1. 了解建筑物耐火等级的概念及划分建筑物耐火等级的基准。
2. 熟悉不同建筑物的耐火等级划分。
3. 掌握建筑物耐火等级的评定。

建筑物的耐火等级是衡量建筑物耐火程度的标准。由于各类建筑物的使用性质、重要程度、规模、楼层高低以及火灾危险性存在差异，所以对建筑物的耐火等级要求也应有所不同。

一、建筑物耐火等级的概念

（一）耐火等级

1. 耐火等级的概念

耐火等级是衡量建筑物耐火程度的标准，它是由组成建筑构件的燃烧性能和耐火极限决定的。目前我国建筑物按耐火等级分为四个级别：一级耐火等级建筑、二级耐火等级建筑、三级耐火等级建筑和四级耐火等级建筑。

2. 划分目的

划分耐火等级的目的在于根据建筑物不同用途提出不同的耐火等级要求，做到既有利于安全，又节约基本建设投资。

（二）划分建筑物耐火等级的基准

在建筑物各种建筑构件中，楼板直接承载着人和物品的重量，其耐火极限高低与人员和财产的安全有着极大关系。因此，划分建筑物耐火等级是以楼板为基准构件的。

楼板耐火极限的选定，是以我国火灾发生的实际情况和建筑构件构造特点为依据的。火灾统计表明，我国95%的火灾延续时间多在2h以内，在1h内扑灭的火灾约占80%以上，在1.5h内扑灭的火灾约占90%以上；此外，现浇钢筋混凝土整体式楼板的耐火极限大都在1.5h以上，即使是普通钢筋混凝土空心楼板，保护层厚度多为10mm，其耐火极限也约为1.0h。因此将二级耐火等级建筑物的楼板耐火极限选定为1.0h是可行的，其他耐火等级建筑物的楼板耐火极限分别选定为：一级耐火等级为1.5h，三级耐火等级0.5h，四级耐火等级为0.25h。

二、建筑物耐火等级的判定

建筑物耐火等级是由建筑构件的燃烧性能和耐火极限来综合判定的，判定的方法是：根据具体建筑的主要构件情况给出的数据，查出建筑构件的燃烧性能和耐火极限，再对照规范要求作出准确的判定。

一般来讲，钢筋混凝土的框架结构、框架-剪力墙结构、剪力墙结构、筒体结构、排架结构以及砖混结构，基本可定为一、二级耐火等级；砖木结构可基本定为三级耐火等级；以木柱、木屋架承重，砖石等不燃材料或难燃材料为墙体的建筑可定为四级耐火等级。

三、选择建筑物耐火等级时应考虑的因素

（一）建筑物的重要程度

建筑物的重要程度是确定建筑物耐火等级的重要因素。对于性质重要、功能设备复杂、规模较大及建筑标准要求高的建筑，如国家机关重要的办公楼，中心通信枢纽大楼，中心广播电视大楼，大型影剧院、礼堂，大型商场超市，重要的科研楼、图书馆、档案馆，高级旅馆，高层工业与民用建筑及高架仓库等，应选择较高的耐火等级。这是由于此类建筑一旦发生火灾，往往经济损失大，人员伤亡大，政治、社会影响大，因此要求其具有较高的耐火能力是非常必要的。

（二）建筑物在使用过程中的火灾危险性

除建筑物的重要程度外，建筑物在使用过程中的火灾危险性大小对选择建筑物耐火等级的影响同样也很大。一般来讲，火灾危险性大的建筑应具有较高的耐火等级，如高危工业建

筑和人员聚集的公共建筑等；火灾危险性小的建筑其耐火等级可适当降低，如非高层居住建筑等。

（三）建筑物的高度

建筑物高度越高，层数越多，其功能相应就越复杂，火灾时人员疏散和扑救难度就越大，损失也越大。因此对高度高的建筑物要选择较高的耐火等级，提高其耐火能力，确保建筑物在火灾中不发生坍塌破坏，为人员安全疏散和火灾扑救创造有利条件。

（四）建筑物火灾荷载

火灾荷载反映了单位建筑面积内可燃物数量的多少。火灾荷载大的建筑物，可燃物数量多，发生火灾时火灾持续时间长、燃烧猛烈、火场温度高，对建筑构件破坏作用就大。为保证火灾荷载较大的建筑物在火灾时的建筑结构安全，应相应提高其耐火等级，使其建筑构件具有较高的耐火能力。

四、不同建筑物的耐火等级

（一）民用建筑的耐火等级

民用建筑包含单、多层民用建筑和高层民用建筑。由于其使用性质、建筑高度、规模大小、重要程度和功能的不同，表现出来的火灾危险性也不尽相同，所以在选择民用建筑的耐火等级时，应对建筑进行分类。

民用建筑的分类应符合表 4-1 的规定。

表 4-1　民用建筑分类

名　称	一　类	二　类	单、多层民用建筑
居住建筑	建筑高度大于 54m 的住宅建筑（包括设置商业服务网点的住宅建筑）	建筑高度大于 27m 但不大于 54m 的住宅建筑（包括设置商业服务网点的住宅建筑）	建筑高度不大于 27m 的住宅建筑（包括设置商业服务网点的住宅建筑）
公共建筑	1．建筑高度大于 50m 的公共建筑 2．建筑高度在 24m 以上、任一楼层建筑面积大于 1 000m^2 的商店、展览、电信、邮政、财贸金融建筑和其他多种功能组合的建筑 3．医疗建筑、重要公共建筑 4．省级及以上的广播电视和防灾指挥调度建筑、网局级和省级电力调度 5．藏书超过 100 万册的图书馆、书库	除一类外的非住宅高层民用建筑	1．建筑高度大于 24m 的单层公共建筑 2．建筑高度不大于 24m 的其他民用建筑

民用建筑的耐火等级应根据建筑高度、使用功能、重要性和火灾扑救难度等确定，并应符合下列规定：

1）地下、半地下建筑（室）和一类高层建筑的耐火等级不应低于一级。

2）单层、多层重要公共建筑和二类高层建筑的耐火等级不应低于二级。

民用建筑的耐火等级应分为一、二、三、四级。除规范另有规定者外，不同耐火等级建筑相应构件的燃烧性能和耐火极限不应低于表 4-2 的规定。

表 4-2 不同耐火等级建筑相应构件的燃烧性能和耐火极限 （单位：h）

构件名称		耐火等级			
		一级	二级	三级	四级
墙	防火墙	不燃性 3.00	不燃性 3.00	不燃性 3.00	不燃性 3.00
	承重墙	不燃性 3.00	不燃性 2.50	不燃性 2.00	难燃性 0.50
	非承重外墙	不燃性 1.00	不燃性 1.00	不燃性 0.50	可燃性
	楼梯间、前室的墙，电梯井的墙，住宅建筑单元之间的墙和分户墙	不燃性 2.00	不燃性 2.00	不燃性 1.50	难燃性 0.50
	疏散走道两侧的隔墙	不燃性 1.00	不燃性 1.00	不燃性 0.50	难燃性 0.25
	房间隔墙	不燃性 0.75	不燃性 0.50	难燃性 0.50	难燃性 0.25
柱		不燃性 3.00	不燃性 2.50	不燃性 2.00	难燃性 0.50
梁		不燃性 2.00	不燃性 1.50	不燃性 1.00	难燃性 0.50
楼板		不燃性 1.50	不燃性 1.00	不燃性 0.50	可燃性
屋顶承重构件		不燃性 1.50	不燃性 1.00	可燃性 0.50	可燃性
疏散楼梯		不燃性 1.50	不燃性 1.00	不燃性 0.50	可燃性
吊顶（包括吊顶搁栅）		不燃性 0.25	难燃性 0.25	难燃性 0.15	可燃性

（二）厂房、仓库的耐火等级

厂房、仓库主要指除炸药厂（库）、花炮厂（库）及炼油厂外的厂房及仓库。厂房和仓库的耐火等级可分为一、二、三和四级，其构件的燃烧性能和耐火极限见表 4-3。

表 4-3 厂房和仓库建筑构件的燃烧性能和耐火极限 （单位：h）

构件名称		耐火等级			
		一 级	二 级	三 级	四 级
墙	防火墙	不燃性 3.00	不燃性 3.00	不燃性 3.00	不燃性 3.00
	承重墙	不燃性 3.00	不燃性 2.50	不燃性 2.00	难燃性 0.50
	楼梯间和电梯井的墙	不燃性 2.00	不燃性 2.00	不燃性 1.50	难燃性 0.50
	疏散走道两侧的隔墙	不燃性 1.00	不燃性 1.00	不燃性 0.50	难燃性 0.25
	非承重外墙	不燃性 0.75	不燃性 0.50	难燃性 0.50	难燃性 0.25
	房间隔墙	不燃性 0.75	不燃性 0.50	难燃性 0.50	难燃性 0.25
柱		不燃性 3.00	不燃性 2.50	不燃性 2.00	难燃性 0.50
梁		不燃性 2.00	不燃性 1.50	不燃性 1.00	难燃性 0.50
楼板		不燃性 1.50	不燃性 1.00	不燃性 0.75	难燃性 0.50
屋顶承重构件		不燃性 1.50	不燃性 1.00	难燃性 0.50	可燃性
疏散楼梯		不燃性 1.50	不燃性 1.00	不燃性 0.75	可燃性
吊顶（包括吊顶搁栅）		不燃性 0.25	难燃性 0.25	难燃性 0.15	可燃性

【思考与练习题】

1．什么是建筑物的耐火等级？

2．为什么以楼板作为划分建筑物耐火等级的基准？

3．怎样根据建筑物主要建筑构件的燃烧性能来判定建筑物的耐火等级？

4．怎样根据建筑物的结构类型来判定建筑物的耐火等级？

5．选择建筑物的耐火等级时应考虑哪些因素？

第五章　建筑总平面防火

建筑总平面设计中的一项重要内容是防火布局。建筑总平面设计除必须服从城市总体规划要求外，还应根据建筑物的使用性质、高度、规模及火灾危险性等因素，合理确定建筑物位置、防火间距、消防车道和消防水源等。特别是易燃、易爆的工厂、仓库、大型商场及高层建筑等火灾危险性大、人员密集的建筑物，必须严格执行现行国家消防技术规范的相关规定。

第一节　建筑总平面设计

【学习目标】

1. 了解建筑总平面设计的定义。
2. 了解建筑总平面设计的基本组成。

建筑物是人类从事生产、生活活动的主要场所与空间。它的规划布局不仅影响到周围环境和人们的生活，而且对建筑物自身及相邻建筑物的使用功能和安全都有较大影响。建筑总平面布局应从城市的总体规划、用地周围环境和城市消防规划等要求出发，根据建筑物的使用功能、高度、体量或规模等因素，进行科学合理的设计。

一、建筑总平面设计的定义

根据建设项目的性质、规模、组成内容和使用要求，因地制宜地结合当地的自然条件、环境关系，按国家有关方针政策、有关规范和规定，合理布置建筑，组织交通流线，布置绿化，使其满足使用功能或生产工艺要求，做到技术经济合理、有利于生产和生活，并创造舒适的环境，称为建筑总平面设计。

合理的建筑总平面设计不仅能满足建筑物使用功能的要求，还可以从总体关系中解决采光、通风、朝向、交通及消防安全等方面的功能问题，做到布局紧凑、节约用地，能够有机地处理个体与群体、空间与体型、绿化与小品及建筑功能与消防规划之间的关系，从而使建筑空间与自然环境相互协调，既可增强建筑本身的美观，丰富城市面貌，又可保障建筑消防安全。

二、建筑总平面设计的基本组成

（一）功能分区

功能分区是对场地内大关系的总体把握，是建筑总平面设计的关键。进行建筑总平面设计时，应将性质相近、联系密切、相互之间干扰影响不大及对环境要求一致的建筑物、构筑物分成若干组合理进行功能分区。民用建筑要体现建设项目各组成部分之间的关系，工业建筑以生产工艺流程要求构成平面功能分区布局，如图 5-1 和图 5-2 所示。

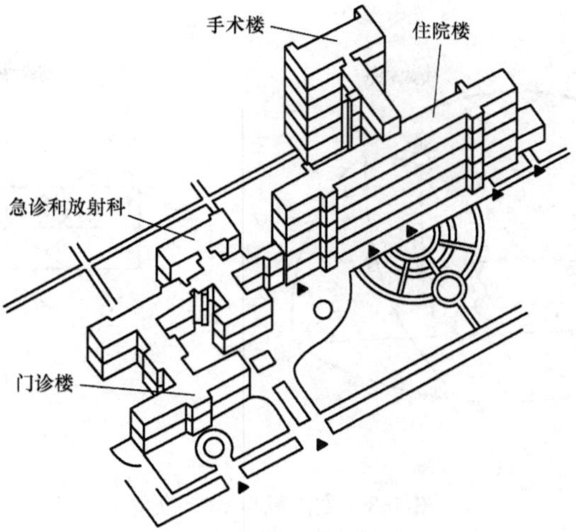

图 5-1 某医院总平面布局

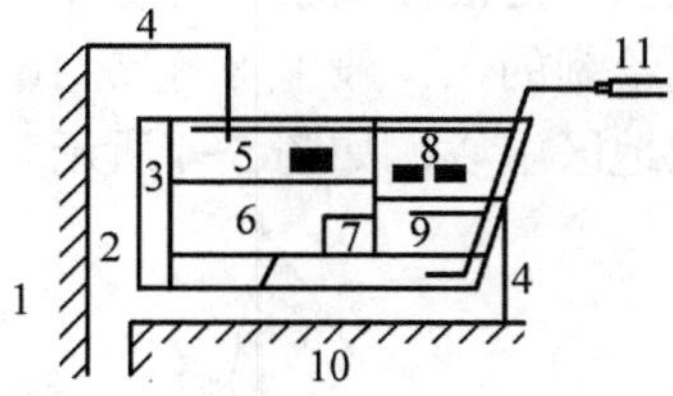

图 5-2 某机械制造厂厂区规划

1—居住区 2—城市干道 3—厂区前 4—卫生防护带 5—备料车间区（热加工） 6—加工、装配车间区
7—成品库 8—动力区 9—木工车间区 10—辅助车间区 11—铁路车站

（二）交通组织

交通组织是建设项目各组成功能部分之间有机联系的骨架。交通组织要清晰，符合使用规律，交通流线要避免干扰和冲突，要符合交通运输方式自身的技术要求，如宽度、坡度及回转半径等。

根据交通流量合理布置建筑物出入口，组织人流、物流，设计车行系统和人行系统的交通路线。建筑出入口对外交通要便捷，减少对城市主、次干道的干扰。对人员密集场所和车流量较大的地段，要有足够的集散场地、绿化面积和停车场面积等。

（三）建筑组合

建筑组合主要涉及建筑体形、朝向、间距、布置方式、空间组合以及与所在地段的地形、道路、管线的协调配合。

1．建筑的体形与用地的关系

建筑功能决定建筑的基本体形，只有充分考虑场地条件，才能产生出与环境相融合的建筑群体。应根据地段地貌、河湖、绿化的状况、地下水位及承载力大小，而决定不同体形建筑的格局，如采用分散式或集中式等，不能一味地追求建筑造型和布局。

2．建筑朝向

我国位于北半球，因此为达到良好的采光通风条件，建筑物多为坐北朝南，偏东南方向则最佳，如图 5-3 所示。

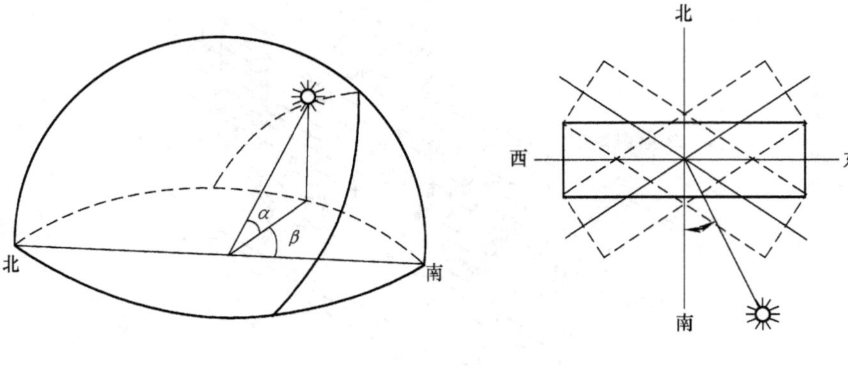

a)　　　　　　b)

图 5-3　太阳高度和方位角

a）太阳运行轨迹图　b）平面示意

风向频率玫瑰图简称风玫瑰图，是根据气象资料统计的某一地区多年平均各个方向吹风次数的百分数值，并按一定比例绘制的，一般用 8 个或 16 个罗盘方位表示。风向频率玫瑰图上所表示的风向是从外面吹向地区中心，如图 5-4 所示。

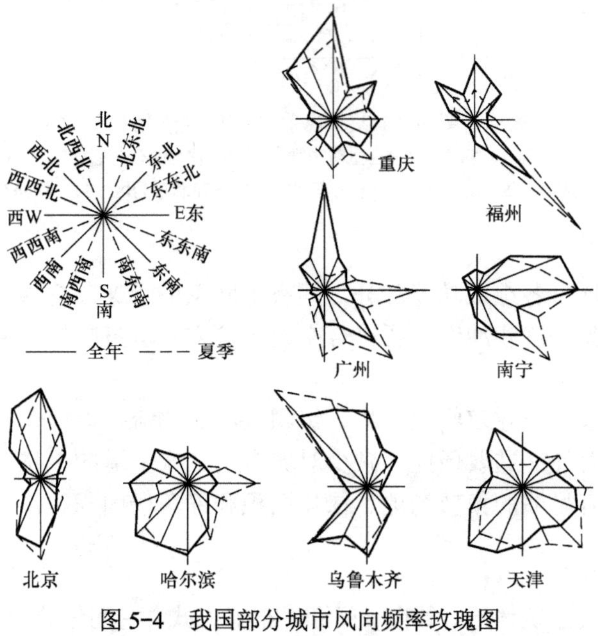

图 5-4　我国部分城市风向频率玫瑰图

通过调整建筑物的朝向或合理的布局以及高低错落，实现建筑群体内良好的空气流动。

3．建筑间距

两建筑相邻外墙间的距离，应考虑防火、日照、防噪、卫生、通风及视线等要求。当住宅为南北向布置时，以冬至的太阳高度角为准（因为冬至这一天太阳高度角最小，如能满足日照要求的话，其他时间也能满足要求），我国大部分地区的日照最小间距，可按下面比数确定

$$H:L=1:1.1\sim1:1.2$$

式中 H—— 建筑物的檐部与后一幢住宅底层窗台的高度差；

L—— 两相邻住宅之间的净距，如图 5-5 所示。

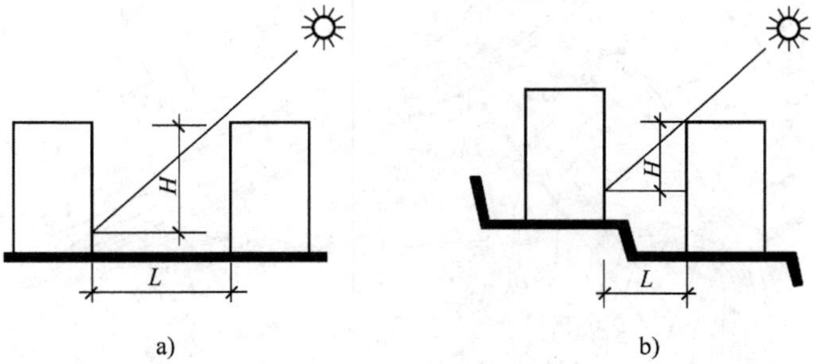

图 5-5 建筑物的日照间距

a）平地 b）向阳坡

4．布置方式

建筑群体的布置方式可以选择集中式、分散式或集中分散结合式。无论选择何种形式，均取决于场地的地貌及环境条件。

5．建筑群体的艺术处理

建筑群的整体造型与格局可统一中有变化、主从分明。平面布局可规律严整，也可自由活泼，以表达建筑鲜明的性格。建筑群体空间应富于节奏、韵律和变化，以使之效果清新、个性突出，设计中应掌握好比例和尺度、色彩和材质，以及建筑风格的处理等问题。

（四）绿化布置

绿化主要起到调节气候、净化空气、美化环境和休息游览的作用。在考虑绿化时，在满足城市规划绿化率要求的前提下，应尽量根据原有的绿化条件，结合总体布局的设计意图，选择合适的绿化形式。

（五）公共限制

公共限制是为了保证城市和区域的整体运营效益，是通过一系列技术经济指标的控制来实现的。

1．基地红线

基地红线是工程项目立项时，规划部门在下发的基地蓝图上所圈定的全部用地权属范围的边界线。它表明了用地的具体范围和面积，在图样上用红线形成封闭折线多边形，在转折处的拐点上用坐标（x，y）标明位置。建筑物应该根据城市规划的要求，将其基底范围，包括基础和除去与城市管线相连接的部分以外的埋地管线，都控制在红线的范围之内。如果城市规划主管部门对建筑物退界距离还有其他要求，也应一并遵守，如图 5-6 所示。

2．密度容量控制

容积率：控制基地建设强度的重要指标，容积率=地块总建筑面积/地块面积。

建筑密度：控制基地的空地数量（含绿化、道路和广场等）的重要指标，建筑密度=总建筑基底面积/地块面积×100%。

城市规划建设当中通过建筑密度和容积率来控制用地的开发利用。上海市建筑密度和建筑容积率控制指标见表 5-1。

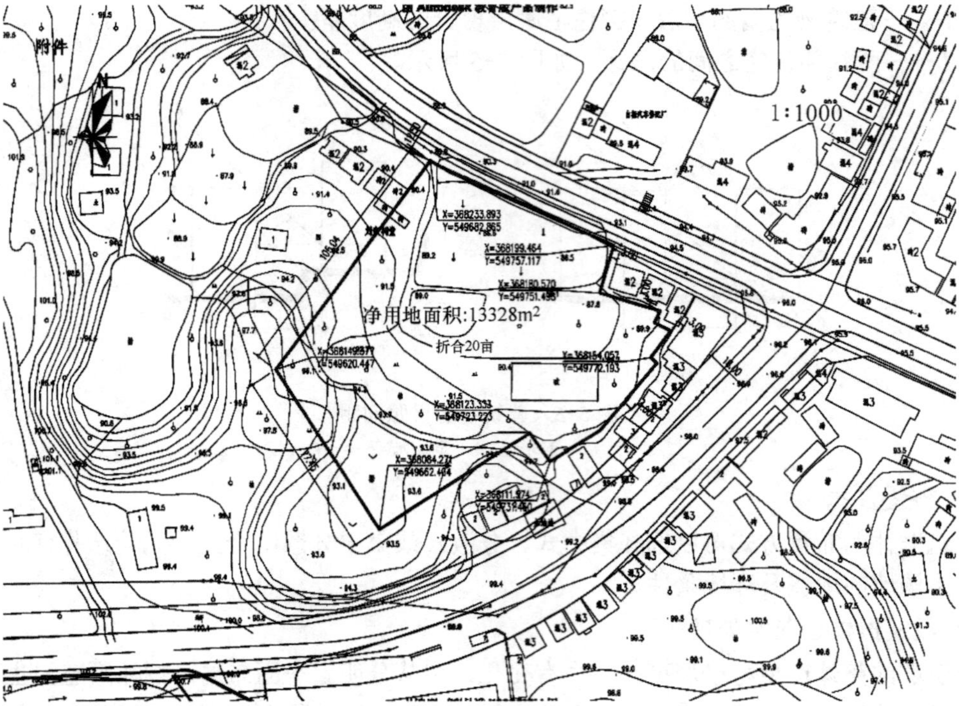

图 5-6　基地红线图

表 5-1　上海市建筑密度和建筑容积率控制指标表（部分）

区位 / 基地类型		内环线以内地区			
		Ⅰ中心地段		Ⅱ一般地段	
		密度（%）	容积率	密度（%）	容积率
低层独立式住宅				20	0.4
其他低层居住建筑				30	0.9
居住建筑	多层	33	2.0	30	1.8
	高层	25	4.0	25	4.0
一般办公建筑	多层	50	4.0	45	3.5
	高层	50	8.0	45	7.5
公寓式办公建筑旅馆	多层	50	3.0	45	2.5
	高层	50	6.0	45	5.5
商业建筑	多层	70	4.0	65	3.5
	高层	70	8.0	65	7.5

3．高度控制

建筑限高：控制基地内建筑物的高度。

4．绿化控制

绿化控制的目的是保证一定的绿化面积，以起到改良小气候、美化环境的作用。在建筑物总平面布局中，要求绿化率不低于 30%。

绿化率：基地内所有绿化用地面积占基底总面积的比例，绿化率=绿化总面积/地块面积×100%。

【思考与练习题】

1．简述建筑总平面设计的定义。

2．建筑总平面设计主要考虑哪些内容？

第二节　建筑总平面设计的一般防火要求

【学习目标】

1. 掌握建筑总平面设计的基本防火原则。
2. 掌握建筑总平面设计的基本防火设计要求。

在建筑总平面消防布局中，应针对不同的建筑物，合理地布置建筑物位置和设置防火间距、消防水源及消防车道等。

一、建筑总平面设计的基本防火原则

建筑总平面设计一般应遵从以下基本防火原则：

（一）合理进行功能分区

根据实际需要，合理划分生产区、储存区、生产辅助设施区、行政办公和生活区等。根据建筑物的使用性质、高度、规模、火灾危险性以及所处的环境、地形、风向等因素，合理布置，以消除或减少建筑物之间及周边环境的相互影响和火灾危害。同一企业内，若有不同火灾危险的生产建筑，应尽量将火灾危险性相同或相近的建筑物集中布置，以利采取防火防爆措施，便于安全管理，如图 5-7 所示。

（二）设置必要的防火间距

为防止火灾时因辐射热影响导致火势向相邻建筑物蔓延扩大，并为火灾扑救创造有利的条件，在总平面设计中，应合理确定各类建（构）筑物、堆场、储罐、电力设施及电力线路之间的防火安全距离，如图 5-8 所示。

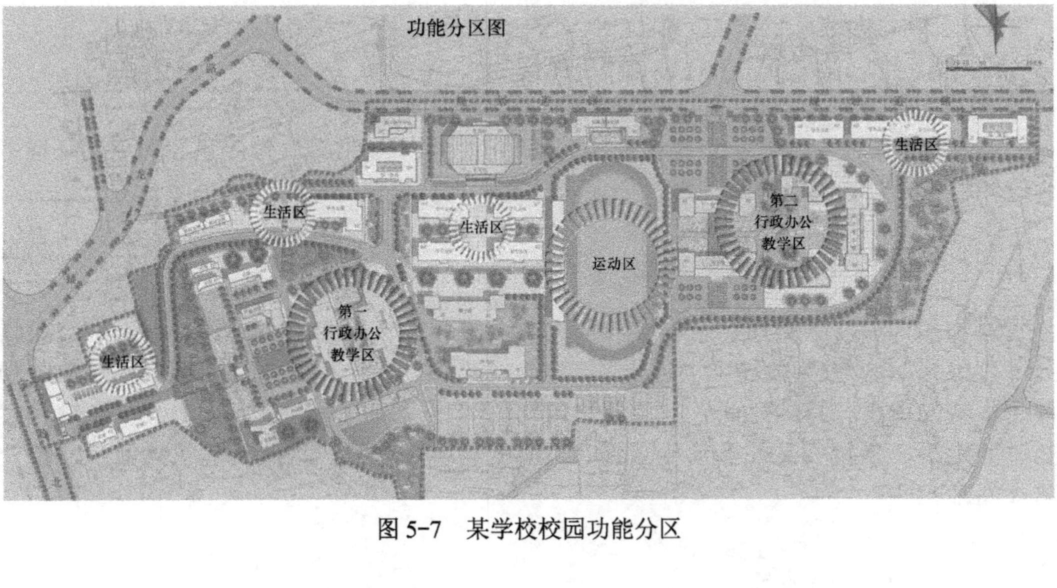

图 5-7　某学校校园功能分区

（三）满足消防救援的基本条件

应根据各建筑物的使用性质、高度、规模及火灾危险性，考虑扑救火灾时所必需的消防车通道、消防水源和消防扑救面等因素。

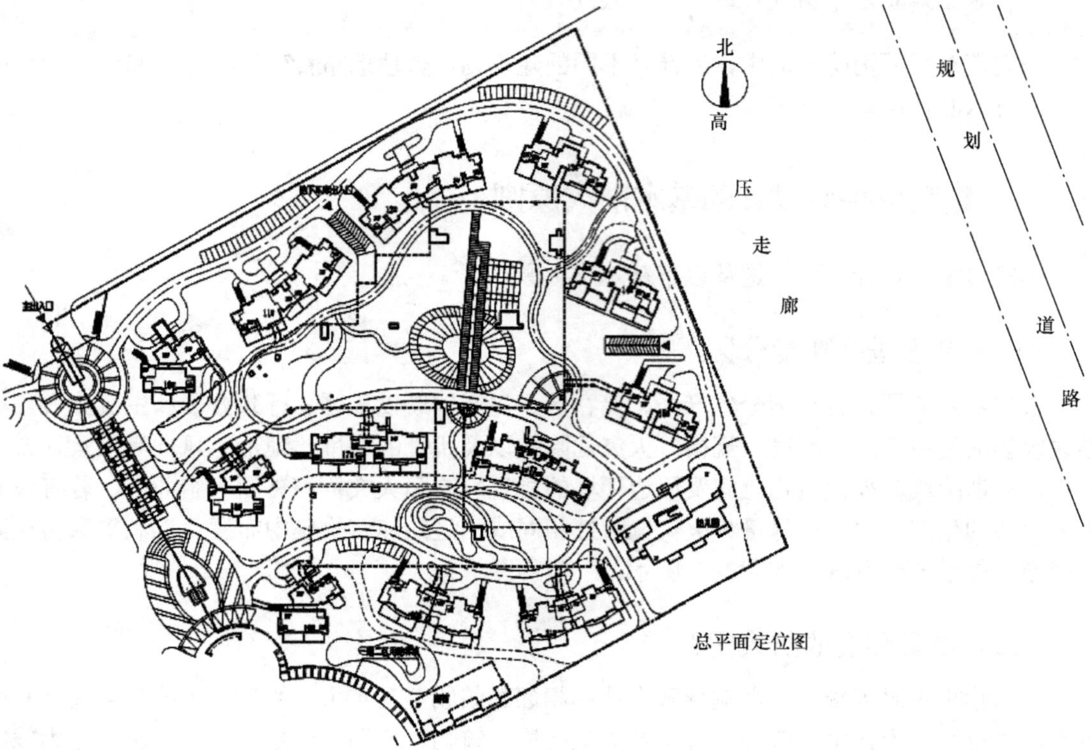

图 5-8 某住宅小区总平面

二、高层民用建筑的总平面防火设计

高层建筑在总平面设计上，不仅要解决其功能、景观、通风、日照以及对周围环境、附属建筑和相邻建筑物的影响等问题，还要考虑其防火要求，处理好以下关系。

（一）与其他民用建筑的关系

建筑物起火后，火势在建筑物的内部因热对流和热传导作用而迅速蔓延扩大，在建筑物外部则因强烈的热辐射作用对周围建筑物构成威胁。火场相邻建筑物接受辐射热的强度取决于火势的大小、持续时间、与邻近建筑物的间距及风向等因素。火势大、燃烧持续时间长、间距小、建筑物又处于下风位置时，所受辐射热越强。因此，建筑物间应保持一定的防火间距。

（二）与易燃、易爆建筑的关系

城市中常设有易燃、易爆建筑，如甲、乙、丙类液体储罐，液化石油气供应站，气化站及易燃、易爆物品库房等。这些建筑发生火灾时对其他建筑物具有很大威胁。因此，高层建筑不宜布置在甲、乙类厂房、库房附近，与丙、丁、戊类厂房、库房及液化石油气供应站、气化站间应保持足够的防火间距。

（三）与附属建筑的关系

高层建筑一般功能复杂，体量较大，内部常设有保证大楼正常运行的锅炉房、煤气调压站、电力变压器、配电室、自备发电机房、空调机房及汽车库等。有的为便于对外联系、使用等需要，还在高层建筑主体周围附建大面积的裙房建筑，用作营业厅、会议厅及展销厅等。它们满足了高层建筑的功能、使用和建筑学需要，但也增加了防火的难度。附属建筑、裙房若布置不合理很有可能影响消防车的作业。

为此，高层建筑在进行总平面布置时，应至少沿一个长边或周边长度的 1/4 且不小于一个长边长度的底边连续设置消防车登高救援场地，该范围内的裙房进深不应大于 4m，且在此范围内必须设有直通室外的楼梯或直通楼梯间的出口，以便于消防车辆作业和消防人员进入。消防车道与高层建筑之间，不应设置妨碍登高消防车操作的树木、架空管线等。

某高校新建教学大楼总平面图如图 5-9 所示。

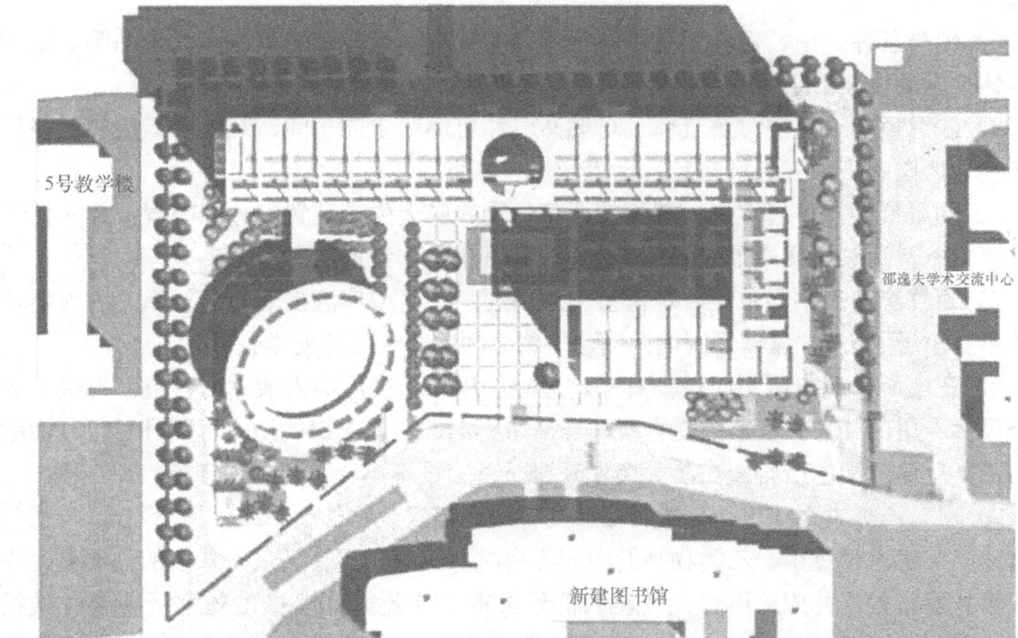

图 5-9　某高校新建教学大楼总平面图

三、工业建筑的总平面防火设计

工业建筑总平面设计一般是根据生产工艺流程、生产性质、生产管理及工段划分等情况将其划分为若干个生产区域，使之功能明确、运输管理方便。一般小型工厂的平面布置比较简单，常以主体厂房为中心来布置生产和生活设施。而大、中型工厂，由于生产规模大，建筑物、构筑物多，其性质、功能和火灾危险性各不相同，因而要求也严格一些。

生产工艺流程及储存物品的内部流通规律是工业企业总平面设计的主要技术依据。防火要求首先要满足生产的工艺需要，在此前提下，根据建筑物的火灾危险性、地形、周围环境以及长年主导风向等，进行合理布置，一般应满足以下要求：

1）规模较大的工厂、仓库，应根据实际需要，合理划分生产区、储存区（包括露天储存区）、生产辅助设施区和行政办公、生活福利区等。

2）同一企业内，若有不同火灾危险的生产建筑，应尽量将火灾危险性相同或相近的建筑物集中布置，以利采取防火防爆措施，便于安全管理。

3）注意周围环境。在选择地址时，既要考虑本单位的安全，又要考虑邻近地区的企业和居民的安全。易燃、易爆工厂和仓库的生产区、储存区不得修建办公楼、宿舍等民用建筑。

4）地势条件。甲、乙、丙类液体仓库宜布置在地势较低的地方；乙炔站等遇水产生可燃气体会发生爆炸的工业企业，严禁布置在易被水淹没的地方。

5）注意风向。散发可燃气体、可燃蒸气和可燃粉尘的车间、装置等，应布置在厂区的全年主导风向的下风或侧风向。

6）物质接触能引起燃烧、爆炸的两建筑物或露天生产装置应分开布置，并应保证足够的安全距离。液氧储罐周围 5m 范围内不应有可燃物和设置沥青路面。

7）为解决两个不同单位合理留出空地问题，厂区或库区围墙与厂（库）区内建筑物的距离不宜小于 5m，并应满足围墙两侧建筑物之间的防火间距要求。

8）变电所、配电所不应设在有爆炸危险的甲、乙类厂房内或贴邻建造，但供上述甲、乙类厂房专用的 10kV 以下的变电所，当采用无门、窗、洞口的防火墙隔开时可一面贴邻建造。乙类厂房的配电所必须在防火墙上开窗时，应设不燃烧体密封固定窗。

9）甲、乙类生产和甲、乙类物品库房不应设在建筑物的地下或半地下室内。

10）厂房内设置甲、乙类物品的中间库房时，其储量不宜超过一昼夜的需要量。中间仓库应靠外墙布置，并应采用耐火极限不低于 3.0h 的不燃烧体墙和 1.5h 的不燃烧体楼板与其他部分隔开。

11）有爆炸危险的甲、乙类厂房内不应设置办公室、休息室。

12）有爆炸危险的甲、乙类厂房总控制室应独立设置。

工业建筑总平面布局示例如图 5-10 所示。

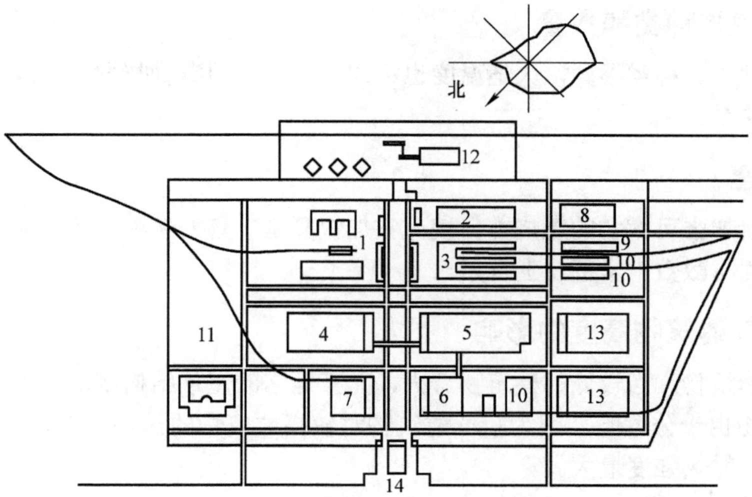

图 5-10　工业建筑总平面布局示例

1—铸造　2—有色铸造　3—锻工　4—发动机　5—底盘安装　6—车身冲压　7—工具　8—木工　9—备料　10—仓库　11—实验楼　12—热电厂　13—新型车装配　14—总出入口

【思考与练习题】

1．建筑总平面防火设计应考虑哪些内容？

2．高层民用建筑总平面防火设计应考虑哪些内容？

第三节　防 火 间 距

【学习目标】

1. 熟悉影响防火间距的因素和确定防火间距的基本原则。
2. 掌握实际工作中防火间距的具体运用。
3. 掌握各类建筑物的防火间距规定。

为了防止建筑物间的火势蔓延，各建筑物之间留出一定的安全距离是非常必要的。这样能减小辐射热的影响，避免相邻建筑物被烤燃，并可提供疏散人员和灭火战斗的必要场地。

防火间距是防止着火建筑在一定时间内引燃相邻建筑，并用于火灾扑救的间隔距离。

一、影响防火间距的因素

（一）相邻外墙开口面积大小

热辐射是相邻建筑物间火灾蔓延的主要形式，当建筑物外墙开口面积较大时，由于通风好，使燃烧速度加快，火焰温度升高，辐射热强度大，邻近建筑物受到的辐射热也多，经一定时间的烘烤，相邻建筑物就可能被烤着起火。

在建筑物发生火灾时，火焰、高温烟气从外墙开口部位喷出后向上升腾，在建筑物周围形成强烈的热对流作用。热对流对相邻建筑物的火灾蔓延影响较热辐射小，可以不考虑。

（二）可燃物种类和数量

可燃物的性质、种类不同，火焰温度也不同。可燃物的数量与发热量成正比，与辐射热强度也有一定关系。

（三）风速

风的作用能加强可燃物的燃烧并促使火灾加快蔓延。露天火灾中风力能使燃烧着的炭粒（火星）和木片飞散数十米甚至上百米。

（四）相邻建筑物高度的影响

相邻的两建筑物，当较低的建筑物着火，尤其是它的屋顶结构倒塌，火焰穿出时，其相邻较高的建筑物也十分危险。因为较低建筑物对较高建筑物的热辐射角在 30°～45°之间时，根据测定辐射热强度最大。

（五）建筑物自身控火能力和消防扑救力量

如建筑物内火灾自动报警和自动灭火设备完善，不但能有效地防止和减少建筑物本身的火灾损失，而且还能减小向相邻建筑物蔓延的可能。消防队及时到达火场扑救火灾，能有效缩短火灾延续时间，降低火灾向相邻建筑物蔓延的可能性。

二、确定防火间距的基本原则

影响防火间距的因素很多，在实际工程中不可能都考虑到。除重点考虑建筑物的耐火等级、使用性质及火灾危险性等因素外，还应考虑到消防人员能够及时到达并迅速扑救这一因素。通常根据下述情况确定防火间距。

（一）考虑热辐射的作用

火灾资料表明，一、二级耐火等级的多层民用建筑，保持 10m 左右的防火间距，在有消防队进行扑救的情况下，基本能防止初起火灾的蔓延。

（二）考虑灭火作战实际需要

建筑物的建筑高度不同，需使用的消防车也不同。对低层建筑，普通消防车即可；而对高层建筑，则还要使用曲臂、云梯等登高消防车。为此，考虑登高消防车操作场地的要求，也是确定防火间距的因素之一。

（三）考虑节约用地

在进行总平面布局时，既要满足防火要求，又要考虑节约用地，以在有消防队扑救的条件下，能够阻止火势向相邻建筑物蔓延为原则。

三、防火间距不足时应采取的措施

防火间距因场地等各种因素无法满足国家规范的要求时，可依具体情况采取一些相应的措施。

1）改变建筑物内的生产或使用性质，减小建筑物的火灾危险性；改变房屋部分结构的耐火性能，提高建筑物的耐火等级。

2）调整生产厂房的部分工艺流程和库房存储物品的数量，调整部分构件的耐火性能和燃烧性能。

3）封堵部分无关紧要的门窗，把普通墙变成防火墙。

4）拆除部分耐火等级低、占地面积小、价值较小且与新建建筑物相邻的房屋。

5）设置独立的防火、防爆墙或加高围墙作为防火墙。

6）增加固定消防设施，如相邻外墙采用防火卷帘及水幕保护等措施。

四、各类建筑物的防火间距

（一）民用建筑的防火间距

1）民用建筑之间的防火间距不应小于表 5-2 的规定，与其他建筑之间的防火间距除本节的规定外，应符合《建筑设计防火规范》的有关规定。

表 5-2 民用建筑之间的防火间距 （单位：m）

建筑类别		高层民用建筑	裙房和其他民用建筑		
		一、二级	一、二级	三级	四级
高层民用建筑	一、二级	13	9	11	14
裙房和其他民用建筑	一、二级	9	6	7	9
	三级	11	7	8	10
	四级	14	9	10	12

注：1. 相邻两座单、多层建筑，当相邻外墙为不燃性墙体且无外露的可燃性屋檐，每面外墙上未设置防火保护措施的门、窗、洞口不正对开设且面积之和不大于该外墙面积的 5%时，其防火间距可按本表规定减少 25%。

2. 两座建筑相邻较高一面外墙为防火墙，或高出相邻较低一座一、二级耐火等级建筑的屋面 15m 及以下范围内的外墙为防火墙时，其防火间距可不限；通过裙房、连廊或天桥等连接的建筑物，其相邻两座建筑物之间的防火间距应符合本表规定。

3. 两座建筑高度相同的建筑中相邻任一侧外墙为防火墙时，其防火间距可不限；同一座建筑中两个不同防火分区的相对外墙之间的间距，应符合不同建筑之间的防火间距要求。

4. 相邻两座建筑中较低一座建筑的耐火等级不低于二级，屋面板的耐火极限不低于 1.00h，屋顶无天窗且相邻较低一面外墙为防火墙时，其防火间距不应小于 3.5m；对于高层建筑，不应小于 4m。

5. 相邻两座建筑中较低一座建筑的耐火等级不低于二级且屋顶无天窗，相邻较高一面外墙高出较低一座建筑的屋面 15m 及以下范围内的开口部位，设置甲级防火门窗或符合现行国家标准《自动喷水灭火系统设计规范（2005 年版）》（GB 50084—2001）规定的防火分隔水幕或《建筑设计防火规范》第 6.5.2 条规定的防火卷帘时，其防火间距不应小于 3.5m；对于高层建筑，不应小于 4m。

6. 相邻建筑通过底部的建筑物、连廊或天桥等连接时，相互间的间距不应小于本表的规定。

7. 耐火等级低于四级的既有建筑，其耐火等级可按四级确定。

2）民用建筑与变电站、燃油、燃气及燃煤锅炉房等建筑物之间，其防火间距可根据变电站或锅炉房的耐火等级按《建筑设计防火规范》有关民用建筑的规定确定。

3）除高层民用建筑外，数座一、二级耐火等级的住宅建筑或办公建筑，当建筑物的占地面积总和不大于 2 500m² 时，可成组布置，但组内建筑物之间的间距不宜小于 4m。组与组或组与相邻建筑物的防火间距应符合本表的规定。

4）民用建筑与燃气调压站、液化石油气气化站、混气站和城市液化石油气供应站瓶库等的防火间距，应符合现行国家标准《城镇燃气设计规范》（GB 50028—2006）中的有关规定。

5）建筑高度大于100m的民用建筑与相邻建筑的防火间距，不应按照《建筑设计防火规范》的规定减小。

（二）厂房、库房的防火间距

厂房、库房与民用建筑相比较而言，一般在厂房和库房内，加工设备、用电设备和可燃物质多，产生火灾的危险性较大。因此，其防火间距除应考虑耐火等级外，还要考虑生产和储存物品的火灾危险性，并应在民用建筑的防火间距上适当加大。

1）厂房之间及与乙、丙、丁、戊类仓库和民用建筑等的防火间距不应小于表5-3的规定。

表5-3　厂房之间及与乙、丙、丁、戊类仓库和民用建筑等的防火间距

（单位：m）

<table>
<tr><td colspan="3" rowspan="3">名　称</td><td>甲类厂房</td><td colspan="3">乙类厂房（仓库）</td><td colspan="4">丙、丁、戊类厂房（仓库）</td><td colspan="5">民用建筑</td></tr>
<tr><td>单层或多层</td><td colspan="2">单层或多层</td><td>高层</td><td colspan="3">单层或多层</td><td>高层</td><td colspan="3">裙房，单层或多层</td><td colspan="2">高层</td></tr>
<tr><td>一、二级</td><td>一、二级</td><td>三级</td><td>一、二级</td><td>一、二级</td><td>三级</td><td>四级</td><td>一、二级</td><td>一、二级</td><td>三级</td><td>四级</td><td>一类</td><td>二类</td></tr>
<tr><td>甲类厂房</td><td>单层、多层</td><td>一、二级</td><td>12</td><td>12</td><td>14</td><td>13</td><td>12</td><td>14</td><td>16</td><td>13</td><td colspan="3" rowspan="4">25</td><td colspan="2" rowspan="4">50</td></tr>
<tr><td rowspan="3">乙类厂房</td><td rowspan="2">单层、多层</td><td>一、二级</td><td>12</td><td>10</td><td>12</td><td>13</td><td>10</td><td>12</td><td>14</td><td>13</td></tr>
<tr><td>三　级</td><td>14</td><td>12</td><td>14</td><td>15</td><td>12</td><td>14</td><td>16</td><td>15</td></tr>
<tr><td>高层</td><td>一、二级</td><td>13</td><td>13</td><td>15</td><td>13</td><td>13</td><td>15</td><td>17</td><td>13</td></tr>
<tr><td rowspan="4">丙类厂房</td><td rowspan="3">单层或多层</td><td>一、二级</td><td>12</td><td>10</td><td>12</td><td>13</td><td>10</td><td>12</td><td>14</td><td>13</td><td>10</td><td>12</td><td>14</td><td>20</td><td>15</td></tr>
<tr><td>三　级</td><td>14</td><td>12</td><td>14</td><td>15</td><td>12</td><td>14</td><td>16</td><td>15</td><td>12</td><td>14</td><td>16</td><td rowspan="2">25</td><td rowspan="2">20</td></tr>
<tr><td>四　级</td><td>16</td><td>14</td><td>16</td><td>17</td><td>14</td><td>16</td><td>18</td><td>17</td><td>14</td><td>16</td><td>18</td></tr>
<tr><td>高层</td><td>一、二级</td><td>13</td><td>13</td><td>15</td><td>13</td><td>13</td><td>15</td><td>17</td><td>13</td><td>13</td><td>15</td><td>17</td><td>20</td><td>15</td></tr>
<tr><td rowspan="4">丁、戊类厂房</td><td rowspan="3">单层或多层</td><td>一、二级</td><td>12</td><td>10</td><td>12</td><td>13</td><td>10</td><td>12</td><td>14</td><td>13</td><td>10</td><td>12</td><td>14</td><td>15</td><td>13</td></tr>
<tr><td>三级</td><td>14</td><td>12</td><td>14</td><td>15</td><td>12</td><td>14</td><td>16</td><td>15</td><td>12</td><td>14</td><td>16</td><td rowspan="2">18</td><td rowspan="2">15</td></tr>
<tr><td>四级</td><td>16</td><td>14</td><td>16</td><td>17</td><td>14</td><td>16</td><td>18</td><td>17</td><td>14</td><td>16</td><td>18</td></tr>
<tr><td>高层</td><td>一、二级</td><td>13</td><td>13</td><td>15</td><td>13</td><td>13</td><td>15</td><td>17</td><td>13</td><td>13</td><td>15</td><td>17</td><td>15</td><td>13</td></tr>
<tr><td rowspan="3">室外变、配电站</td><td rowspan="3">变压器总油量/t</td><td>≥5，≤10</td><td rowspan="3">25</td><td rowspan="3">25</td><td rowspan="3">25</td><td rowspan="3">25</td><td>12</td><td>15</td><td>20</td><td>12</td><td>15</td><td>20</td><td>25</td><td colspan="2">20</td></tr>
<tr><td>>10，≤50</td><td>15</td><td>20</td><td>25</td><td>15</td><td>20</td><td>25</td><td>30</td><td colspan="2">25</td></tr>
<tr><td>>50</td><td>20</td><td>25</td><td>30</td><td>20</td><td>25</td><td>30</td><td>35</td><td colspan="2">30</td></tr>
</table>

注：1．乙类厂房与重要公共建筑的防火间距不宜小于50m；与明火或散发火花地点，不宜小于30m。单层或多层戊类厂房之间及与戊类仓库的防火间距，可按本表的规定减少2m。单、多层戊类厂房与民用建筑的防火间距可按表5-2的规定执行。为丙、丁、戊类厂房服务而单独设立的生活用房应按民用建筑确定，与所属厂房的防火间距不应小于6m。必须相邻建造时，应符合本表注2、3的规定。

2．两座厂房相邻较高一面的外墙为防火墙时，其防火间距不限，但甲类厂房之间不应小于4m。两座丙、丁、戊类厂房相邻两面的外墙均为不燃性墙体，当无外露的可燃性屋檐，每面外墙上的门、窗、洞口面积之和各不大于该外墙面积的5%，且门、窗、洞口不正对开设时，其防火间距可按本表的规定减少25%。

3．两座一、二级耐火等级的厂房，当相邻较低一面外墙为防火墙且较低一座厂房的屋顶耐火极限不低于1.00h，或相邻较高一面外墙的门窗等开口部位设置甲级防火门窗或防火分隔水幕或按《建筑设计防火规范》第6.5.2条的规定设置防火卷帘时，甲、乙类厂房之间的防火间距不应小于6m；丙、丁、戊类厂房之间的防火间距不应小于4m。

4．发电厂内的主变压器，其油量可按单台确定。

5．耐火等级低于四级的既有厂房，其耐火等级可按四级确定。

6．当丙、丁、戊类厂房与丙、丁、戊类仓库相邻时，应符合本表注2、3的规定。

2）甲类厂房与重要公共建筑的防火间距不应小于 50m，与明火或散发火花地点的防火间距不应小于 30m，与架空电力线，甲、乙、丙类液体储罐，可燃、助燃气体储罐，液化石油气储罐及可燃材料堆场等的防火间距，应符合《建筑设计防火规范》的有关规定。

3）丙、丁、戊类厂房与民用建筑的耐火等级均为一、二级时，丙、丁、戊类厂房与民用建筑的防火间距可适当减小，但应符合下列规定：

① 当较高一面外墙为不开设门、窗、洞口的防火墙，或比相邻较低一座建筑屋面高 15m 及以下范围内的外墙为不开设门、窗、洞口的防火墙时，其防火间距可不限。

② 当相邻较低一面外墙为防火墙，且屋顶不设天窗、屋顶耐火极限不低于 1.00h，或相邻较高一面外墙为防火墙，且墙上开口部位采取了防火保护措施时，其防火间距可适当减小，但不应小于 4m。

4）甲类仓库之间及与其他建筑、明火或散发火花地点、铁路、道路等的防火间距不应小于表 5-4 的规定。厂内铁路装卸线与设置装卸站台的甲类仓库的防火间距，可不受表 5-4 规定的限制。

表 5-4　甲类仓库之间及与其他建筑、明火或散发火花地点、铁路、道路等的防火间距

（单位：m）

名　称		甲类仓库及其储量/t			
		甲类储存物品第 3、4 项		甲类储存物品第 1、2、5、6 项	
		≤5	>5	≤10	>10
高层民用建筑、重要公共建筑		50			
裙房、其他民用建筑、明火或散发火花地点		30	40	25	30
甲类仓库		20	20	20	20
厂房和乙、丙、丁、戊类仓库	一、二级耐火等级	15	20	12	15
	三级耐火等级	20	25	15	20
	四级耐火等级	25	30	20	25
电力系统电压为 35～500kV 且每台变压器容量在 10MVA 以上的室外变、配电站，工业企业的变压器总油量，大于 5t 的室外降压变电站		30	40	25	30
厂外铁路线中心线		40			
厂内铁路线中心线		30			
厂外道路路边		20			
厂内道路路边	主要	10			
	次要	5			

注：甲类仓库之间的防火间距，当第 3、4 项物品储量不大于 2t，第 1、2、5、6 项物品储量不大于 5t 时，不应小于 12m，甲类仓库与高层仓库的防火间距不应小于 13m。

【思考与练习题】

1. 影响防火间距的因素主要有哪些？
2. 确定防火间距的基本原则是什么？
3. 实际工作中防火间距不足时我们可以采取哪些措施？

第四节 消防车道及登高救援场地

【学习目标】

1. 掌握消防车道的设计原则。
2. 掌握消防车道的设计要求。
3. 掌握登高救援场地的设计要求。

消防车道是供消防车灭火时通过的道路。设置消防车道的目的在于一旦发生火灾后，使消防车顺利到达火场，消防人员迅速开展灭火战斗，及时扑灭火灾，最大限度地减少人员伤亡和火灾损失。设计时应根据当地消防部队使用的消防车辆的外形尺寸、载重和转弯半径等消防车技术性能，以及建筑物的体量大小、周围通行条件等因素，以便于消防车通行和灭火需要进行确定。

一、消防车道的设计原则

1）建筑物周围宜设置环形消防车道，如无条件设置环形车道则应沿建筑物的两个长边设消防车道。建筑物总长度超过一定长度时，应设置穿过建筑物的消防车道。

2）高层建筑的消防车道应与高层建筑底部裙房的设计相配合，以便让消防车能够驶近高层建筑主体部分。

3）停车场或其他设施不能侵占消防车道的宽度，以免影响火灾扑救工作。

4）当建筑物为了采光、通风的需要设有较大的内天井或封闭内院，其短边长度超过24m 时，宜设有进入建筑内部空间的消防车道，以便更迅速地扑灭火灾，同时应考虑回车措施。

二、消防车道的通用设计要求

1．车道的净宽、净高和坡度

消防车道的净宽和净高均不应小于 4.0m，坡度不宜大于 8%，如图 5-11 所示。

图 5-11 消防车道的宽度和高度

2．道路的荷载

轻、中系列消防车最大总质量不超过 11t；重系列消防车最大总质量为 15～30t。消防车道应能满足大型消防车的通行，消防车道下的管道、暗沟以及地下室的侧墙和盖板，其结构都应能满足强度要求。

3．车道的最小转弯半径

车道转弯处应考虑消防车的最小转弯半径，以便于消防车顺利通行。消防车的最小转弯半径是指消防车回转时消防车的前轮外侧循圆曲线行走轨迹的半径。轻系列消防车大于或等于 7m，中系列消防车大于或等于 9m，重系列消防车大于或等于 12m。

4．有封闭内院或天井的建筑

有封闭内院或天井的建筑，当其短边长度超过 24m 时，宜设有进入内院或天井的消防车道。当封闭内院或天井的建筑物沿街时，应设置连通街道和内院的人行通道（可利用楼梯间），其间距不宜大于 80m。

5．回车场地

长度超过 40m 的尽头式消防车道应设置回车道或回车场，回车场的面积不应小于 12m×12m；对于高层建筑，回车场面积不宜小于 15m×15m；供重型消防车使用时，不宜小于 18m×18m，如图 5-12 所示。

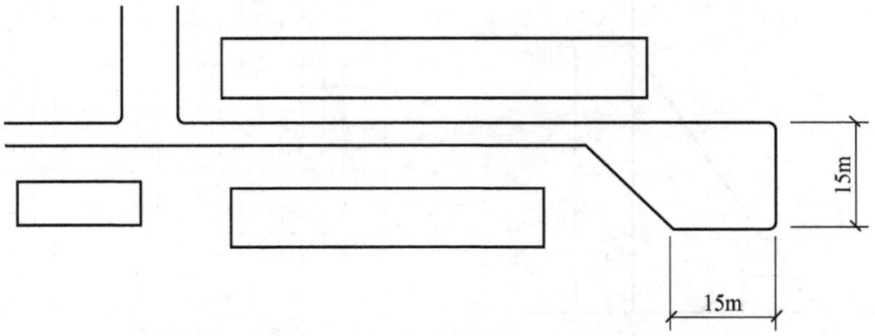

图 5-12 回车场

6．环形消防车道

建筑物应设置环形消防车道，环形消防车道至少应有两处与其他车道相通。确有困难时，可沿该建筑物的两个长边设置消防车道。当建筑物的沿街部分长度超过 150m 或总长度超过 220m 时，均应设置穿过建筑物的消防车道。

7．其他要求

1）在穿过建筑物或进入建筑物内院的消防车道两侧，不应设置影响消防车通行或人员安全疏散的设施。

2）供消防车取水的天然水源和消防水池应设置消防车道。

3）消防车道与厂房（仓库）、民用建筑之间不应设置妨碍消防车作业的障碍物，如树木、架空管线等。

4）消防车道可利用交通道路，但应满足消防车通行与停靠的要求。

5）对于大型公共建筑，高层民用建筑，超过 3 000 个座位的体育馆，超过 2 000 个座位的会堂及占地面积超过 3 000m^2 的展览馆等大型单、多层公共建筑，其周围应设置环行消防车道。当设置环行车道有困难时，可沿该建筑的两个长边设置消防车道。

6）消防车道不宜与铁路正线平交。如必须平交，则应设置备用车道，且两车道之间的间距不应小于一列火车的长度。

三、登高救援场地

登高救援场地是指登高消防车能靠近高层主体建筑，便于消防车作业和消防人员进入高层建筑进行灭火救援的场地。

高层建筑一般功能复杂，体量较大，除高层主体外，考虑高层建筑的使用功能、城市规划、街景及建筑学的需要，往往在高层建筑主体附近建与该建筑相连的裙房，以满足城市规划和使用功能的要求。这样的高层民用建筑体积大、平面布置和使用功能复杂多样，给灭火救援工作增加了难度。为了在发生火灾时，登高消防车能够靠近高层主体建筑，迅速抢救人员和扑灭火灾，在对高层建筑进行总平面设计时，应考虑登高救援场地的设置。

登高救援场地主要尺寸如图 5-13 所示，登高消防车作业空间如图 5-14 所示。

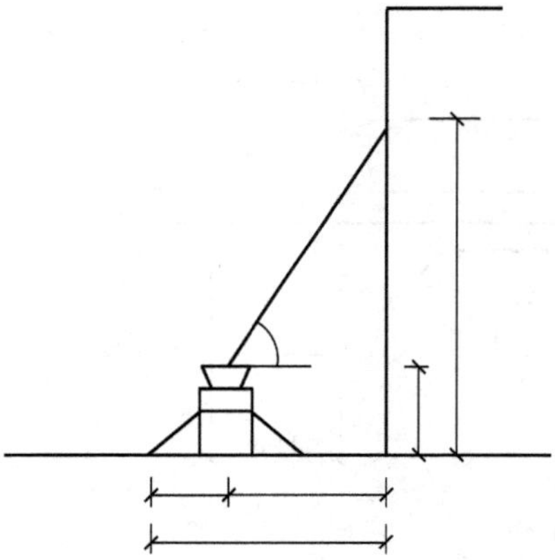

图 5-13　登高救援场地主要尺寸

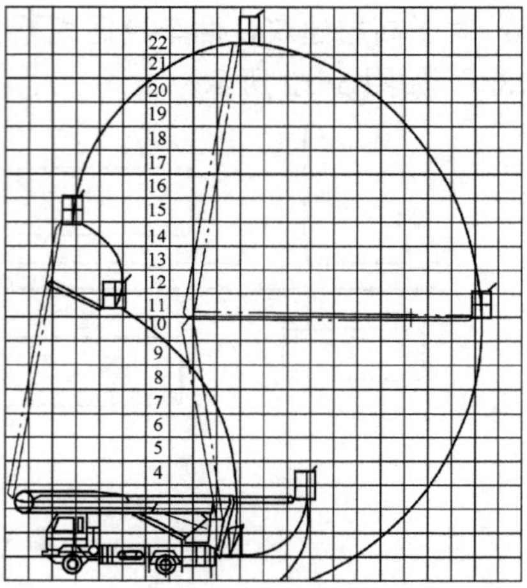

图 5-14　登高消防车作业空间

《建筑设计防火规范》规定：高层建筑应至少沿一个长边或周边长度的 1/4 且不小于一个长边长度的底边连续设置消防车登高救援场地，该范围内的裙房进深不应大于 4m。建筑高度不大于 50m 的建筑连续布置确有困难时，可间隔布置，但间隔距离不宜大于 30m，且消防车登高救援场地的总长度仍应符合上述要求。

无论是建筑物底部留一个长边还是留 1/4 周边长度，其目的都是为了使登高消防车能够展开工作。根据登高消防车的功能实验证明，进深在 4m 以上的附属建筑，会影响扑救作业，因此，必须对附属建筑的进深加以限制。

为保证登高车正常工作，在设置消防车登高救援场地时应考虑场地大小、有效操作空间范围及周边环境等因素，并符合下列规定：

1）可结合消防车道布置且应与消防车道连通，场地靠建筑外墙一侧的边缘至建筑外墙的距离不宜小于 5m，且不应大于 10m。

2）与厂房、仓库及民用建筑之间不应设置妨碍消防车操作的架空高压电线、树木及车库出入口等障碍，坡度不宜大于 3%。

3）场地的长度和宽度分别不应小于 15m 和 8m。对于建筑高度不小于 50m 的建筑，场地的长度和宽度分别不应小于 15m。

4）场地及其下面的地下室、管道和暗沟等，应能承受重型消防车的压力。

5）建筑物与消防车登高操作场地相对应的范围内，应设置直通室外的楼梯或直通楼梯间的入口。设置直通室外的楼梯或出口，主要为了消防人员从楼梯间进入，尽快到达着火层，抢救被困人员并进行火灾扑救。

6）在厂房、仓库及公共建筑的外墙上，每层均应设置可供消防救援人员进入的窗口，窗口的净尺寸不得小于 0.8m×1.0m，窗口下沿距室内地面不宜大于 1.2m。该窗口间距不宜大于 20m 且每个防火分区不应少于 2 个，设置位置应与消防车登高操作场地相对应。窗口的玻璃应易于破碎，并应设置可在室外识别的明显标志。

部分云梯消防车的主要技术参数见表 5-5。

表 5-5 部分云梯消防车的主要技术参数

消防车名称	长×宽×高/m×m×m	举高/m	荷载/t	转弯半径/m	稳定宽度/m	最大工作幅度/m
奔驰博浪涛	12.8×2.5×3.9	54.0	32.0			21.5
	15.6×2.5×3.9	88.0	47.5			29.5
卢森堡亚 MAN	9.95×2.5×3.3	42.0	15.0	11.0	4.6	17.7
卢森堡亚奔驰 DLK30	10.4×2.5×3.9	30.0	27.5	10.0	4.5	21.7
马基路斯 150	12.0×2.5×3.9	54.0	34.5	12.0	6.0	21.5
	10.6×2.5×3.5	37.0	24.0	12.0	6.0	23.0
麦茨 MAN ZZ240	11.6×2.5×3.9	53.0	33.0	15.0	5.5	20.0

【思考与练习题】

1．消防车道的设计原则是什么？

2．消防车道有哪些设计要求？

3．登高救援场地指的是什么？实际工作中应如何运用？

第六章　建筑物的防火分区

一般而言，建筑物火灾都是在某个局部范围内引发的，火灾发生后，火势会在热对流、热辐射和热传导的作用下，通过建筑物的门窗、各种竖井、管道设备及楼板或墙面上的缝隙等部位向建筑的其他地方蔓延扩大开，最后发展成为整栋建筑着火。为减少火灾损失，对于一些规模、面积较大的建筑物，在防火设计时应采取一定的防火分隔措施，把火灾控制在起火点附近的区域内，减小燃烧面积，使非着火区域免受火灾威胁是非常必要的。例如某学校一座耐火等级为三级的学生宿舍楼，建筑面积 3 100m^2，划分了三个防火分区，发生火灾后，由于防火分区的合理设置，使该宿舍楼 2/3 的建筑未被烧毁，成功阻止了火灾的蔓延。因此，限制火灾规模和减少火灾损失的最有效的办法之一是划分防火分区，这也是建筑防火设计的重点之一。

第一节　防火分区的划分

【学习目标】

1. 了解防火分区划分的重要性。
2. 熟悉厂房、库房防火分区的划分。
3. 掌握民用建筑、地下建筑防火分区的划分。

划分防火分区就是把建筑物空间划分为若干个防火单元，以便控制火势，阻止蔓延，减少损失。防火分区的划分在满足面积规定的要求下，还应根据建筑物的使用性质、火灾危险性以及建筑物的耐火等级、建筑物的高度、室内容纳人员和可燃物的数量、消防扑救能力和消防设施配置及人员疏散难易程度等情况进行综合考虑，做到合理地划分防火分区，达到在发生火灾时，着火分区以外的区域是较为安全的区域；对于安全疏散而言，遇险人员只要从着火的防火分区疏散到未着火的另一防火分区，就有了相对的安全保障。

一、防火分区概念

防火分区是指在建筑内部采用防火墙、有一定耐火极限的楼板及其他防火分隔设施分隔而成，能在一定时间内防止火灾向同一建筑的其余部分蔓延的局部空间。

为了便于火灾区域内的人员迅速疏散到安全的地方，充分发挥消防部门控制火灾的能力，无论是对工业建筑还是民用建筑进行防火分区，都是非常重要的安全措施。某一临街建筑，底层临街的前半部分为超市，后半部分为行政办公区，前后两半部分属于两种不同使用功能的区域，所表现出来的火灾危险性也就不相同。为此，应在它们之间设置一道防火墙，把它们划分成两个独立的防火分区。这样即使某一区域发生火灾，另一部分也不会受到火灾威胁。

二、防火分区的分类

火灾在建筑物内的蔓延方向主要有水平蔓延和竖向蔓延两种，要阻止火势蔓延，就必须从两个方向加以阻止。因此，按照防止火灾蔓延方向不同，防火分区分为水平防火分区和竖向防火分区两类。

（一）水平防火分区

水平防火分区是指采用水平防火分隔物划分的，能在一定时间内阻止火势在同一楼层水平蔓延的防火单元。

在进行防火分区设计时，除应满足防火分区的面积要求和防火分隔物的构造要求外，还需结合建筑物内部的平面形状、使用功能、空间造型及人流、物流情况，妥善布置防火分隔物的位置。应在建筑物内部设置扑救火灾所需的防火通道，在各危险区域之间及不同用户之间应进行防火分隔，并应保证作避难用的楼梯间、前室和走廊不受烟火威胁，始终畅通。

许多国家对防火分区最大允许面积也都作出了具体规定：德国规定高层住宅每隔 30m 设一道防火墙，一般高层建筑每隔 40m 设一道防火墙；前苏联规定非单元式住宅每个分区面积为 $500m^2$（与地下室相同）；日本规定对一座建筑物的高、低层部分分别对待：10 层以下每个防火分区面积为 $1\,500m^2$，11 层及以上则按室内装修材料燃烧性能分别规定为 $500m^2$、$200m^2$ 及 $100m^2$。虽然各国划定防火分区的面积有一定的差别，但其目的和基本划分方法是一致的。我国的《建筑设计防火规范》《人民防空工程设计防火规范》及《汽车库、修车库、停车场设计防火规范》等国家标准规范均对建筑的防火分区面积作出了明确的规定。具体的防火分区面积规定见表 6-1～表 6-3。

（二）竖向防火分区

火灾不仅会在起火平面内蔓延，而且还会沿着建筑物各种竖向通道向上、下部楼层蔓延，为了避免火灾在竖向方向蔓延的可能性，应从建筑物的垂直方向对其进行防火分区的划分。竖向防火分区是指采用竖向防火分隔物划分的，能在一定时间内阻止火势在不同楼层之间竖向蔓延的防火单元。竖向防火分隔物主要有耐火楼板、上下楼层之间的窗槛墙、封闭或防烟楼梯间及建筑外挑遮阳板等。

一般来说，竖向防火以每一楼层为一个防火分区，也可以上下层为一个防火分区。用耐火楼板和窗槛墙（上、下窗之间的距离不小于 1.2m）将上下层隔开。对住宅建筑而言，多数采用钢筋混凝土材料作为楼板，不燃烧体楼板完全可以阻止火灾的蔓延，实际上起到了防火分区的作用。然而在许多公共建筑中，上下层设有敞开式自动扶梯、走廊等各种开口，根据实际使用情况，将上下相连通的各层作为一个防火分区考虑，即连通部分各层面积之和不应超过允许的水平防火分区面积。

三、划分防火分区的要求

为了便于火灾区域内的人员迅速疏散到安全的地方，充分发挥消防部门控制火灾的能力，无论是对工业建筑还是民用建筑进行防火分区，都是非常重要的安全措施。从安全角度看，防火分区划分得越小，越有利于保证建筑物的防火安全，但如果划分得过小，势必会影响建筑物的使用功能，因此，防火分区面积大小的确定应综合考虑建筑物的使用性质、重要性、火灾危险性、建筑物高度、消防扑救能力以及火灾蔓延的速度等因素。

1）防火分区的划分必须满足消防技术规范中规定的面积及构造要求。

2）用作人员疏散的楼梯间、前室和避难走道，必须受到完全的防火保护，保证其在发生火灾时不受烟与火的侵害，并保持满足畅通无阻和应急照明的要求。

3）在同一个建筑物内，各危险区域之间、不同用户之间、办公用房与生产车间之间以及不同功能的区域之间，应该进行防火分隔处理。

4）高层建筑中的电缆井、管道井及垃圾井等各种竖向井道，应是独立的防火单元，应保证井道外部火灾产生的烟与火不蔓延到井道内部，井道内部火灾也不蔓延扩大到井道外部。

5）有特殊防火要求的建筑（如医院等）在防火分区之内还应设置更小的防火区域。

6）地下室、高层建筑在垂直方向宜以每个楼层为单元划分防火分区。

防火分区的划分要求，会体现在建筑的具体设置上。如医院和疗养院的病房楼内相邻护理单元之间，应采用耐火极限不低于 2.00h 的防火隔墙进行分隔，隔墙上的门应采用乙级防火门，同时设置在走道上的防火门应采用常开防火门。歌舞厅、录像厅、夜总会、卡拉 OK 厅（含具有卡拉 OK 功能的餐厅）、游艺厅（含电子游艺厅）、桑拿浴室（不包括洗浴部分）及网吧等歌舞娱乐放映游艺场所（不含电影院、剧场）建筑的厅、室之间及与建筑的其他部位之间，应采用耐火极限不低于 2.00h 的防火隔墙和不低于 1.00h 的不燃性楼板进行分隔。

四、防火分区的划分

我国的《建筑设计防火规范》《人民防空工程设计防火规范》及《汽车库、修车库、停车场设计防火规范》等国家标准规范均对建筑的防火分区面积作出了明确的规定。建筑的防火分区多数以分区面积多少确定，仓库等工业建筑以占地面积多少确定，建筑的防火分区面积和占地面积单位都以平方米计。下面主要讲解民用建筑防火分区的划分。

民用建筑防火分区的划分应根据建筑物的耐火等级、建筑物的长度、室内容纳人员和可燃物的数量、消防扑救能力和力量配置、人员疏散的难易程度及建筑投资等方面的情况进行。

通常一、二级耐火等级的民用建筑都采用了耐火极限较高的建筑构件，火灾时倒塌的可能性较小，并能较好地限制火势蔓延扩大，有利于人员疏散和灭火战斗，其防火分区的建筑面积可适当增大。三级耐火等级的民用建筑屋顶可以是燃烧体，防火能力差，其防火分区的建筑面积应比一、二级耐火等级的民用建筑小。四级耐火等级的民用建筑物的楼板、屋顶及楼梯等建筑构件可以是燃烧体，火灾时燃烧速度快，疏散难，其防火分区的建筑面积应从严规定。

高层建筑是建筑高度大于 27m 的住宅建筑和其他建筑高度大于 24m 的非单层建筑。高层建筑裙房是指在高层建筑主体投影范围外，与建筑主体相连且建筑高度不大于 24m 的附属建筑。就防火安全而言，高层建筑的特点是层数多、垂直疏散距离长，人员集中、疏散时易出现拥挤情况，烟气与火势竖向蔓延快，室内消防用水量往往不足，室外扑救困难，内部功能复杂，火灾隐患多。因此，采取每层做水平防火分区，即每层应至少划分为一个防火分区，力争将火势控制在起火单元内加以扑灭。

目前我国高层建筑因用途、性能不同，防火分区的建筑面积也不同。通过调研国内高层建筑防火分区设置情况，结合国家目前经济水平与消防扑救能力，对一、二类高层民用建筑，规定每个防火分区的最大允许建筑面积不应大于 1 500m²。具体要求见表 6-1。

表 6-1　不同耐火等级建筑的允许层数和防火分区最大允许建筑面积　（单位：m²）

<table>
<tr><th>名　称</th><th>耐火等级</th><th>建筑高度或允许层数</th><th>防火分区的最大允许建筑面积</th><th>备　注</th></tr>
<tr><td>高层民用建筑</td><td>一、二级</td><td>按一、二类高层民用建筑分类确定</td><td>1 500</td><td rowspan="2">体育馆、剧场的观众厅，其防火分区最大允许建筑面积可适当放宽</td></tr>
<tr><td rowspan="3">单层或多层民用建筑</td><td>一、二级</td><td>1）单层公共建筑的建筑高度不限
2）住宅建筑的建筑高度不大于 27m
3）其他民用建筑的建筑高度不大于 24m</td><td>2 500</td></tr>
<tr><td>三级</td><td>5 层</td><td>1 200</td><td>—</td></tr>
<tr><td>四级</td><td>2 层</td><td>600</td><td>—</td></tr>
<tr><td>地下、半地下建筑（室）</td><td>一级</td><td>不宜超过 3 层</td><td>500</td><td>设备用房的防火分区最大允许建筑面积不应大于 1 000m²</td></tr>
</table>

注：建筑内设有自动灭火设备时，该防火分区的最大允许建筑面积可按本表的规定增加 1.0 倍。局部设置时，增加面积可按该局部面积 1.0 倍计算；局部设置时，其防火分区增加面积可按设置自动灭火系统部分的建筑面积减半计算。

1．厂房防火分区的划分

厂房防火分区的划分是一项重要的建筑防火措施，设计时应依据生产火灾危险性、厂房的耐火等级与层数，综合考虑防火投入与防火效果来进行划分。

厂房的建筑设计是在生产工艺设计的基础上进行的，建筑内的生产设备多，空间大，形式多种多样。因此设计时，应根据实际情况区别对待，使其既能最大限度地满足生产需要，又能充分满足防火要求。除此以外，厂房还有以下特点：其一是厂房内职工的工作岗位较固定，熟悉厂房内的疏散路线和消防设备及厂房周围环境，便于消防管理；其二是厂房外形较规整，厂房内可燃装修材料、管道竖井比民用建筑少，但用电设备较多；其三是厂房内房间分隔少，层高较高，每个房间的空间较大，较易发现火情，因而比民用建筑易疏散和扑救。甲、乙类生产性质属易燃易爆，极易发生火灾事故，火势蔓延又快，对其耐火等级应严格限制，而且其防火分区的建筑面积也不应过大。丙类厂房使用的可燃物多，发生火灾后较难控制，对耐火等级较低的厂房要严格控制防火分区面积。丁、戊类厂房虽然火灾危险性小，但三、四级耐火等级的厂房火灾事故仍然存在。因此当丁、戊类厂房的耐火等级较低时，有必要对其防火分区的建筑面积进行限制。

高层厂房防火分区划分时既要考虑防火安全与扑救的要求，也要顾及生产的实际需要，本着节约建设投资又能较好地满足消防要求的原则，按其火灾危险性分别确定。厂房的耐火等级、最多允许层数和每个防火分区的最大允许建筑面积应符合表 6-2 的规定。

表 6-2 厂房的耐火等级、最多允许层数和每个防火分区的最大允许建筑面积 （单位：m^2）

生产类别	厂房的耐火等级	最多允许层数	每个防火分区的最大允许建筑面积			
			单层厂房	多层厂房	高层厂房	地下、半地下厂房，厂房的地下室、半地下室
甲	一级 二级	除生产必须采用多层者外，宜采用单层	4 000 3 000	3 000 2 000	不应采用 不应采用	— —
乙	一级 二级	不限 6	5 000 4 000	4 000 3 000	2 000 1 500	— —
丙	一级 二级 三级	不限 不限 2	不限 8 000 3 000	6 000 4 000 2 000	3 000 2 000 —	500 500 —
丁	一、二级 三级 四级	不限 3 1	不限 4 000 1 000	不限 2 000 —	4 000 — —	1 000 — —
戊	一、二级 三级 四级	不限 3 1	不限 5 000 1 500	不限 3 000 —	6 000 — —	1 000 — —

注：本表中“—”表示不允许。

国内外的实践表明，在防火分区内设有自动灭火系统时，能及时扑救和控制初起火灾，有效地限制火灾的蔓延，厂房的安全度大大提高。当厂房内设置自动灭火系统时，每个防火分区的最大允许建筑面积可按表 6-2 的规定增加 1.0 倍；当丁、戊类的地上厂房内设置自动灭火系统时，每个防火分区的最大允许建筑面积不限；当厂房内局部设置自动灭火系统时，其防火分区增加面积可按该局部面积的 1.0 倍计算。

厂房内严禁设置员工宿舍。办公室、休息室等不应设置在甲、乙类厂房内，当必须与本厂房贴邻建造时，其耐火等级不应低于二级，并应采用耐火极限不低于 3.00h 的防爆墙分隔和设置独立的安全出口。在丙类厂房内设置的办公室、休息室，应采用耐火极限不低于 2.50h 的防火隔墙和不低于 1.00h 的楼板与厂房隔开，并应至少设置 1 个独立的安全出口。如隔墙上需开设相互连通的门时，应采用乙级防火门。防火隔墙就是建筑内为防止火灾蔓延到相邻区域而设置的不低于一定耐火极限的不燃性实心墙。

2. 库房防火分区的划分

库房是物资集中的地方，设计库房时，要根据确定的建筑物耐火等级和储存物品的火灾危险性，考虑其重要地位和发生事故后的影响，合理划分防火分区。库房防火分区的最大允许建筑面积的规定应比厂房及民用建筑更严格，具体见表 6-3。同一座库房或防火分区内，如储存数种性质相互不抵触、灭火方法相同，但火灾危险性不同的物品时，上述面积应从严要求，即按其中火灾危险性最大的确定。

仓库中的防火分区之间必须采用防火墙分隔。甲、乙类仓库中防火分区之间的防火墙不应开设门窗洞口；地下、半地下仓库或仓库的地下室、半地下室的最大允许占地面积，不应大于地上仓库的最大允许占地面积。仓库内严禁设置员工宿舍，甲、乙类仓库内严禁设置办公室、休息室等，并不应贴邻建造。在丙、丁类仓库内设置的办公室、休息室，应采用耐火极限不低于2.50h的防火隔墙和不低于1.00h的楼板与库房隔开，并应设置独立的安全出口。如隔墙上需开设相互连通的门时，应采用乙级防火门。

表6-3 仓库的耐火等级、最多允许层数和每座库的最大允许占地面积及每个防火分区的最大允许建筑面积

（单位：m^2）

储存物品类别		仓库的耐火等级	最多允许层数	每座库房的最大允许占地面积 A_1 及每个防火分区的最大允许建筑面积 A_2						
				单层库房		多层库房		高层仓库		地下、半地下仓库或仓库的地下室、半地下室
				A_1	A_2	A_1	A_2	A_1	A_2	A_2
甲	3、4项	一级	1	180	60	—	—	—	—	—
	1、2、5、6项	一、二级	1	750	250	—	—	—	—	—
乙	1、3、4项	一、二级	3	2000	500	900	300	—	—	—
		三级	1	500	250	—	—	—	—	—
	2、5、6项	一、二级	5	2800	700	1500	500	—	—	—
		三级	1	900	300	—	—	—	—	—
丙	1项	一、二级	5	4000	1000	2800	700	—	—	150
		三级	1	1200	400	—	—	—	—	—
	2项	一、二级	不限	6000	1500	4800	1200	4000	1000	300
		三级	3	2100	700	1200	400	—	—	—
丁		一、二级	不限	不限	3000	不限	1500	4800	1200	500
		三级	3	3000	1000	2100	500	—	—	—
		四级	1	2100	700	—	—	—	—	—
戊		一、二级	不限	不限	不限	不限	2000	6000	1500	1000
		三级	3	3000	1000	2100	700	—	—	—
		四级	1	2100	700	—	—	—	—	—

注：当仓库内设置自动灭火系统时，每座仓库最大允许占地面积和每个防火分区最大允许建筑面积可按本表的规定增加1.0倍。

3．地下建筑防火分区的划分

地下建筑包括建筑的地下室和独立建造的地下建筑。地下室大都是附属在工业与民用建筑物内的，其安全出口往往至少有一个与建筑物的地上部分相同，在发生火灾时，该出口既是疏散口，又是消防扑救口，易造成人员交叉混乱，疏散扑救困难，而且烟火还威胁地上建筑的安全。因此，地下室应用防火墙划分防火分区，其建筑面积应比地上建筑更严格，使疏散扑救工作量小，火灾过程中产生的热量、烟气少，火势控制较易，造成的经济损失小。甲、乙类生产场所不应设置在地下或半地下，甲、乙类仓库不应设置在地下或半地下。

地下室防火分区的最大允许建筑面积参见表6-1～表6-3。防火分区内设有自动灭火系统的部位，其建筑面积可按设置部位的面积增加1.0倍。

【思考与练习题】

1. 民用建筑防火分区是怎样划分的？

2. 工业建筑防火分区是怎样划分的？

第二节　主要防火分隔物

【学习目标】

1. 了解防火分隔物的重要性及作用。
2. 熟悉防火阀与排烟防火阀设置的部位和作用。
3. 掌握防火墙、防火门及防火窗设置的部位和作用。

要对建筑物进行防火分区划分，就只有通过防火分隔物来实现。具有一定耐火性能的防火分隔物可以保证建筑物的防火安全，防止火势由外部向内部，或由内部向外部，或在内部之间蔓延。它可以把建筑物内部空间分隔成若干个较小的防火空间，以此来控制火灾蔓延范围。

防火分隔物就是防火分区的边界构件，是具有阻止火势蔓延，能把整个建筑划分成若干个较小防火空间的建筑构件。防火分区之间主要用防火墙、防火门、防火窗及防火卷帘等防火分隔物进行分隔。

防火分隔物按阻止火灾蔓延方向分为水平防火分隔物和竖向防火分隔物。按安装方式分为固定防火分隔物和活动防火分隔物。

一、防火墙

防火墙是由不燃烧材料构成，具有一定耐火极限和耐久性，为防止火灾蔓延设置在建筑物基础上或钢筋混凝土框架上的竖向分隔墙体。防火墙是划分防火分区的主要建筑构件，用于隔断火势和烟气及其辐射热，防止火灾和烟气向其他防火区域蔓延。通常防火墙有内墙防火墙、外墙防火墙和室外独立防火墙三种类型。

防火墙是阻止火势蔓延的重要设施，因此要对防火墙的构造提出严格的要求，避免由于构造不够完善而失去其应有的防火分隔作用。防火墙上不应开设门、窗洞口，当必须开设时，应设置固定不可开启的或火灾时能自动关闭的甲级防火门、窗。对防火墙的耐火极限、燃烧性能、设置部位以及稳定性的构造要求是：

1）防火墙应为不燃烧体，耐火极限不应低于 3.00h。

2）防火墙应直接设置在建筑的基础或框架、梁等承重结构上。框架、梁等承重结构的耐火极限不应低于其上防火墙的耐火极限。防火墙应从楼地面基层隔断至梁、楼板底面基层。当高层厂房和高层仓库屋顶承重结构和屋面板的耐火极限低于 1.00h，其他建筑屋顶承重结构和屋面板的耐火极限低于 0.50h 时，防火墙应高出屋面 0.5m 以上，如图 6-1a 所示。其他情况下，防火墙可不高出屋面，但应设至屋面结构层的底面。

3）防火墙横截面中心线距天窗端面的水平距离小于 4.0m，且天窗端面为可燃性墙体时，应采取防止火势蔓延的措施，如图 6-1b 所示。

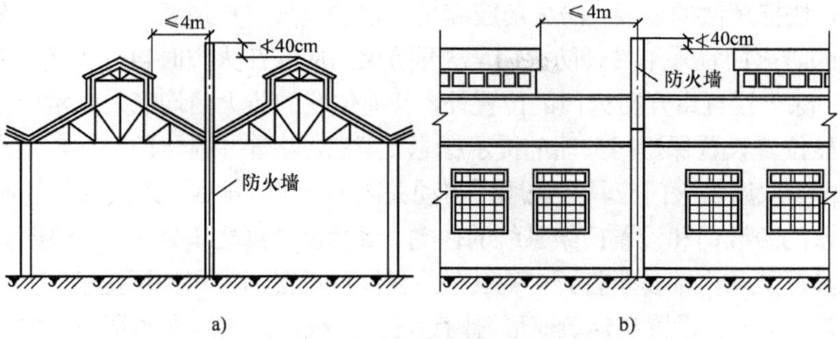

图 6-1 防火墙距天窗端面构造示意图

4）建筑外墙为难燃性墙体时，防火墙应凸出墙的外表面 0.4m 以上，且防火墙两侧的外墙应为宽度均不小于 2.0m 的不燃性墙体，其耐火极限不应低于该外墙的耐火极限。

建筑外墙为不燃性墙体时，防火墙可不凸出墙的外表面。紧靠防火墙两侧的门、窗洞口之间最近边缘的水平距离不应小于 2.0m；当采取了防止火灾水平蔓延的措施时，如装有固定窗扇的乙级防火窗或火灾时可自动关闭的乙级防火窗等，该距离可不限。

5）防火墙上不应开设门、窗洞口，必须开设时，应设置不可开启或火灾时能自动关闭的甲级防火门、窗。

6）可燃气体和甲、乙、丙类液体的管道严禁穿过防火墙。其他管道不宜穿过防火墙，必须穿过时，应采用防火封堵材料将墙与管道之间的空隙紧密填实。穿过防火墙处的管道保温材料，应采用不燃烧材料；当管道为难燃及可燃材质时，应在防火墙两侧的管道上采取防火措施。防火墙内不应设置排气道。

7）建筑内的防火墙不宜设置在转角处。如设置在转角附近，内转角两侧墙上的门、窗洞口之间最近边缘的水平距离不应小于 4.0m，采取设置不可开启或火灾时可自动关闭的乙级防火窗等防止火灾水平蔓延的措施时，该距离可不限。防火墙构造示意图如图 6-2 所示。

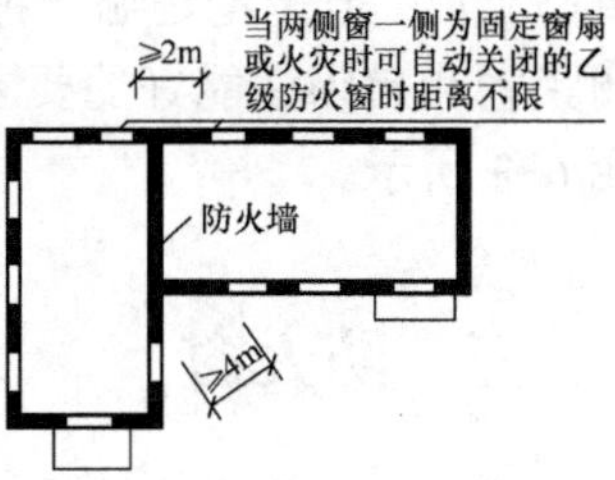

图 6-2 防火墙构造示意图

8）防火墙的构造应使防火墙任意一侧的屋架、梁及楼板等受到火灾的影响而破坏时，不致使防火墙倒塌。

防火隔墙是建筑内为防止火灾蔓延到相邻区域而设置的不低于一定耐火极限的不燃性实心墙。防火隔墙是防火墙的补充，可对有特殊防火要求的建筑（如厂房、仓库等）在防火分区之内用防火隔墙设置更小的防火区域。如在丙、丁类仓库内设置的办公室、休息室，应采用耐火极限不低于2.50h 的防火隔墙和不低于1.00h 的楼板与库房进行分隔，并应设置独立的安全出口。

二、防火门

为保证防火墙的阻火性能，防火墙上一般不应开设各种门、窗洞口。但有时为疏散通行或满足其他功能上的需要，不可避免要在防火墙上开设洞口，这就使防火墙有了薄弱部位。为此，当防火墙开设门洞时，应设置防火门。设置防火门的部位，一般为疏散门或安全出口。防火门是指发生火灾时能隔断火的门。防火门既是保持建筑防火分隔完整的主要物件之一，又是人员经过疏散出口或安全出口时需要开启的门，因此，防火门的开启方式、方向等均应满足紧急情况下人员迅速开启门、快捷疏散的需要。防火门应满足一定的设置与构造要求：第一，设置在建筑内经常有人通行处的防火门宜采用常开防火门。常开防火门应能在火灾时自行关闭，并应有信号反馈的功能。第二，除可设置常开防火门的位置外，其他位置的防火门均应采用常闭防火门。常闭防火门应在其明显位置设置保持门关闭的提示标志。第三，除管井检修门和住宅的户门外，防火门应具有自闭功能。双扇防火门应具有按顺序自动关闭的功能。第四，人员密集场所内平时需要控制人员随意出入的疏散门和设置门禁系统的住宅、宿舍及公寓建筑外门，应保证火灾时不需使用钥匙等任何工具即能从内部易于打开，并应在显著位置设置标志和使用提示。防火门应能在其内外两侧手动开启。第五，设置在建筑变形缝附近时，防火门应设置在楼层较多的一侧，并应保证防火门开启时门扇不跨越变形缝。第六，防火门平时关闭后应具有防烟性能。

防火门是具有一定耐火极限，并且在发生火灾时能自行关闭的门。防火门按耐火极限可分为甲、乙、丙三级。耐火极限不低于 1.50h 的防火门为甲级防火门，多用于防火墙或防火隔墙上；耐火极限不低于 1.00h 的为乙级防火门，多用于楼梯间和单元式住宅开向公共楼梯间的分户门；耐火极限不低于 0.50h 的为丙级防火门，适用于电缆井、管道井及排烟道等的井壁上，用作检查门。甲、乙、丙级防火门应符合 GB 12955—2008《防火门》的有关规定。

防火门按材料分为木质防火门、钢质防火门和复合材料防火门；按开启方式分为平开防火门和推拉防火门；按门扇结构分为镶玻璃防火门和不镶玻璃防火门。但无论是哪一种防火门，都必须满足关闭紧密和启闭性能好的要求。防火门结构示意图如图 6-3 所示。

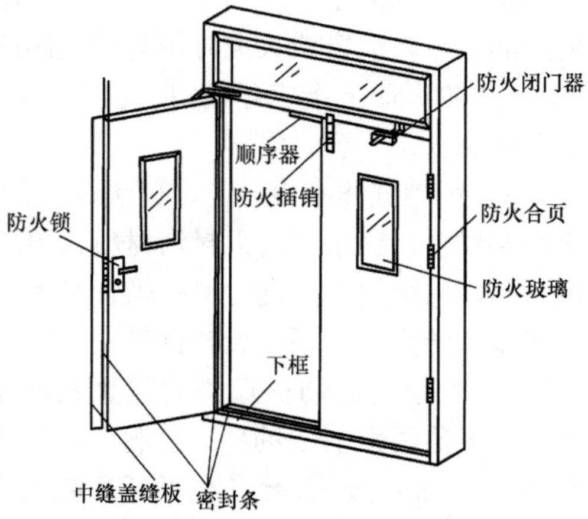

图 6-3 防火门结构示意图

三、防火窗

防火窗是指发生火灾时能隔断火的窗。防火窗通常用在防火墙或防火门上，对于减少火灾损失起着重要的作用。设置防火窗能隔离和阻止火势蔓延，同时发生火灾时，可以打开窗扇排出烟气。

防火窗分为钢质、木质两大系列以及单扇、双扇、多扇等多种规格。根据要求不同，防火窗也可分为固定窗扇防火窗和活动窗扇防火窗。按耐火极限可分为耐火极限不低于 1.50h 的甲级防火窗、耐火极限不低于 1.00h 的乙级防火窗及耐火极限不低于 0.50h 的丙级防火窗。防火窗结构示意图如图 6-4 所示。

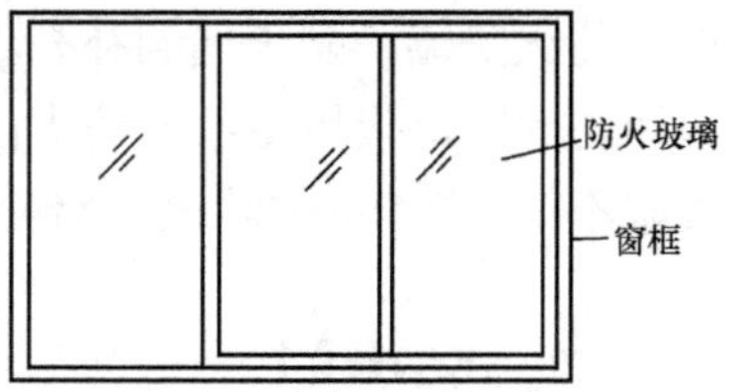

图 6-4 防火窗结构示意图

四、防火卷帘

防火卷帘也是一种防火分隔物，由帘面、手动索链、导轨、卷门机、箱体、框架及卷轴等组成。帘面一般是将钢板等金属板材或非金属复合防火材料，采用扣环或铰接方法组成可卷绕的链状平面而成的。防火分区采用防火卷帘分隔时，防火卷帘的耐火极限不应低于 3.00h。同时防火卷帘应具有防烟性能，与楼板、梁和墙及柱之间的空隙应采用防火材料封堵，如图 6-5 所示。

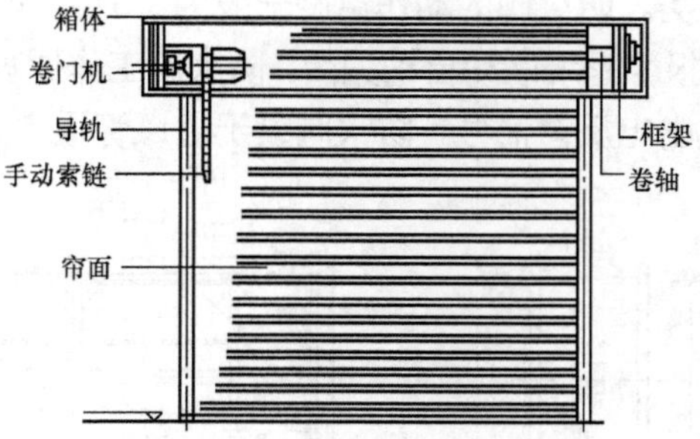

图 6-5　防火卷帘结构示意图

防火卷帘主要设置在空间和跨度较大而对人员疏散要求又较低的开口部位，比如自动扶梯周围，中庭与每层走道、过厅、房间相通的开口部位，生产车间中的大面积工艺洞口以及大面积建筑中设置防火墙有困难的部位等。在防火卷帘的设计和安装中有两个应该特别注意的问题，其一是安装卷帘的梁的底部与帘片上部的空间的处理。卷帘是靠其卷轴滚动的，在卷帘落下后其帘片上部和梁底之间必然留有一定的空间，应采用和卷帘主体耐火极限相同的固定帘片对这一空间进行分隔封堵，否则烟气和火势从这里蔓延，使防火卷帘失去分隔作用。其二是卷帘电动机的保护，因为电动机耐温一般低于 200℃，火灾时短时即被烧损，卷帘就失去了“活动防火分隔”的功能。其保护措施一般为将电动机装在不燃吊顶内，加保护罩（可用帘片或防火墙板制作）保护，并填充岩棉等不燃材料，在火灾情况下尽可能地延长其有效使用时间，充分发挥其“活动防火分隔”的作用。

防火分区间采用防火卷帘分隔时，应符合下列规定：

1）除中庭外，当防火分隔部位的宽度不大于 30m 时，防火卷帘的宽度不应大于 10m；当防火分隔部位的宽度大于 30m 时，防火卷帘的宽度不应大于该防火分隔部位宽度的 1/3，且地下建筑不应大于 20m。

2）防火卷帘的耐火极限不应低于对所设置部位的耐火极限要求。

当防火卷帘的耐火极限符合 GB/T 7633—2008《门和卷帘耐火试验方法》有关背火面温升的判定标准时，可不设置自动喷水灭火系统保护。

当防火卷帘的耐火极限符合 GB/T 7633—2008《门和卷帘耐火试验方法》有关背火面辐射热的判定标准时，应设置自动喷水灭火系统保护。自动喷水灭火系统的设计应符合 GB 50084—2001《自动喷水灭火系统设计规范》的有关规定，但其火灾延续时间不应小于对所设置部位对防火卷帘的耐火极限要求。

3）防火卷帘应具有防烟性能，与楼板、梁和墙、柱之间的空隙应采用防火封堵材料封堵。

4）需在火灾时自动降落的防火卷帘，应具有信号反馈的功能。

五、防火阀

防火阀是安装在通风、空调系统的送、回风管上，平时处于开启状态，火灾时当管道内气体温度达到 70℃时关闭，在一定时间内能满足耐火稳定性和耐火完整性要求，起隔烟阻火作用的阀门。防火阀一般由金属外框、金属阀片、转轴、易熔合金片、电动控制机构及弹簧等组成。防火阀按其动作形式通常有自垂翻板式和弹簧式两种；按其外形通常有圆形和矩形之分；按其叶片构成可分为单叶和多叶两类。防火阀的动作温度一般为 70℃，可手动关闭、手动复位及手动调节阀门角度，也可与火灾报警系统联动自动关闭。防火阀工作原理如图 6-6 所示。不管是自动关闭还是手动关闭，都能发出电反馈信号。防火阀设于通风管道上，平时处于开启状态。

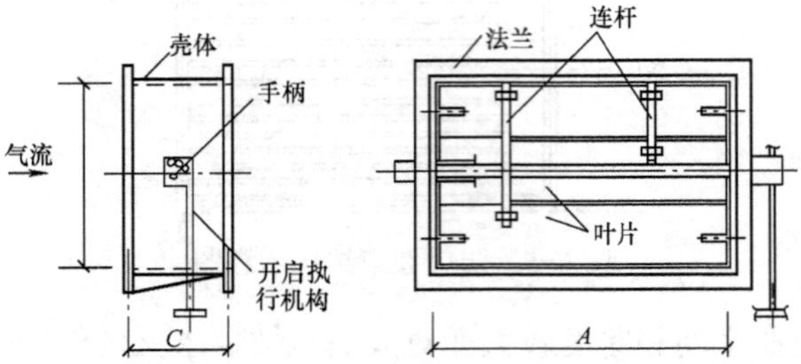

图 6-6　防火阀工作原理图

火灾实例表明，在有通风、空气调节系统的建筑物内发生火灾时，穿越楼板、墙体的垂直与水平风道是火势蔓延的主要途径。如某宾馆因电焊烧着风管可燃保温层引起火灾，火沿风管竖向孔洞向其他部位扩展，从底层烧到顶层，造成了巨大损失。在通风、空气调节系统管道上的适当位置设置防火阀，可以有效地防止这种情况的发生，阻止火势通过风管蔓延扩大，保证水平和竖向防火分区的可靠性。

因此，在有通风、空气调节系统的建筑防火设计中，设置防火阀的位置和构造应符合一定的规范要求：通风管道穿越不燃烧体楼板处应设防火阀；通风管道穿越防火墙处应设防烟防火阀，或在防火墙两侧分别设防火阀；风管穿过建筑物变形缝处的两侧，均应设防火阀；进入设有气体自动灭火系统房间的通风、空调管道上，应设防火阀等。防火阀安装位置如图 6-7 所示。

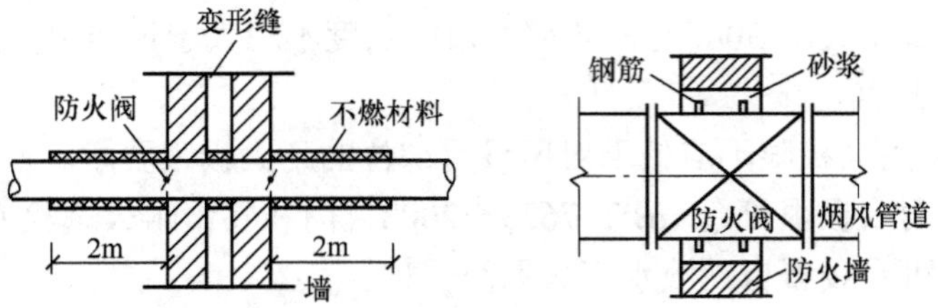

图 6-7　防火阀安装位置图

六、排烟防火阀

排烟防火阀是安装在排烟系统管道上，在一定时间内能满足耐火稳定性和耐火完整性要求，起隔烟阻火作用的阀门，其组成和形状与防火阀相似。它一般设置在排烟系统的风管上，具体的规定要求见第八章第四节内容。

【思考与练习题】

1．为什么要设置防火墙？防火墙的作用是什么？

2．为什么要设置防火门？防火门的作用是什么？

3．防火卷帘可以代替防火墙吗？为什么？

第三节　特殊部位防火分隔及其布置

【学习目标】

1．熟悉建筑特殊部位和房间的防火分隔措施。

2．掌握中庭、玻璃幕墙及自动扶梯的火灾危险性与防火设计要求。

对建筑特殊部位和房间进行防火分隔的目的与划分防火分区的目的是相同的，它是用耐火分隔物将建筑物内某些特殊部位、房间等加以分隔，阻止火势蔓延扩大的防火措施。但在划分的范围、分隔的对象及分隔的要求等方面与防火分区有所不同。

建筑中的各种竖向管井，是火势上下蔓延的主要途径，若防火分隔不当或未作适当防火处理，高温烟火会迅速传播扩大，造成扑救困难，危及人身安全，增大火灾损失。对建筑物中的这些部位的建筑构造应严格要求，采取相应的防火措施。

一、电梯井和机房的防火分隔

电梯是重要的垂直交通工具，电梯井一般都要与电梯厅、走道及其他房间相通，若在其中设有可燃气体和易燃、可燃液体、电线（缆），不但不安全，而且一旦失火会威胁其他管井及建筑物的安全。为此，对建筑物中的这些部位的建筑构造应严格要求，采取相应的防火措施。

1）消防电梯井、机房与相邻电梯井、机房之间应设置耐火极限不低于 2.00h 的防火隔墙，隔墙上的门应采用甲级防火门。

2）电梯井应单独设置。井内严禁敷设可燃气体和甲、乙、丙类液体管道，并不应敷设与电梯无关的电缆、电线等。井壁除开设电梯门洞和通气孔外，不应开设其他洞口。

二、电缆井、管道井等的防火分隔

建筑在满足使用功能的要求下，把供水、供电、监控、有线电视等的管线布置在各类竖向管井中，有利于管线的安全与维护，同时也使建筑内部空间更为整洁。但是发生火灾时竖向管井也是火灾蔓延通道，因此，对建筑中的竖向管井要采取相应的防火措施。

1）建筑内的电缆井、管道井，应在每层楼板处采用不低于楼板耐火极限的不燃烧体或防火封堵材料进行封堵。

2）建筑内的电缆井、管道井与房间、走道等相连通的孔洞应采用防火封堵材料进行封堵。

3）为阻止火焰从门、窗、洞口向上延烧，底层停车库、修车库外墙的门、窗、洞口上方，组合多层停车库与其他部分隔的外墙门、窗、洞口上方，均应设置宽度不小于 1.0m 且耐火极限不低于 1.00h 的不燃烧体防火挑檐，或上、下层窗间墙的高度应保持不小于 1.2m。对于这一要求，国外的试验证明，当上、下窗间墙高度为 0.9m（其楼板以上部分不小于 0.6m）时，可延缓上层的结构和家具的着火时间达 0.25h，而当防火挑檐突出墙面 0.6m 时，不足以防止火灾向上下扩散。

三、中庭的火灾危险性及防火技术要求

中庭是在建筑内部贯通上、下层，营造具有室外自然环境美的室内共享空间。在人员较集中的建筑中，如宾馆、办公楼、商业大楼及多功能写字楼等，设计师围绕建筑物外墙，常用大型建筑物内部上、下层贯通的大空间作为核心，以其丰富的想象力创造出室内类似外部的自然美妙环境。为了满足建筑物造型上的需要，中庭的高度不等，有的与建筑物同高，有的布置在建筑物的上部或下部几层。这为防火设计提出了一个新的问题，即如何在这种大空间建筑中保证人员的安全和防止烟火的蔓延。

（一）火灾危险性

1．火势蔓延快

中庭一旦起火，火势可以不受限制地急剧扩大。中庭空间由于受到自身条件的限制，一旦具有类似室外火灾的环境条件，燃烧会从“通风支配型”转变为“燃烧支配型”，因此，极易使火势迅速扩大。

2．烟气扩散快

中庭起火，促使烟气急剧扩散。由于中庭空间形似烟囱，因此，易产生烟囱效应。若在中庭下层发生火灾，则烟气便会十分容易地进入中庭空间；若在中庭上层发生火灾，则中庭空间的烟气不能向外排出时就会向周围建筑物中扩散，并导致整个建筑物全部起火。

3．扑救和疏散十分困难

中庭起火时，由于烟气的迅速扩散，有必要同时对整个建筑物内的人员进行疏散，因而增加了疏散的难度和工作量。

4．火灾预防难

中庭空间的顶棚很高，采用以往的火灾自动报警和自动喷水灭火装置不能达到火灾早期探测和火灾初起时灭火的效果。因为顶棚太高，即使在顶棚下设置了探测器及喷头，也很难在起火初期发挥作用，因而也就不能有效地控制火灾在楼层间蔓延。

5．灭火和救援工作难

火灾迅速蔓延成空间立体火灾，很难正确判断应当从何处切断火势，并组织灭火。烟气迅速扩散并充满中庭，严重影响人员疏散和灭火行动，难以确定起火点，难以寻找和营救尚未撤离火场的人员。

（二）防火构造要求

当在建筑物内设置中庭时，其防火分区的建筑面积应按上、下层相连通的建筑面积叠加计算。当相连通楼层的建筑面积之和大于一个防火分区的建筑面积时，应符合下列规定：

1）中庭应与周围空间进行防火分隔。采用防火玻璃时，防火玻璃与其固定部件整体的耐火极限不应低于 1.00h，但采用 C 类防火玻璃时，还应设置闭式自动喷水灭火系统；采用防火卷帘时，其耐火极限不应低于 3.00h，并应符合防火卷帘的相关规定；采用防火门窗时，应为火灾时能自行关闭的甲级防火门窗。

2）高层建筑内的中庭回廊应设置自动喷水灭火系统和火灾自动报警系统。
3）中庭内应设置排烟设施。可以采用自然排烟或机械排烟方式进行排烟。

四、玻璃幕墙的火灾危害及防火构造要求

随着科学技术和工业生产的发展，玻璃幕墙这种外墙装饰材料得到了广泛的应用。玻璃幕墙装饰在建筑物的外立面，使建筑物显得别具一格，光亮、明快和挺拔，在色彩、光泽方面给人层层交错、景物丰富的全新景象。玻璃幕墙起反射作用，没有阴影，通过它可以得到最简洁的造型；同时，它映现出周围的景色，可以得到丰富多彩的艺术效果。

（一）玻璃幕墙及其火灾危害性

玻璃幕墙给建筑带来了熠熠生辉、光彩照人的效果，但是玻璃幕墙会造成光线大面积反射、窗多数不能开启及通风效果差。同时，玻璃的保温性能差，能耗大，日后运行、维护费用高等。最主要的是玻璃幕墙受到火烧或受高温时，玻璃易破碎，大量爆裂掉落，火势迅速向外蔓延，酿成大火，危及人们生命和财产的安全。玻璃幕墙建筑室内起火后，火场温度升高，当玻璃温度达到 250℃后，会因为温度应力的作用使玻璃炸裂、破碎，大量碎玻璃从高空坠落，危及建筑周围行人的安全。玻璃破碎后，大量含氧的新鲜空气会从这些空洞涌入火场，加快燃烧速度，使火势进入全面燃烧阶段，迅速蔓延。随着火势的加大，大火沿玻璃幕墙表面纵向蔓延，造成火灾在垂直方向的扩散，形成立体火灾。同时由于玻璃幕墙建筑物安装构造的要求，在垂直的玻璃幕墙与水平楼板之间留有缝隙。幕墙和楼板之间的缝隙，如果没有进行密封或密封不好，将会形成烟囱效应，使得烟火通过缝隙向上或向下扩散，造成火势加速蔓延。据数据统计，在建筑火灾中死亡的人员有 80%是因为烟气中毒、窒息，所以这些缝隙将会成为重大火灾隐患。

（二）玻璃幕墙的防火构造要求

鉴于玻璃幕墙有独特的外墙效果和美观的建筑造型，成为众多建筑师的钟爱。但由于存在以上的火灾危险性，玻璃幕墙的防火设计应符合下列规定：

建筑幕墙应在每层楼板外沿设置耐火极限不低于 1.00h、高度不低于 0.8m 的不燃烧体实体墙或防火玻璃。幕墙与每层楼板、隔墙处的缝隙应采用防火封堵材料进行封堵。呼吸式双层幕墙系统中靠近室内侧的幕墙，其耐火极限不应低于 1.00h。当室内设置自动喷水灭火系统、窗槛墙高度小于 0.8m，或室内未设置自动喷水灭火系统、窗槛墙高度小于 1.2m 时，建筑的外窗应采用 B 类防火窗。当建筑高度小于 50m 时，该防火窗的耐火极限不应小于 0.50h；当建筑高度大于 50m 时，该防火窗的耐火极限不应小于 1.00h。

五、自动扶梯的防火分隔措施

自动扶梯是建筑物楼层间连续运输效率最高的载客设备，适用于车站、地铁、空港、商场及综合大厦的大厅等人流量较大的场所。自动扶梯可正、逆向运行，在停机时，也可作为临时楼梯使用。自动扶梯不仅方便了顾客，而且也为建筑室内环境增色不少。

随着建设标准的提高，规模的扩大，功能综合化的发展，自动扶梯的使用越来越广。大型公共建筑内，常设有自动扶梯。由于自动扶梯体积庞大，而且往往成组设置而占地宽阔、开口大，火灾发生时易于蔓延扩大，因此，建筑内设有自动扶梯时，其防火分区的建筑面积应按上下层相连通的建筑面积叠加计算，且不能大于防火分区面积规定。

（一）自动扶梯的火灾危险性

首先，由于设置自动扶梯，使得楼层空间连通，可能导致防火分区面积超过规范的规定。一旦某层失火，烟火很快会通过自动扶梯空间上下蔓延，形成难以控制之势。若以防火隔墙分隔，则不能体现自动扶梯豪华、壮观之势，若以防火卷帘分隔，会有卷帘之下空间被占用、卷帘长期不用失灵等问题。总之，自动扶梯的竖向空间形成了竖向防火分区的薄弱环节。火灾实例证明，当某处着火后，若发现晚、报警迟，往往形成大面积立体火灾，致使自动扶梯自身也遭火烧毁。

此外，自动扶梯运行及使用过程中，可能由于机器摩擦、电气设备故障等原因引起火灾事故。

（二）自动扶梯防火分隔措施

1）在自动扶梯上方四周安装喷水头，喷水间距为 2.00m 左右，并设挡烟垂壁。发生火灾时，喷头开启喷水，可以起到防火分隔作用，阻止火势竖向蔓延。

2）在自动扶梯四周安装水幕喷头。目前我国已建成的一些安装有自动扶梯的高层建筑中，采用这种方法较多。如北京京广中心地上 1～4 层的自动扶梯洞口的分隔处就设置了水幕系统。

3）在自动扶梯四周设置防火卷帘，或在其两对面设防火卷帘，另外两对面设置固定防火墙，如北京国际贸易中心和长富宫饭店的自动扶梯就采用了这种方法。设防火卷帘的地方，宜在卷帘旁设一扇平开甲级防火门，以利疏散。

另外，对于楼板上的洞口，还可采用设水平防火卷帘或侧向防火卷帘的防火分隔方式。

【思考与练习题】

1．中庭的火灾危险性表现在哪几个方面？其防火构造要求有哪些？

2．玻璃幕墙的火灾危险性表现在哪几个方面？其防火构造要求有哪些？

3．自动扶梯的防火分隔措施有哪些？

第七章　建筑消防安全疏散

建筑物发生火灾时，室内人员必须尽快撤离，室内的物资要尽快抢救出来，以减少火灾损失。消防人员也要迅速接近起火部位展开灭火救援工作。因此，在建筑设计时需要认真考虑安全疏散问题。安全疏散设计是建筑防火设计的一项重要内容，应根据建筑物的使用性质、容纳人数、面积大小及人们在火灾时的生理和心理状态特点，合理地设置安全疏散设施，为人员的安全疏散提供有利条件。

第一节　概　　述

【学习目标】

1. 了解安全疏散的重要性。
2. 熟悉安全疏散的概念和安全疏散允许时间。
3. 掌握安全疏散路线及设施布置要求。

安全疏散设计是建筑防火设计的一项重要内容，也是建筑消防安全的核心内容。保证建筑内的人员在火灾情况下的安全是一个涉及建筑结构、火灾发展过程、建筑消防设施配置和人员行为等多种基本因素的复杂问题。安全疏散设计的目标就是要保证建筑内人员疏散完毕的时间必须小于火灾发展到危险状态的时间。

一、安全疏散的概念

安全疏散就是指建筑发生火灾时，确保建筑内所有人员及时撤离建筑物到达安全地点的措施。

建筑物发生火灾时，为避免室内人员因火烧、缺氧窒息、烟雾中毒和房屋倒塌造成伤害，要尽快疏散人员、转移室内物资和财产，以减少火灾造成的损失；另外，消防人员必须迅速赶到火灾现场进行灭火救援行动。这些行动都必须借助于建筑物内的安全疏散设施来实施。

通过建筑火灾统计分析，凡造成重大人员伤亡的火灾，大部分是因没有可靠的安全疏散设施或管理不善，人员不能及时疏散到安全区域造成的。有的疏散楼梯不封闭、不防烟；有的疏散出口数量少，疏散宽度不够；有的在安全出口上锁，疏散通道堵塞；有的缺少火灾事故照明和疏散指示标志。可见，如何根据不同使用性质、不同火灾危险性的建筑物，通过安全疏散设施的合理设置，为建筑物内人员和物资的安全疏散提供条件，是建筑防火设计的重要内容，应当引起重视。

二、影响安全疏散的因素

影响安全疏散的因素包括人员因素和环境因素。

（一）人员因素

1. 火灾时人员的疏散阶段

（1）察觉　这一阶段是指从火灾发生一直到人员感受到外部刺激或信号，这些刺激或者信号能告诉人们有异常情况发生。这种刺激或信号可能是来自发现烟味、听见或者看见火灾、通过自动报警系统或他人传来的信息等。在许多案例中，察觉的时间有时会很长，尤其是在没有安装自动报警系统的建筑中。在随后的疏散或者在选择行动的过程中，人员会接受新的信号和采取新的行动。

（2）反应　反应阶段就是从开始意识到火灾发生到去采取一些行动。首先，这些信号必须被识别。然后，对这些信号产生采取某个行动的冲动，即人员决定做点什么。采取的行动可能是要去调查发生了什么事情，即寻找更进一步的信息，也可能去试图灭火、帮助他人、抢救财产、通知消防队、离开建筑物，甚至忽视危险。在反应阶段所花的时间通常要比察觉和疏散阶段长，这意味着预测和控制这个阶段是非常重要的。

（3）移动　移动阶段就是人们离开起火建筑物进行疏散的阶段。这里称为“移动”的阶段实际上是“疏散”阶段，不过在此处，“疏散”的意思是指从火灾发生一直到人员安全离开建筑物的整个过程。不同人之间的行走速度有差异，并且某些人甚至会需要他人的帮助，例如残疾人和老人，这可能会影响预测。

2. 火灾时人的心理与行为

建筑物发生火灾时，被困人员处于生命攸关的紧急时刻，往往因不够冷静而失去应有的判断力，常常会有如下行动。

1）冲向经常使用的出入口和楼梯，在逃生路上如遇烟火便本能地怀着恐惧的心理，寻求其他退路。

2）习惯于冲向明亮的方向和开阔的空间，人们具有朝着光明处运动的习性，以明亮的方向为行动目标。如从房间内出来后走廊里充满了烟雾，这时如果一个方向黑暗，相反的方向明亮的话，人们必然就向明亮的方向冲去，有时也会因危险迫近而陷入极度慌乱之中，逃向狭小角落，在出现死亡事故的火灾中，常可以看到遇难者缩在房间、厕所或者头塞进橱柜而死亡的例子。

3）对烟火怀有恐惧心理，越慌乱越容易追随他人的行动。对红色火焰怀有恐惧心理是人们的习性，一旦被烟火包围，则不知所措，因此，即使在安全处，发现他人有行动，便马上追随。

4）紧急情况下能发挥出意想不到的力量。在紧急情况下，人们失去了正常的理智，求生欲望使其全部精力集中应付紧急情况，发挥出平时意想不到的力量。如遇火灾时，从高处往下跳，这样往往会造成一幕幕死亡惨剧。

（二）环境因素

1．起火后火焰辐射热、烟气和烟尘颗粒对人的威胁

火灾时，受火焰辐射热及高温烟气作用，环境温度可高达数百度，对人员产生很大的影响。研究表明，当人体吸入大量热量时，血压会急剧下降，毛细血管破坏，从而导致血液循环系统破坏；另一方面，在高温作用下，人会心跳加速，大量出汗，并因脱水而死亡。

火灾中产生的烟气，不仅会引起人员的中毒和窒息，而且大量的烟雾及烟尘颗粒的弥漫，会降低能见距离，导致人员辨认目标的能力大大降低，并使事故照明和疏散标志的作用减弱，使人员在疏散时往往看不清周围的环境，甚至辨认不清疏散方向，找不到安全出口。当能见距离降到3m以下时，逃离火场就十分困难了。

2．建筑结构的倒塌破坏

在火灾中，由于受到燃烧、高温的作用，建筑结构会发生倒塌。建筑结构的倒塌破坏，不仅会造成巨大的物质损失，还会造成人员的严重伤亡。比如，木结构建筑遇火后，表面被烧蚀，使构件承载强度降低，截面面积减小，以致不能承受荷载而倒塌。对建筑构件而言，耐火性能好，倒塌的可能性就小，允许人员全部安全地离开建筑物的疏散时间就越长。比如影剧院观众厅，由于建筑材料的条件决定了吊顶的耐火极限只有 0.25h，它限定了允许疏散时间不能超过这个极限所规定的时间要求。

上述两个方面情况，在火灾发生时，都会影响人们的安全疏散。鉴于火灾发生的同时，也伴随着产生有毒烟气、高热及缺氧现象，这一过程的时间一般比构件达到耐火极限的时间要短，所以，在确定建筑物安全疏散允许时间时，首先考虑的是火场上烟气中毒的因素。另外，还应考虑到人们发现火灾时，往往不是火灾的开始燃烧阶段，而是火势已扩大到一定的燃烧程度，以及火灾时人们的心理状态与行动特点。

三、安全疏散允许时间

安全疏散允许时间是指建筑物发生火灾时，人员离开着火建筑物到达安全区域的时间，是确定安全疏散的距离、安全通道的宽度及安全出口数量的重要依据。在进行安全疏散设计时，实际疏散时间应小于或等于允许疏散时间。

建筑物内总疏散时间可用下式计算

$$t=t_1+L_1/v_1+L_2/v_2 \leqslant \text{允许疏散时间} \tag{7-1}$$

式中 t——建筑物内总疏散时间；

t_1——自房间内最远点到房间门的疏散时间（min）；

L_1——从房间门到出口或楼梯间的最大允许距离（位于两个楼梯间的走道距离，考虑到其中一个楼梯附近走道被火封住时，走道距离可近似地考虑为两个楼梯间之间的距离）（m）；

v_1——人员在走道上行走的速度（m/min）；

L_2——最高层的人由楼梯下来行走的距离（包括两部分：一为各层楼梯水平长度的总和，二为各层休息平台转弯长度的总和）（m）；

v_2——人员下楼梯的速度（m/min）。

建筑物安全疏散允许时间，就是保证人们安全地完全离开建筑物的时间。建筑发生火灾时，人员疏散越快，造成的伤亡就会减少。因此，需要有一定的时间，使人员在建筑物吊顶塌落、烟气中毒等有害因素达到致命的程度以前疏散出去。该时间较短，一般只有几分钟。在建筑防火设计中，高层民用建筑可按 5～7min 考虑；对普通一、二级耐火等级的民用建筑，允许疏散时间可定为 6min；对三、四级耐火等级的民用建筑可定为 2～4min；人员密集的公共建筑，一、二级耐火等级的应为 5min，三级耐火等级的不应超过 3min，其中疏散出观众厅的时间，一、二级耐火等级的不应超过 2min，三级耐火等级的不应超过 1.5min。

四、安全疏散路线及设施布置要求

人员的疏散路线一般是按照从着火房间内到房间门，从房间门口到楼梯间，从楼梯间入口到楼梯间出口，再从楼梯间出口到室外安全区域的顺序组成的。安全疏散路线及设施布置的设计要满足人员在火灾状态下的疏散要求。

1）在建筑物内的任一房间或部位，宜同时有两个或两个以上的疏散方向可供疏散。尽量避免把疏散走道布置成袋形，因为袋形走道的致命弱点是只有一个疏散方向，火灾时一旦这个方向被烟火堵住，其走道内的人员就很难安全脱险。

2）疏散路线要简捷明了，便于寻找、辨别。考虑到紧急疏散时人们缺乏思考疏散方法的能力和时间紧迫，所以疏散路线要简捷，易于辨认，并须设置简明易懂、醒目易见的疏散指示标志。

3）合理布置疏散路线。所谓合理的安全疏散路线，是指火灾时紧急疏散的路线越来越安全。就是说，应该做到人们从着火房间或部位，跑到公共走道，再由公共走道到达疏散楼梯间，然后由疏散楼梯间到室外或其他安全处，一步比一步安全。

4）疏散路线设计要符合人们的习惯要求。人们在紧急情况下，习惯走平常熟悉的路线，因此在布置疏散楼梯的位置时，应将其靠近经常使用的电梯间布置，使经常使用的路线与火灾时紧急疏散的路线有机地结合起来，这样有利于迅速而安全地疏散人员。此外，要利用明显的标志引导人们走向安全的疏散路线。

5）疏散走道不宜布置成“S”形或“U”形，也不宜变化疏散走道宽度，走道上方不能有妨碍安全疏散的凸出物，下面不能有突然改变地面标高的踏步。合理设置各种安全疏散设施，做好构造设计。如疏散楼梯，要确定好数量、布置位置及形式等，其防火分隔、楼梯宽度以及其他构造都要满足规范的有关要求，以确保其在建筑发生火灾时充分发挥作用，保证人员安全疏散。

【思考与练习题】

1．简述安全疏散的概念。

2．安全疏散设计的意义及重点有哪些内容？

3．安全疏散路线及设施布置有哪些要求？

4．什么是安全疏散允许时间？

第二节 安 全 出 口

【学习目标】

1. 了解安全出口和疏散出口的概念。
2. 熟悉安全出口的数量要求。
3. 掌握安全出口数量、宽度及距离的要求。

安全出口是指供人员疏散的直通室内外安全区域（如楼梯间及防烟前室、室外楼梯、室外地平面或避难走道等）的出口。疏散出口则指的是房间连通疏散走道或过厅的门，同时还包括安全出口。安全出口和疏散出口既有区别又有联系。

一、安全出口的布置要求

（一）疏散楼梯

1. 平面布置

为了提高疏散楼梯的安全度与可靠度，在进行疏散楼梯的平面布置时，应满足下列防火要求：

1）疏散楼梯宜设置在标准层（或防火分区）的两端，以便于为人们提供两个不同方向的疏散路线。

2）疏散楼梯宜靠近电梯设置。发生火灾时，人们习惯于利用经常走的路线进行疏散，而电梯则是人们经常使用的垂直交通运输工具，靠近电梯设置疏散楼梯，可将常用路线与紧急疏散路线相结合，有利于人们迅速进行疏散。当电梯厅为开敞式时，为避免因高温烟气进入电梯井而切断通往疏散楼梯的通道，两者之间应进行防火分隔。

3）疏散楼梯宜靠外墙设置。这种布置方式有利于采用带开敞前室的疏散楼梯间，同时，也便于自然采光、通风和进行火灾的扑救。

2. 竖向布置

1）疏散楼梯应保持上下畅通。高层建筑的疏散楼梯宜通至平屋顶，以便当向下疏散的道路发生堵塞或被烟气切断时，人员能上到屋顶暂时避难，等待消防部门利用登高车或直升机进行救援。

2）应避免不同的人流路线相互交叉。高层主体建筑的疏散楼梯不宜和裙房合用，以免紧急疏散时人流发生冲突，引起堵塞和意外伤亡。

（二）疏散门

疏散门是人员安全疏散的主要出口，其设置应满足下列要求：

1）门应向疏散方向开启，但房间内人数不多时（如 60 人以下，而且每樘门的人数不超过 30 人），因疏散条件比较缓和，也可不严格限制。

2）供人员疏散使用的门，应采用平开门，不应采用悬吊门、推拉门，严禁采用旋转门；

仓库的疏散用门应为向疏散方向开启的太平门，首层靠外墙的外侧可设推拉门或卷帘门，但甲、乙类仓库不应采用推拉门或卷帘门。

3）当门开启时，门扇不应影响疏散人员的紧急疏散。

4）剧院、电影院、礼堂、体育馆等人员密集场所中有等场需要的入场门不应作为观众厅的疏散门。

5）人员密集的公共场所，疏散门不应设置门槛，紧靠门口 1.4m 范围内不应设置踏步，观众厅的太平门宜安装便于自内向外开启的自动门闩。

6）自动启闭的门应有手动开启装置。

7）当门开启后，门扇不应影响疏散走道和平台的宽度。

8）人员密集场所需要设置控制人员随意出入的疏散用门；设有门禁系统的居住建筑外门，应保证火灾时不需使用钥匙等任何工具即能从内部打开，并应在显著位置设置标志和使用提示。

二、安全出口的数量

发生火灾时，为了能够迅速安全地疏散人员和物资，减少火灾损失，建筑物内应设有足够数量的安全出口。

（一）民用建筑

民用建筑的安全出口数量和布置应符合下列要求：

1）无论单、多层还是高层民用建筑，建筑内每个防火分区的安全出口一般应设置 2 个或 2 个以上。

2）单、多层民用建筑的安全出口应分散布置，其相邻两个安全出口最近边缘之间的水平距离不应小于 5m。

3）对于人员密集的剧场、电影院及多功能餐厅等，应按每个安全出口的平均疏散人数不超过 250 人计算确定。当容纳人数超过 2 000 人时，其超过 2 000 人的部分，可按每个安全出口的平均疏散人数不超过 400 人计算。体育馆、观众厅安全出口的数量应按平均疏散的人数不宜超过 400～700 人计算。

4）对层数不多、使用面积不大及使用人数又较少（均有疏散能力）的公共建筑物，可设 1 个安全出口。如一个房间的面积不超过 $60m^2$，且人数不超过 50 人时，可设 1 个门；面积不大于 $50m^2$ 的歌舞娱乐、游艺及放映场所可设 1 个门；除医院、托儿所及幼儿园以外的 2、3 层建筑物，当 2、3 层容纳人数不多、占地面积又不大时，也可只设 1 部疏散楼梯；单层公共建筑（托儿所、幼儿园除外）如面积不超过 $200m^2$，且人数不超过 50 人时，可设 1 个直通室外的安全出口。

5）位于走道尽端的房间，有时受平面限制，设置 2 个或多个门较困难，因此，除了歌舞娱乐、游艺及放映场所和托幼建筑外，对于高层建筑，位于走道尽端且房间面积不大于 $75m^2$ 时，可设 1 个疏散门。对于多层建筑，位于走道尽端的房间内由最远一点到房间门口的直线距离不超过 14m，且人数不超过 80 人时，也可设置一个向外开启的门，但门的净宽不应小于 1.4m。

6）地下、半地下建筑，面积不超过 $50m^2$ 且人数不超过 10 人时，可设 1 个疏散门。

（二）厂房和仓库

1）厂房安全出口的数量不应少于两个，但符合下列要求时也可只设一个：

① 甲类厂房，每层面积不超过 100m²，且同一时间内的生产人数不超过 5 人。

② 乙类厂房，每层面积不超过 150m²，且同一时间内的生产人数不超过 10 人。

③ 丙类厂房，每层面积不超过 250m²，且同一时间内的生产人数不超过 20 人。

④ 丁、戊类厂房，每层面积不超过 400m²，且同一时间内的生产人数不超过 30 人。

2）厂房地下室、半地下室的安全出口数量不应少于两个，但面积不超过 50m²，且人数不超过 10 人时也可只设一个。

（三）库房

1）为了在发生火灾时能够迅速疏散人员和物资，库房或库房的每个隔间（冷库除外）的安全出口数量不宜少于两个，但对面积不超过 100m² 的库房隔间，因其面积较小，可放宽要求。

2）多层库房，当占地面积不超过 300m² 时，可以只设一部疏散楼梯，但对高层库房应采用封闭或防烟楼梯间。

3）除冷库外，库房的地下室、半地下室的安全出口数量不应少于两个，但面积不超过 100m² 时，可只设一个。

三、安全出口的宽度

安全出口的宽度如果不足，会延长疏散时间，影响安全疏散。安全出口的宽度可通过使用人数和百人宽度指标计算确定。

（一）百人宽度指标

百人宽度指标是指每百人在允许疏散时间内，以单股人流形式疏散所需的疏散宽度，即

$$百人宽度指标=\frac{N}{At}b \tag{7-2}$$

式中 N——疏散人数（100 人）；

t——允许疏散时间（min）；

A——单股人流通行能力（平、坡地面为 43 人/min，阶梯地面为 37 人/min）；

b——单股人流宽度，0.55～0.60m。

防火规范中规定的百人宽度指标，是根据上式并考虑其他影响因素后，通过计算和调整得出的。

（二）民用建筑的百人宽度指标

1）学校、商店、办公楼及候车室等民用建筑的底层疏散外门、楼梯和走道的各自总宽度应按表 7-1 的要求计算确定。

表 7-1 疏散走道、安全出口、疏散楼梯和房间疏散门每 100 人的净宽度

（单位：m）

建筑层数	耐火等级		
	一、二级	三　级	四　级
地上一、二层	0.65	0.75	1.00
地上三层	0.75	1.00	—
地上四层及以上	1.00	1.25	—
与地面出入口地坪的高差不大于 10m 的地下层	0.75	—	—
与地面出入口地坪的高差大于 10m 的地下层	1.00	—	—

2）剧院、电影院及礼堂等人员密集的公共场所，其观众厅的疏散内门和观众厅外的疏散外门、楼梯和走道的各自总宽度，应按表 7-2 要求计算确定。

表 7-2 剧场、电影院、礼堂等场所每 100 人所需最小疏散净宽度

（单位：m）

疏散部位 \ 耐火等级 \ 观众厅座位数/座		≤2 500	≤1 200
		一、二级	三　级
门和走道	平坡地面	0.65	0.85
	阶梯地面	0.75	1.00
楼梯		0.75	1.00

3）对于人员更加密集的体育馆观众厅的疏散门以及观众厅的疏散内门、外门、走道和楼梯的各自总宽度，应按表 7-3 要求计算确定。

表 7-3 体育馆每 100 人所需最小疏散净宽度

（单位：m）

疏散部位 \ 观众厅座位数范围/座		3 000～5 000	5 001～10 000	10 001～20 000
门和走道	平坡地面	0.43	0.37	0.32
	阶梯地面	0.50	0.43	0.37
楼梯		0.50	0.43	0.37

注：表中较大座位数档次按规定指标计算出来的疏散总宽度，不应小于相邻较小座位数档次按其最多座位数计算出来的疏散总宽度。

4）高层民用建筑的疏散外门、走道和楼梯的各自总宽度，应按每百人 1m 计算确定。

5）当建筑物使用人数不多，其安全出口的宽度经计算数值又很小时，为便于人员疏散，首层疏散外门、楼梯和走道还应满足最小宽度的要求。

① 普通民用建筑疏散走道和楼梯的最小宽度不应小于 1.1m；不超过六层的单元式住宅一侧设有栏杆的疏散楼梯，其最小宽度可不小于 1m。

② 人员密集的公共场所，其疏散门的最小宽度不应小于 1.4m，室外疏散小巷的宽度不应小于 3m。

③ 高层建筑的疏散楼梯、首层疏散外门和疏散走道的最小净宽不应小于表 7-4 的要求。

表 7-4 高层建筑的疏散楼梯、首层疏散外门和疏散走道的最小净宽度

（单位：m）

高层建筑	疏散楼梯	首层疏散外门	疏散走道	
			单面布房	双面布房
医疗建筑	1.30	1.30	1.40	1.50
其他建筑	1.20	1.20	1.30	1.40

6）电影院、剧场、礼堂及体育馆等观众厅内的疏散走道宽度及座位排列应满足下列要求：

① 剧院、电影院、礼堂及体育馆等人员密集的公共场所，其观众厅内疏散的宽度应按其通过人数每百人不小于 0.6m 计算确定，但最小净宽不应小于 1m，边走道不应小于 0.8m。

② 在布置座位时，为疏散方便，横走道之间的座位排数不宜超过 20 排，纵走道之间的座位数：剧场、电影院及礼堂等，每排不宜超过 22 个；体育馆，每排不宜超过 26 个；前后排座椅的排距不小于 0.90m 时，可增加 1.0 倍，但不得超过 50 个；仅一侧有纵走道时，座位数应减少一半。

四、到安全出口的距离

安全疏散距离直接影响疏散时间和建筑物内人员的安全。限制安全疏散距离的目的，在于缩短疏散时间，使人们尽快疏散到安全地点。

（一）从房间内的最远点到房门或住宅户门的距离

1）为了保障房间内的人员能够迅速疏散，从房间内最远点到房门或住宅户门的距离不宜超过 15m。

2）对人员密集的公共场所，如商场营业大厅及附设在高层建筑内的影剧院、餐厅、大型会议室等，考虑其特殊使用要求，从房间内最远点到房门的距离通常不宜超过 30m。

（二）从房门（或住宅户门）到最近安全出口的距离

1．影响安全疏散距离的各种因素

（1）发生火灾时高温烟气对人的影响　据火场实测，人在烟雾中通过的极限距离一般不超过 30m，故从房门（或住宅户门）到最近的安全出口距离不宜超过 30m。

（2）使用建筑物的人员素质情况　如医院病房楼、托幼建筑等，使用这类建筑的人不是病人就是小孩，都缺乏独立疏散能力，故此类建筑应从严要求。

（3）人员密集程度　人员密集的建筑物发生火灾时容易出现拥挤、混乱等情况，故此类建筑的安全疏散距离宜短不宜长，短则便于疏散，长则易发生伤亡事故。

（4）人员对疏散路线的熟悉程度　一般来说，发生火灾时熟悉疏散路线的人不易受阻，不熟悉疏散路线的人容易惊慌，且不易找到出口，影响疏散时间。

2．从房门（或住宅户门）到最近的安全出口的距离

1）直通疏散走道的房间疏散门至最近安全出口的最大距离应符合表 7-5 的规定。

表 7-5　直通疏散走道的房间疏散门至最近安全出口的最大距离

（单位：m）

名称			位于两个安全出口之间的疏散门			位于袋形走道两侧或尽端的疏散门		
			耐火等级			耐火等级		
			一、二级	三级	四级	一、二级	三级	四级
托儿所、幼儿园及老年人建筑			25	20	15	20	15	10
歌舞娱乐放映游艺场所			25	20	15	9	—	—
医疗建筑	单层或多层		35	30	25	20	15	10
	高层	病房部分	24	—	—	12	—	—
		其他部分	30	—	—	15	—	—
教学建筑	单层或多层		35	30	25	22	20	10
	高层		30	—	—	15	—	—
高层旅馆、展览建筑			30	—	—	15	—	—
其他建筑	单层或多层		40	35	25	22	20	15
	高层		40	—	—	20	—	—

注：1．敞开式外廊建筑的房间门至外部出口或楼梯间的最大距离可按本表增加 5m。
2．设自动喷水灭火系统的建筑物，其安全疏散距离可按本表增加 25%。

2）确定厂房的安全疏散距离时，需要考虑楼层的实际情况（如单层、多层及高层）、生产的火灾危险性类别及建筑物的耐火等级，具体要求见表 7-6。

表 7-6　厂房安全疏散距离

（单位：m）

生产类别	耐火等级	单层厂房	多层厂房	高层厂房	厂房的地下室、半地下室
甲	一、二级	30	25	—	—
乙	一、二级	75	50	30	—
丙	一、二级	80	60	40	30
	三级	60	40	—	—
丁	一、二级	不限	不限	50	45
	三级	60	50	—	—
	四级	50	—	—	—
戊	一、二级	不限	不限	75	60
	三级	100	75	—	—
	四级	60	—	—	—

【思考与练习题】

1．何谓安全出口？何谓疏散出口？

2. 设置安全出口的要求是什么？
3. 安全出口的宽度应如何确定？
4. 何谓安全疏散距离？规定安全疏散距离的意义是什么？

第三节 疏散楼梯及楼梯间

【学习目标】

1. 了解楼梯间的分类。
2. 掌握封闭楼梯间、防烟楼梯间的设置场所及要求。

作为竖向疏散通道的室内、外楼梯，是建筑中的主要垂直交通空间，是安全疏散的重要通道。楼梯间防火和疏散能力的大小，直接影响着人员的生命安全与消防队员的救灾工作。因此，建筑防火设计时，应根据建筑物的使用性质、高度及层数，正确运用规范，选择符合防火要求的疏散楼梯，为安全疏散创造有利条件。根据防火要求，可将楼梯间分为敞开楼梯间、封闭楼梯间、防烟楼梯间和室外楼梯四种形式。

一、敞开楼梯间

敞开楼梯间是指建筑物内由墙体等围护构件构成的，无防烟功能且与其他使用空间相通的楼梯间，如图 7-1 所示。

敞开楼梯间在多层建筑中广泛采用。由于楼梯间与走道之间无任何防火分隔措施，所以一旦发生火灾就会成为烟火蔓延的通道，因此，除《建筑设计防火规范》规定应设封闭楼梯间、防烟楼梯间的建筑外，可采用敞开楼梯间。

二、封闭楼梯间

封闭楼梯间是指用建筑构配件分隔，能防止烟和热气进入的楼梯间（见图 7-2）。高层民用建筑和高层工业建筑中，封闭楼梯间的门应为向疏散方向开启的乙级防火门。

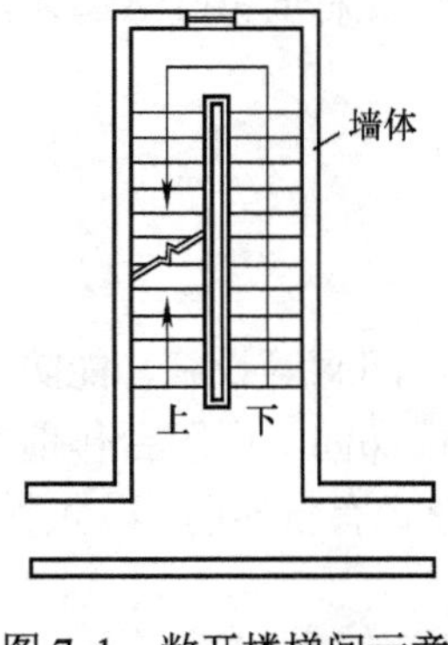

图 7-1 敞开楼梯间示意图

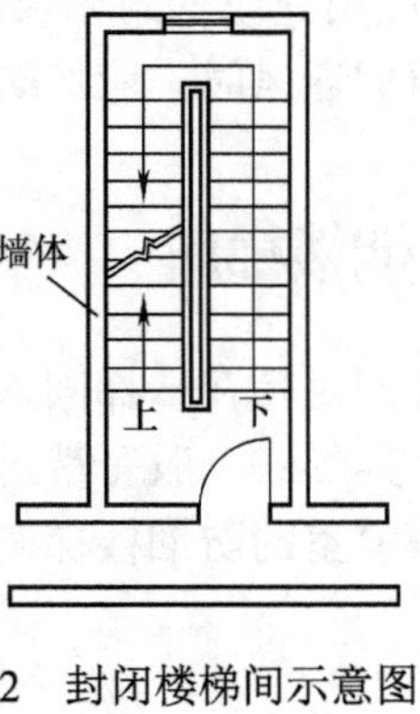

图 7-2 封闭楼梯间示意图

（一）封闭楼梯间的设置场所

通常在下列场所应设置封闭楼梯间：

1）建筑高度不超过24m的医院、疗养院的病房楼及旅馆。

2）超过 2 层的商店等人员密集的公共建筑；设有歌舞娱乐放映游艺场所且建筑层数超过2层的建筑；超过5层的其他公共建筑。

3）超过 6 层的居住建筑、任一层建筑面积大于 500m^2 的居住建筑及电梯井与疏散楼梯相邻布置的住宅建筑，应设置封闭楼梯间（当户门或通向疏散走道、楼梯间的门、窗为乙级防火门、窗时，可不设置封闭楼梯间）。

4）层数不超过2层或地下室内地面与室外出入口地坪高差不大于10m的地下商店和设有歌舞娱乐放映游艺场所的地下建筑。

5）高层建筑的裙房和建筑高度不超过32m的二类高层建筑。

6）甲、乙、丙类多层厂房和建筑高度不超过32m的高层厂房、高层仓库。

7）汽车库、修车库的室内疏散楼梯。

（二）封闭楼梯间的设置要求

封闭楼梯间应符合疏散楼梯的一般条件，同时还应符合下列规定：

1）当不能天然采光和自然通风时，应按防烟楼梯间的设置要求设置。

2）封闭楼梯间的顶棚、墙面和地面的装修材料必须采用不燃烧材料。

3）除楼梯间的门之外，封闭楼梯间的内墙上不应开设其他门、窗、洞口。

4）高层民用建筑封闭楼梯间的首层，可将走道和门厅等包括在封闭楼梯间内，形成扩大的封闭楼梯间（见图 7-3），但应采取使用乙级防火门等措施使其与其他走道和房间隔开。

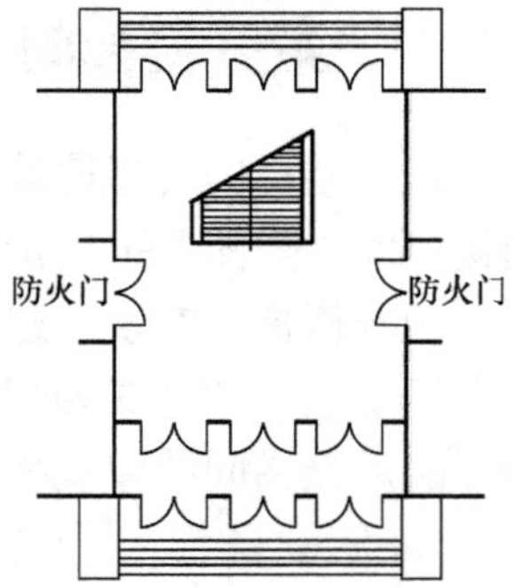

图 7-3 扩大封闭楼梯间示意图

5）高层民用建筑、高层厂房（仓库）、人员密集的公共建筑、人员密集的多层丙类厂房设置封闭楼梯间时，通向楼梯间的门应采用乙级防火门，并应向疏散方向开启；其他建筑封闭楼梯间的门可采用双向弹簧门。

6）高层民用建筑的封闭楼梯间应靠外墙，并应直接天然采光和自然通风，当不能直接天然采光和自然通风时，应按防烟楼梯间规定设置。

三、防烟楼梯间

防烟楼梯间是指在楼梯间入口处设有防烟前室或阳台、凹廊等设施，能防止烟和热气进入的楼梯间，其形式一般有带封闭前室或合用前室的防烟楼梯间、用阳台作前室的防烟楼梯间及用凹廊作前室的防烟楼梯间等，如图 7-4 所示。防烟形式有自然防烟、机械正压防烟等，详见第八章。

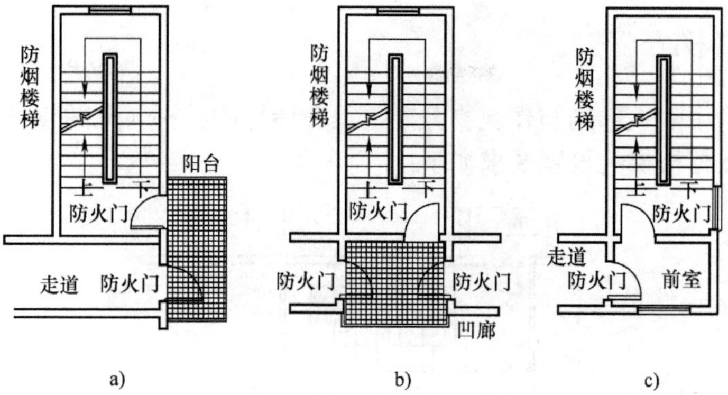

图 7-4 防烟楼梯间示意图

a）带阳台的防烟楼梯间 b）带凹廊的防烟楼梯间 c）带前室的防烟楼梯间

（一）防烟楼梯间设置场所

通常在下列场所应设置防烟楼梯间：

1）多层民用建筑中，地下商店和设置歌舞、娱乐、放映及游艺场所的地下建筑（室），当地下层数为 3 层或 3 层以上或地下室内地面与室外出入口地坪高差大于 10m 时。

2）高层建筑中的一类高层民用建筑，除单元式和通廊式住宅外的建筑高度超过 32m 的二类高层建筑，以及高度不超过 32m 而其楼梯间不能自然采光和自然通风的二类高层民用建筑。

3）塔式高层住宅以及高层建筑的剪刀楼梯。

4）高度超过 32m 且每层人数超过 10 人的高层厂房。

5）建筑高度超过 32m 的高层停车库的室内疏散楼梯。

（二）防烟楼梯间的设置要求

防烟楼梯间的设置要求如下：

1）在楼梯间入口处应设置防烟前室、开敞式阳台或凹廊等；防烟前室可与消防电梯间前室合用。

2）前室的使用面积：公共建筑，不应小于 $6.0m^2$；住宅建筑，不应小于 $4.5m^2$。合用前室的使用面积：公共建筑、高层厂房和高层仓库，不应小于 $10.0m^2$；住宅建筑，不应小于 $6.0m^2$。

3）通向前室和楼梯间的门应采用乙级防火门，并向疏散方向开启，以确保前室和楼梯间抵御火灾的能力，保障人员疏散的安全可靠性。

4）防烟楼梯间前室的内墙上，除在同层开设通向公共走道的疏散门外，不应再开设其他门、窗、洞口。

5）楼梯间的首层可将走道和门厅等包括在楼梯间前室内，形成扩大的防烟前室，但应采取使用乙级防火门等措施使其与其他走道和房间隔开。

6）当不能天然采光和自然通风时，楼梯间应按规定设置防烟或排烟设施和消防应急照明设施。

7）楼梯间和前室的顶棚、墙面和地面的装修材料必须采用不燃烧材料。

8）楼梯间及前室内不应附设烧水间、可燃材料储藏室及非封闭的电梯井；严禁敷设可燃气体管道和甲、乙、丙类液体管道，并不应有影响疏散的凸出物。

四、室外楼梯

室外楼梯是指用耐火结构与建筑物分隔，设在墙外的楼梯（见图 7-5）。室外楼梯的防烟可靠性较高。室外楼梯的设置要求如下：

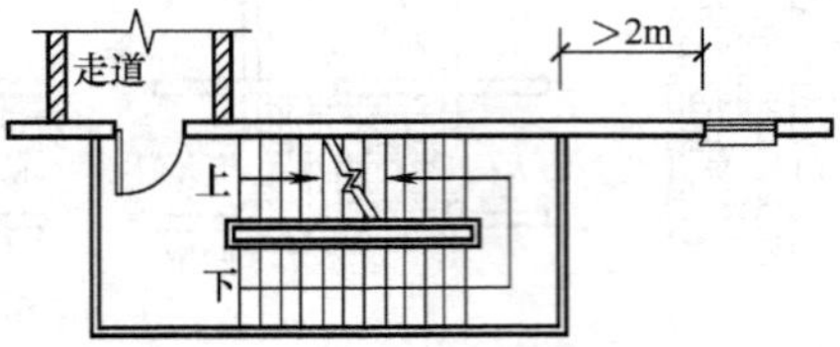

图 7-5　室外楼梯示意图

1）为防止火灾时火焰从门、窗窜出烧毁楼梯，室外楼梯和每层出口处平台，均应采用不燃材料制作，平台的耐火极限不应低于 1.00h。

2）在楼梯周围 2.00m 的墙面上，除设疏散门外，不应开设其他门、窗、洞口。疏散门应采用乙级防火门，且不应正对楼梯段。

3）楼梯的最小净宽不宜小于 0.90m，倾斜角度一般不宜大于 45°，栏杆扶手高度不应小于 1.1m。

五、剪刀楼梯

剪刀楼梯又称叠合楼梯或套梯，如图 7-6 所示。它是在同一个楼梯间内设置了两部相互重叠的疏散楼梯。剪刀楼梯一般有单跑式和双跑式两种。剪刀楼梯的主要特点是：同一楼梯间内设有两部疏散楼梯，并构成两个出口，有利于在较为狭窄的空间内组织双向疏散。因为剪刀楼梯的两部疏散通道是处在同一空间内的，所以只要有一个出口进烟，就会使整个楼梯间充满烟气，影响人员的安全疏散。为防止出现这种情况应采取下列防火措施。

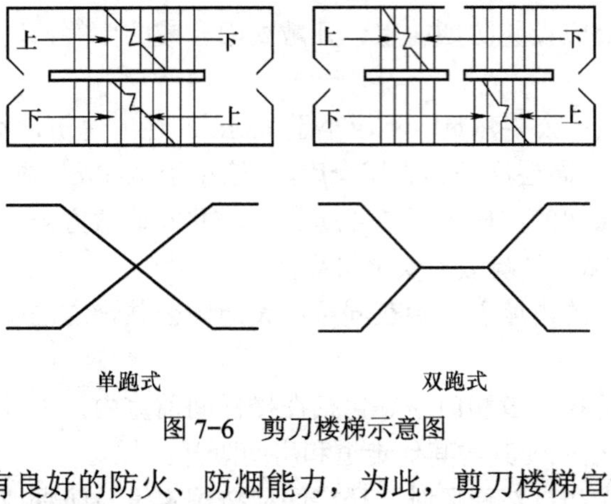

图 7-6　剪刀楼梯示意图

1）剪刀楼梯应具有良好的防火、防烟能力，为此，剪刀楼梯宜设在防烟楼梯间内，其具体要求与普通疏散楼梯及防烟楼梯间相同。

2）为确保剪刀楼梯的使用安全，其梯段之间应设置耐火极限不低于 1.00h 的非燃烧实体墙进行分隔。

3）高层民用建筑的剪刀楼梯间应为防烟楼梯间，在楼梯间入口处分别设置前室。对于高层塔式住宅，当分别设置前室在面积的使用上确有困难时，可设一个前室，但两部楼梯应分别设置加压送风系统，以确保前室的楼梯间是无烟区。

4）为便于疏散，消防电梯不宜与剪刀楼梯共用一个前室。

【思考与练习题】

1. 楼梯间按防火要求分为哪几类？
2. 何谓封闭楼梯间，其适用范围是什么？
3. 何谓防烟楼梯间，其适用范围是什么？
4. 防烟楼梯间的构造类型有哪几种？
5. 何谓室外楼梯？
6. 对疏散楼梯的布置有何要求？
7. 发生火灾时消防指战员应如何运用疏散楼梯？

第四节 消 防 电 梯

【学习目标】

1. 了解普通电梯和消防电梯的区别。
2. 熟悉消防电梯的设置场所及数量。
3. 掌握消防电梯的设置要求。

消防电梯在高层建筑的人员疏散和火灾扑救过程中发挥着非常关键的作用。当高层建筑发生火灾时，普通电梯会因断电和不具备防烟功能等而停止使用，因此必须设置消防电梯。消防电梯的作用是：供消防人员携带灭火器材进入高层灭火；抢救、疏散受伤或老弱病残人员；避免消防人员与疏散逃生人员在疏散楼梯上形成“对撞”，既延误灭火战机，又影响人员疏散；防止消防人员通过楼梯登高时间长、消耗大、体力不够，不能保证迅速投入战斗。

一、消防电梯的概念

消防电梯是在火灾时供消防人员专用的电梯，具有耐火封闭结构、防烟前室和专用消防电源。消防电梯是高层建筑中特有的消防设施，火灾时用以运送消防人员，为扑救火灾、减少损失提供条件。

二、设置场所及设置数量

下列建筑或部位应设置消防电梯：

1）高度大于 33m 的住宅建筑。

2）一类高层公共建筑和建筑高度大于 32m 的二类高层公共建筑。

3）设置消防电梯的建筑的地下、半地下室，埋深大于 10m 且总建筑面积大于 3 000m^2

的其他地下、半地下建筑（室）。

4）建筑高度大于 32m 且设置有电梯的高层厂房或高层仓库。

三、设置数量

为满足火灾扑救需要，同时又不浪费设备投资，消防电梯应分别设置在不同的防火分区内，且每个防火分区不应少于 1 台。

四、设置要求

消防电梯的设置应符合下列规定：

1）消防电梯应能每层停靠并分别设置在不同防火分区内，且每个防火分区不应少于 1 台；地下、半地下建筑，可两个防火分区共用 1 台消防电梯。

2）消防电梯间应设置前室，其面积：居住建筑不应小于 4.50m^2；公共建筑不应小于 6.00m^2。当与防烟楼梯间合用前室时，其面积：居住建筑不应小于 6.00m^2；公共建筑不应小于 10m^2。

发生火灾时，为使消防队员在起火楼层有一个较为安全的地方放置必要的消防器材，并能顺利地进行火灾扑救，因此，规定消防电梯应该设置前室。这个前室和防烟楼梯间的前室一样，具有相同的防烟功能。为使平面布置紧凑，方便日常使用和管理，消防电梯和防烟楼梯可合用一个前室，但必须满足消防电梯的需要，所以合用时面积增大。

3）为便于自然排烟，消防电梯间的前室宜靠外墙设置，在首层应设直通室外的出口或经过长度不超过 30m 的通道通到室外。

靠外墙设置消防电梯前室时，可利用直通室外的窗户进行自然排烟。火灾时，为使消防队员尽快由室外进入消防电梯前室，因此在首层应有直通室外的出入口。当受平面布置的限制，消防电梯前室不能靠近外墙出入口时，要设置不穿越其他任何房间的走道，以保证路线畅通。

4）消防电梯前室的门应采用乙级防火门。前室或合用前室不应设置防火卷帘。

5）消防电梯的载重量不应小于 800kg。

6）消防电梯井、机房与相邻普通电梯井及机房之间应该采用耐火极限不低于 2.00h 的非燃烧体隔墙隔开。当在隔墙上开门时，应采用甲级防火门。

实际工程中，为便于维修管理，几台电梯的梯井往往连通，电梯机房也合并使用，在发生火灾时，对消防电梯的安全使用不利。因此，要求消防电梯的梯井、机房与其他电梯的梯井、机房之间，应该用具有一定耐火极限的墙体分隔开，必须连通的开口部位应设甲级防火门。

7）消防电梯的行驶速度，应按从首层到顶层的运行时间不超过 60s 计算。扑救高层建筑火灾时，要尽快将火灾扑灭在初起阶段，只有这样才能大大减小火灾对人员安全的威胁，使火灾造成的损失大大减少。因此，消防电梯的行驶速度取决于建筑高度和行驶时间。

8）为提高消防电梯自身的安全性，其轿厢的内部装修应采用不燃烧内装修材料，严禁采用易燃、可燃内装修材料；消防电梯的动力与控制电缆、电线应采取防水措施。

起火层在灭火过程中，会有大量的水流入消防电梯井道，同时还会有水蒸气进入。为保证消防电梯在灭火过程中能正常运行，并不致受到灭火用水和水蒸气的威胁，消防电梯应采用一级负荷供电，其动力和控制电线、电缆应采取防火、防水措施。

9）消防电梯轿厢内应设有专用电话，并应在首层设置专供消防队员使用的操作按钮。火灾时，此按钮一经使用，平时使用的控制按钮即告失效，并使电梯降到首层，以保证消防人员使用。

10）消防电梯前室门口宜设挡水设施，井底应设排水设施，排水井容量不应小于 $2.00m^3$，排水泵的排水量不应小于 10L/s。

灭火过程中有大量的水流出。以一支水枪流量 5L/s 计算，10min 就有 3t 水流出。一般灭火过程，大多要用两支水枪同时出水。随着灭火时间增加，水流量不断地增大。在起火楼层控制水的流量和流向，使电梯井不进水是不可能的，因此在消防电梯井底设排水口非常必要。将流入电梯井底部的水直接排向室外有两种方法：

① 消防电梯不降到地下层，有条件的可将井底的水直接排到室外。为防雨季倒灌，排水管在外墙位置可设置单向阀。

② 不能将井底的水直接排向室外时，可在井底下部或旁边设置容量不小于 $2m^3$ 的水池，用排水量不小于 10L/s 的水泵，将流入池内的水排向室外。

【思考与练习题】

1．何谓消防电梯？其作用是什么？

2．对消防电梯的设置要求是什么？

3．为什么普通电梯在火灾时不能作为垂直疏散工具使用？

第五节　特殊部位的安全疏散

【学习目标】

1. 了解避难层与屋顶直升机停机坪的设置要求。
2. 掌握避难层的防火构造要求。

在建筑中有很多安全疏散的特殊部位，它们有避难层、屋顶直升机停机坪及避难走道等，这些部位由于其功能的特殊性，在防火技术上设置要求较为严格。

一、避难层

避难层是指建筑内专供发生火灾时人员临时避难使用的楼层。如果作为避难使用的只有几个房间，则这几个房间称为避难间。建筑高度超过 100m 的旅馆、办公楼和综合楼等，由于楼层很高，建筑内人员很多，尽管已经设有防烟楼梯间等安全疏散设施，火灾时建筑内人员仍很难迅速地疏散到地面，人员大量地拥塞在楼梯间内，如果楼梯间有什么问题，其后果仍然很严重。为此，在这些超高层建筑物的中间适当楼层设置供疏散人员暂时躲避的一块安全地区——避难层和避难间，是极为重要的。

（一）避难层的类型

1．敞开式避难层

敞开式避难层不设维护结构，一般设在建筑物的顶层或屋顶之上。这种避难层采用自然通风的排烟方式，结构处理比较简单，但不能绝对保证本身不受烟气侵害，也不能防止雨雪的侵袭。为此，这种避难层只适用于南方温暖地区，在我国北方大部分地区都不适用。

2．半敞开式避难层

半敞开式避难层四周设有防护墙（一般不低于 1.8m），上半部设有窗口，窗口多用铁百叶窗封闭。这种避难层通常也采用自然通风排烟方式，四周设置的防护墙和铁百叶窗具有敞开式避难层的不足，故也只适用于非寒冷地区。

3．封闭式避难层

封闭式避难层周围设有耐火的围护结构（外墙、楼板），室内设有独立的空调和防排烟系统，如在外墙上开设窗口时，应采用防火窗。这种避难层设有可靠的消防设施，足以防止烟气和火焰的侵入，同时还可以避免外界气候的影响，因而适用于我国南、北方广大地区。

（二）避难层的设置条件及避难人员面积指标

1．设置条件

建筑高度超过 100m 的公共建筑，应该设置避难层（间）。

2．面积指标

避难层的净面积应能满足避难人员避难的要求，并宜按 5 人/m^2 计算。考虑到聚集在避难层的人员密度比较大，但又不能过分地拥挤，以及我国人员的体形情况，就席地而坐来讲，人均 0.2m^2 是可以的。

（三）避难层的设置数量

第一个避难层的楼地面至灭火救援场地地面的高度不应大于 50m，两个避难层之间的高度不宜大于 45m。

（四）避难层的防火构造要求

1）为保证避难层具有较长时间抵抗火烧的能力，避难层的楼板宜采用现浇钢筋混凝土楼板，其耐火极限不应低于 2.00h。

2）为保证避难层下部楼层起火时不致使避难层地面温度过高，在楼板上宜设隔热层。

3）避难层可兼作设备层。设备管道宜集中布置，易燃、可燃液体或气体管道，排烟管道应集中布置并应采用防火墙与避难区分隔；管道井和设备间应采用耐火极限不低于 2.00h 的防火隔墙与避难区分隔，设备间的门与避难层出入口的距离不应小于 5m，且应采用甲级防火门；管道井的门不应直接开向避难区。

（五）避难层的安全疏散

1）为保证避难层在建筑物起火时能正常发挥作用，避难层应至少有两个不同的疏散方向可供疏散。

2）通向避难层的防烟楼梯应在避难层分隔、同层错位或上下层断开，但人员必须经避难层方能上下，如图 7-7 所示。

进入避难层的入口，如没有必要的引导标志，发生火灾时，处于极度紧张的人员不容易找到避难层，通过上述处理，需要避难的人员无论何时穿越避难层，都要经过避难层，使需要进入避难层的人能尽早进入，且水平行走一段路程后才能上楼或下楼，从而提高了利用避难层临时避难的可靠程度。同时，使上、下层楼梯间不能相互贯通，减弱了楼梯间的“烟囱”效应。

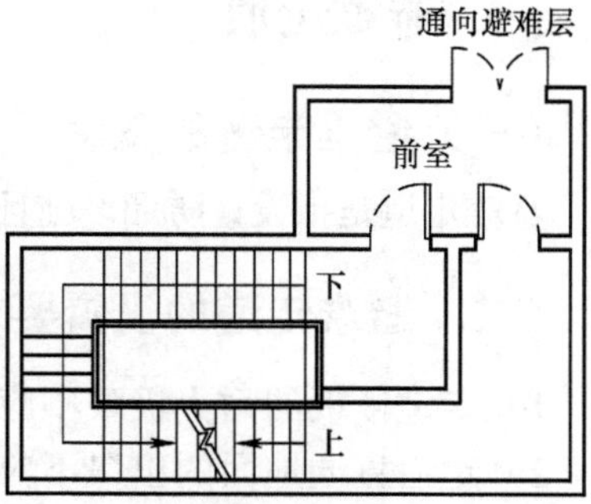

图 7-7　避难层楼梯间断开设置示意图

3）避难层应设有应急广播和应急照明，其供电时间不应小于 1.00h，照度不应低于 2.0lx。

4）避难层应设消防电梯出口，且还应设消防专线电话，并应设有消火栓和消防卷盘。而普通电梯因不能阻挡烟气进入，则严禁在避难层开设电梯门。

5）在避难层进入楼梯间的入口处和疏散楼梯通向避难层的出口处应设置明显的指示标志。

二、屋顶直升机停机坪

建筑高度大于 100m 且标准层建筑面积大于 2 000m^2 的公共建筑，宜设置屋顶直升机停机坪或供直升机救助的设施。屋顶设置直升机停机坪，对于营救火灾时爬上屋顶的受难人员将是十分有利的。直升机有时因气象、位置环境等因素的影响，不一定都能发挥作用，但它仍不失为超高层建筑的重要辅助疏散设施。

屋顶直升机停机坪防火设计要求如下：

1）起降区（直升机可以在其上起飞或着陆的场地）面积的大小，主要取决于可能投入使用的最大直升机的全长。为了直升机的安全降落，屋顶场地面积应为直升机全长的 1.5～2.0 倍的平方值。在这范围内不应设有高出平屋顶的塔楼、烟囱、旗杆、航标灯杆及金属天线等障碍物。

2）起降区场地的耐压强度一般由直升机机轮的动荷载和静荷载以及起落架的构造来确定。设在高层建筑屋顶上的起降区的场地强度，必须考虑各种荷载的冲击作用，并保证直升机在降落时不致使场地遭到破坏。

3）在起降区内应划出一定范围的地盘作为直升机着陆的区域。接地区宜涂漆成实线，并设明显标志。标志可为黄色或白色。

4）设在屋顶平台上的停机坪，距设备机房、电梯机房、水箱间及共用天线等突出物的距离，不应小于 5m。

5）屋顶停机坪通向屋面的出口不应少于 2 个，每个出口宽度不宜小于 0.90m。

6）停机坪四周应设置航空障碍灯，并应设置应急照明。

7）在停机坪的适当位置应设置消火栓。

三、避难走道

（一）避难走道的概念

避难走道是指设置防烟设施且两侧采用实心防火墙分隔，用于人员安全通行至室外的走道。

（二）避难走道的设置要求

1）走道楼板的耐火极限不应低于 1.50h。

2）走道直通地面的出口不应少于 2 个，并应设置在不同方向；当走道仅与一个防火分区相通时，该走道直通地面的出口可设置 1 个，但该防火分区至少应有 1 个直通室外的安全出口。

3）走道的净宽度不应小于任一防火分区通向该走道的设计疏散总净宽度。

4）走道内部应全部采用 A 级装修材料。

5）防火分区至避难走道入口处应设置防烟前室，前室的使用面积不应小于 $6.0m^2$，开向前室的门应采用甲级防火门。

6）走道内应设置消火栓、消防应急照明、应急广播和消防专线电话。

四、下沉式广场

总建筑面积大于 20 000m^2 的地下、半地下商店，应采用不开设门、窗、洞口的防火墙、耐火极限不低于 2.00h 的楼板分隔为多个建筑面积不大于 20 000m^2 的区域。相邻区域确需局部水平或竖向连通时，应选择设置符合规范规定的下沉式广场等室外开敞空间、避难走道及防烟楼梯间等措施。

用于防火分隔的下沉式广场应符合下列规定：

1）不同防火分区通向下沉式广场等室外开敞空间的安全出口，其最近边缘之间的水平距离不应小于 13m。该室外开敞空间内疏散区域的净面积不应小于 $169m^2$，除用于人员疏散外不得用于其他商业或可能导致火灾蔓延的用途。

2）下沉式广场等室外开敞空间内应设置不少于 1 部直通地面的疏散楼梯。当连接下沉广场的防火分区需利用该下沉广场进行疏散时，疏散楼梯的总净宽度不应小于任一防火分区通向该室外开敞空间的设计疏散总净宽度。

3）确需设置防风雨棚时，防风雨棚不应封闭，四周敞开部位应均匀布置，敞开的面积不应小于该室外开敞空间建筑面积的 25%，敞开的高度不应小于 1.0m；敞开部分采用百叶时，百叶的有效通风排烟面积可按百叶洞口面积的 60%计算。

【思考与练习题】

1．避难层的防火构造要求有哪些？

2．屋顶直升机停机坪防火设计要求有哪些？

3．什么是避难走道？

第六节　消防应急照明和疏散指示标志

【学习目标】

1. 了解消防应急照明和疏散指示标志的分类。
2. 熟悉消防应急照明和疏散指示标志的设置部位及场所和一般要求。

消防应急照明和疏散指示标志是安全疏散中必不可少的重要设施。疏散指示标志是指当建筑内发生火灾时，为人员疏散提供指示安全出口及其方向，指示楼层、避难层及其他安全场所的标志。

一、消防应急照明

（一）分类

消防应急照明可分为四类：常亮型、非持续型（常暗型）、持续型及可控制型。

1．常亮型消防应急照明

无论正常照明失电与否一直点亮的消防应急照明。

2．非持续型（常暗型）消防应急照明

只在消防联动或当正常照明失电时才点亮的消防应急照明。

3．持续型消防应急照明

可随正常照明同时开关，并在正常照明失电时仍能点亮的消防应急照明。

4．可控制型消防应急照明

正常情况下可手动开、关控制和由建筑设备监控系统控制，火灾情况下由消防联动或正常照明失电时自动点亮的消防应急照明。

（二）设置部位及场所

在建筑火灾中，为了保证人员的安全疏散，除单、多层住宅建筑外，民用建筑、厂房和丙类仓库的下列部位应设置疏散照明：

1）封闭楼梯间、防烟楼梯间及其前室，消防电梯间及其前室和避难层（间）。

2）观众厅、展览厅、多功能厅和建筑面积大于 200m^2 营业厅、餐厅、演播室。

3）建筑面积大于 100m^2 的地下、半地下建筑或地下、半地下室中的公共活动房间。

4）公共建筑中的疏散走道。

（三）设置要求

消防应急照明应根据不同的疏散场所设置，其照度应符合下列规定：

1）疏散走道的地面最低水平照度不应低于 1.0lx。

2）人员密集的场所内的地面最低水平照度不应低于 2.0lx。

3）楼梯间内的地面最低水平照度不应低于 5.0lx。

二、疏散指示标志

灯光疏散指示标志的主要作用就是在建筑物发生火灾时，可以有效地帮助人们在浓烟弥漫的情况下，及时识别疏散位置和方向，迅速沿灯光疏散指示标志的指示方向顺利疏散。在疏散走道和主要疏散路线的地面上或靠近地面的墙上合理设置消防应急指示标志，对安全疏散会起到很好的作用。

疏散指示标志按发光形式分为电致发光型疏散指示标志和光致发光型疏散指示标志两种。电致发光型疏散指示标志（例如灯光型、电子显示型等）是通过场致发光方式发光显示的消防安全疏散指示标志；光致发光型疏散指示标志是通过光源照射，并在光源消失后仍能在规定时间内自发光的疏散指示标志。

（一）设置部位及场所

公共建筑及其他一类高层民用建筑，高层厂（库）房，甲、乙、丙类厂房应沿疏散走道和在安全出口、人员密集的场所的疏散门正上方设置灯光疏散指示标志，并应符合下列规定：

1）安全出口和疏散门的正上方应采用“安全出口”作为指示标志。

2）沿疏散走道设置的灯光疏散指示标志，应设置在疏散走道及其转角处距地面高度 1m 以下的墙面上，走道上的指示标志间距不应大于 20m；对于袋形走道，不应大于 10m；在走道转角区，不应大于 1m。

（二）其他要求

以下建筑或场所，应在其疏散走道和主要疏散路线的地面上增设能保持视觉连续的灯光疏散指示标志或蓄光疏散指示标志：

1）总建筑面积大于 8 000m^2 的展览建筑。

2）总建筑面积大于 5 000m^2 的地上商店。

3）总建筑面积大于 500m^2 的地下、半地下商店。

4）歌舞、娱乐、放映及游艺场所。

5）座位数超过 1 500 个的电影院、剧场，座位数超过 3 000 个的体育馆、会堂或礼堂。

【思考与练习题】

1. 简述设置消防应急照明和疏散指示标志的目的和作用。
2. 消防应急照明和疏散指示标志的设置部位及场所和一般要求有哪些？

第八章　建筑防排烟

国内外大量火灾实例统计数字表明，火灾事故伤亡者中，大多数是烟气所致。火灾中受烟害直接致死的占1/3～1/2，而且被火烧死的人数中，多数也是先受烟气毒晕而后烧死的。美国曾对1979—1990年的火灾死亡人数做过较详细的分类统计，结果显示烟气致死人数约占总死亡人数的70%。1972年5月13日日本“千日”百货大楼火灾，死亡的118人中就有93人是被烟熏死的；1980年11月21日美国米高梅饭店火灾，死亡的84人中有67人是被烟熏死的；2000年12月洛阳东都商厦特大火灾，309人死亡，几乎全部为火灾中的有毒烟气所致。这足以说明火灾产生的烟气危害性是何等严重。为达到在火灾初起阶段最大程度降低人员和财产损失的目的，对火灾烟气的产生和流动进行控制是关键，防排烟技术广泛地运用于各类建筑物之中，用以控制火灾烟气。防排烟工程设计已成为建筑防火设计的一个重要组成部分。

第一节　设置防排烟设施的必要性

【学习目标】

1. 了解火灾烟气的危害。
2. 掌握建筑防排烟设施的作用。

火灾烟气的危害性主要表现在毒性、缺氧、高温、减光和恐怖等几个方面。火灾烟气的毒害性首先是使受灾人员或救援人员直接中毒或窒息死亡，其次是使受灾人员或扑救人员因缺氧或一氧化碳中毒晕倒后而被火烧死。火灾烟气的高温危害主要表现在高温热烟气对人体呼吸系统及皮肤的直接作用，一般来说，人吸入空气的温度达到149℃时，就是人体的生理极限。火灾烟气的减光性和恐怖性的危害在于妨碍疏散和救援，造成火场混乱，给疏散和救援带来很大困难。

防排烟设计与安全疏散和消防扑救关系密切，一个设计良好、工作正常的防排烟体系，能将火场热量的70%～80%排走，同时将烟气控制在一定区域，保证疏散路线的畅通。在建筑中设计防排烟设施已成为建筑防火设计的重要组成部分，其作用表现在以下几个方面。

一、为安全疏散创造有利条件

防烟排烟的主要目的是及时排除火灾产生的大量烟气，阻止烟气向防烟分区外扩散，确保建筑物内人员的顺利疏散和安全避难。有效的防排烟系统能将烟气迅速地、最大限度地排出到建筑外，能减小室内烟气的浓度，降低烟气温度，保证人们的视距，保证疏散通道无烟气侵入，使受灾人员有足够的时间和基本的活动能力及时逃离火场。

二、为消防救援创造有利条件

火场实际情况表明，火灾烟气对消防扑救有很大影响。由于浓烟、热气和能见度差等会严重影响消防人员迅速、准确地展开灭火战斗，消防人员在火场战斗中，同样需要时间和基本的活动能力，因此借助于防排烟设施，能够尽量减小烟气浓度、降低火场温度，维持一定的能见距离，使消防人员最大限度地接近火场，迅速而准确地确定起火点，判断火势蔓延的方向，保证灭火战斗的顺利进行。

三、控制火势蔓延，减少财产损失，保证人员安全

设有完善排烟设施的建筑，发生火灾时既可排除大量烟气，还可起到控制火灾蔓延的作用。美国有两起火灾充分说明了设有排烟设施和未设有排烟设施的建筑物发生火灾时造成的损失是大不一样的。

【案例】美国威尔斯恩·斯沃德有限公司办公楼在一个星期天夜里发生火灾，人们发现起火较晚，消防队接警也迟，消防车到达起火现场时，已烧了半个多小时，但由于该楼设有机械排烟设施和自动喷水灭火设备，及时把产生的大量烟和热排出，消防员在扑救这场火灾时未戴防毒面具，较快地控制和扑灭了火灾。该建筑烧损不太严重，经短时间修复，很快就照常使用了。

【案例】美国姆西卡梅克公司办公楼在一天晚上发生火灾后，因只有局部设有自动喷水灭火设备，未设排烟设施，致使建筑内的大量烟和热排不出去，这不仅使着火层的喷头熔化开放，非着火部位的喷头也同时熔化开放，大量水喷流出来，从而使着火区水压降低，喷水量大减，着火区高温不能很快降下来，火势继续蔓延扩大，而钢结构在高温和火焰作用下，很快被烧坏塌落，造成很大损失。

总之，现代建筑的复杂化、多元化和综合化的倾向使防排烟问题更为突出。为了及时排除有害烟气，保障建筑内人员的安全疏散和有利于消防扑救，在建筑设计中合理设置防排烟设施是十分必要的。

【思考与练习题】

1．请结合消防燃烧学基础理论知识，阐述火灾烟气在建筑火灾的危害性。

2．简述设置建筑防排烟设施的目的和作用。

第二节　火灾烟气的蔓延及控制方式

【学习目标】

1. 了解影响火灾烟气流动速度的因素。
2. 熟悉火灾烟气在建筑物内蔓延流动的规律。
3. 掌握烟囱效应、防烟分区的概念。
4. 掌握火灾烟气的控制方式，划分防烟分区的构件，以及其结构和形式。

建筑物发生火灾后，在浮力、烟囱效应及外界风力等驱动下，烟气可由着火区向非着火

区蔓延，与起火区相连的走廊、楼梯间及电梯井等处都将会迅速充满烟气，对人员疏散逃生和消防扑救造成非常不利的影响。为有效地控制烟气在建筑物内的流动，减小烟气的危害，有必要深入了解和掌握火灾时烟气在建筑物内的流动规律以及控制措施。

一、火灾烟气在建筑物内的蔓延流动

火灾时，可燃物不断燃烧，产生大量的烟和热，并形成高温的烟气流。由于高温烟气和周围常温空气密度不同，产生的浮力使烟气在室内处于流动状态。

烟气扩散流动速度与烟气温度和流动方向有关，还和周围温度、流动的阻碍、通风和空调系统气流的干扰及建筑物本身的烟囱效应等有关。据研究，烟气的蔓延速度，水平方向扩散约为 0.3～0.8m/s，垂直向上扩散约为 3～4m/s。

（一）烟气在着火房间内的流动

着火房间内产生的烟气，其密度比冷空气小，由于浮力作用向上升起，遇到水平楼板或顶棚时，改为水平方向继续流动，由于受到四周墙壁的阻挡和冷却，将沿墙向下流动，如图 8-1 所示。随着烟气的不断产生，烟气层将不断加厚，当烟气层的厚度达到门窗的开口部位时，烟气会通过开启的门、窗、洞口向室外和走廊扩散。

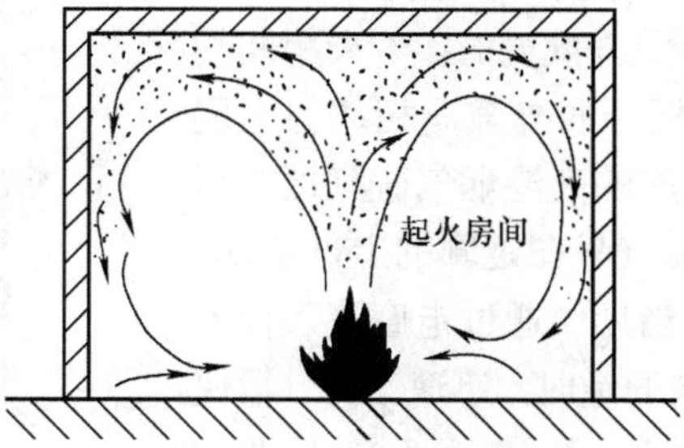

图 8-1　着火房间内烟的自然对流

当房门紧闭且无其他孔洞与走廊相通，外墙上的窗扇呈开启状态时，烟气从室内排向室外。火焰和高温烟气从窗口喷出时的运动轨迹，取决于窗宽与 1/2 窗高之比。也就是说，当火焰和高温烟气从竖向长条形窗口喷出时，因被带走的附近的空气可从窗口两侧得到补充，故轨迹呈向上弯曲状，火势通过窗口向上蔓延的危险相对减少；当火焰及高温烟气从横向带形窗口喷出时，因被带走的附近的空气不能从窗口两侧得到及时补充，故火焰及高温烟气将附着在墙面向上流动，并延伸较长的距离，此时将对上层构成很大的威胁。

（二）烟气在走廊内的流动

从房间内流向走廊的烟气，开始即贴附在顶棚下流动，由于受到冷却和与周围冷空气的混合，烟气层则逐渐加厚下降，靠近顶棚和墙面的烟气易冷却，先沿墙面下降。随着流动路线的增长和周围空气混合作用的加剧，烟气由于温度逐渐下降而失去浮力，最后只在走廊中心剩下一个圆形空间，如图 8-2 所示。

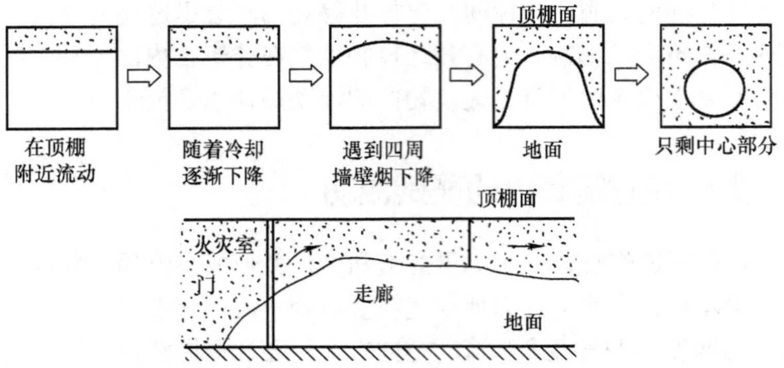

图 8-2　烟气在走廊流动中的下降

（三）烟气在建筑中的流动

当建筑内发生火灾时，烟气在其内的流动扩散一般有三条路线。第一条，也是最主要的一条：着火房间→走廊→楼梯间→上部各楼层→室外；第二条：着火房间→室外；第三条：着火房间→相邻上层房间→室外。

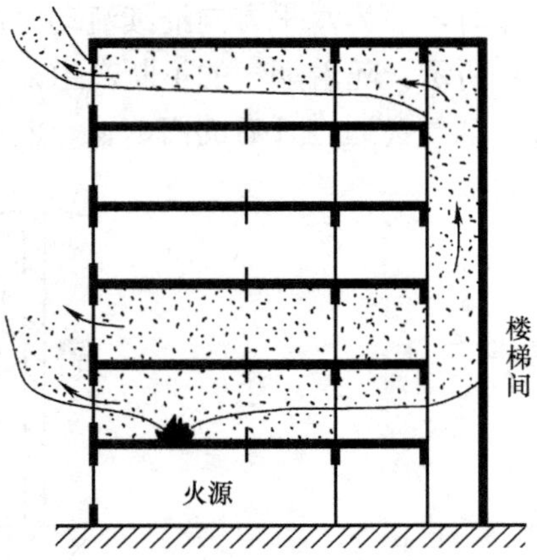

图 8-3　建筑内发生火灾时典型的烟气扩散路线

图 8-3 所示为建筑内发生火灾时典型的烟气扩散路线。着火房间起火后不久，室内温度剧升，由于气体热膨胀使门窗甚至门板破裂，高温烟气通过门、窗、孔洞，向室外和走廊中蔓延扩散。与此同时，着火房间的烟气还通过各种管道穿越楼板处的缝隙向相邻的上层房间扩散。从着火房间流到走廊的高温烟气碰到顶棚后改为水平方向流动，这里，烟气只在走廊的上部流动，走廊下部仍为低温的空气层。当烟气通过走廊流入楼梯间、电梯间及管道竖井等竖向通道时，迅速上升，很快达到建筑物的最顶层，充满整个顶层的上部，然后通过外窗流到室外。向着火层相邻上层房间扩散的烟气将逐渐充满整个楼层，并通过外窗流到室外。建筑内烟气扩散流动的这种路线是与建筑各部位的耐火性能和密闭性能有关的，因为一般在建筑物的外墙开口、地板面开口以及房间与竖井的开口中，房间与竖井的开口的气密性往往较差。另一重要原因就是“烟囱效应”的作用。由于着火层的室温上升，使得整个室内温度高于室外温度，那么在建筑物的上层部分会产生由室内向室外的压力，室内空气流向室外。相反，在建筑物的下层部分则产生由室外向室内的压力，新鲜空气流入室内。由于“烟囱效应”的作用，高层建筑的楼梯间、电梯间以及各种管道竖井在发生火灾时将成为火势蔓延扩大的主要途径。

在建筑中，总是需要设置一些贯通上下的竖向通道，如楼梯间、电梯间、各种管道竖井、垃圾道及通风排气竖井等。这些竖直通道就好像一座座看不见的烟囱，当建筑内外存在着温差时，在这些竖向通道中就将产生烟囱中所发生的各种现象，对此，人们把它称为“烟囱效应”。在楼梯间或管道竖井中，由于“烟囱效应”产生的抽力，烟气上升流动速度可达 6～8m/s，甚至更高。此外建筑物高度越高，烟囱效应越突出，在高层建筑防排烟设计中应引起充分的重视。

二、火灾烟气的控制方式

通过对火灾烟气扩散规律的研究，我们清楚地认识到，发生火灾时的首要任务是把火灾产生的烟气控制在一定的区域之内并迅速将其排至室外。首先应把烟气控制在着火区域内，保持合理的烟层高度，从而有利于人员疏散，控制火势蔓延和减少火灾损失。为此必须进行积极排烟，将着火区域控制为排烟区，而将非着火区域，尤其是疏散通道控制为防烟区，其烟气控制的首要任务是防止烟气的侵入，进行防烟设计。

（一）排烟方式

排烟就是通过可开启外窗方式或机械排烟方式将烟气排到室外，着火区排烟的目的是将火灾发生的烟气排到室外，降低着火区气体压力，不使烟气流向非着火区，以利于人员疏散及救火人员救援。排烟方式总体可分为自然排烟方式和机械排烟方式。疏散通道排烟的目的是排除可能侵入的烟气，保证通道无烟或少烟。

（二）防烟方式

通过可开启外窗方式或机械加压送风方式把一定量室外空气送入防烟楼梯间及其前室，保持一定压力或门洞处有一定流速，避免烟气侵入。这样，在火灾期间，进入楼梯间及前室一定量的空气，就会将烟气排斥在楼梯间及前室之外，保证疏散通道的安全。

三、防烟分区的划分

防烟分区是指在建筑内上部采用挡烟功能的物体分隔，并用于火灾时蓄积热烟气的局部空间。防烟分区的作用是通过控制烟气蔓延，并通过所设置的排烟设施对烟气加以排除，从而达到控制烟气扩散和火灾蔓延的目的。

（一）划分防烟烟分区的原则

划分防烟分区时，防烟分区的面积必须合适，如果面积过大，会使烟气波及面积扩大，增加烟气的影响范围，不利于人员安全疏散和火灾扑救；如果面积过小，不仅影响使用，还会提高工程造价。防烟分区一般应遵守以下原则进行设置：

1）合理划分防烟分区面积。为了使火场上产生的高温烟气能较好地保证在一定时间内，不致随意扩散，以便蓄积和迅速排除，在建筑内需设置机械排烟设施，且室内净高不大于6m的场所应划分防烟分区。每个防烟分区的建筑面积不宜大于500m^2。设有机械排烟系统的汽车库，每个防烟分区的建筑面积不宜超过 2 000m^2。防烟分区宜采用挡烟垂壁、隔墙及顶棚下凸出不小于500mm的结构梁等其他不燃材料进行分隔。

考虑到大空间房间在一般情况下，发生火灾时不会在很短的时间内使整个空间充满烟气，故净空高度超过6m的房间不考虑划分防烟分区。

2）防烟分区不应跨越防火分区。划分防烟分区与防火分区的目的不同，前者的目的在于防止烟气扩散，主要用具有挡烟功能的物体等来实现；后者则采用防火墙、防火卷帘或其他防火分隔设施划分防火分区。所有防火分隔物都能够起到防烟作用，而防烟分隔物则不能完全起到防止火势蔓延的作用，因此防烟分区不能跨越防火分区设置。

3）通常应按楼层划分防烟分区。通常把建筑物中的每个楼层选作分隔开的烟气控制区，但是一个楼层可以包括一个以上的烟气控制区。有些情况下，一个烟气控制区也可能包括一个以上的楼层，但以不超过三个楼层为宜。

4）穿越防火分区的排烟管道应在穿越处设置排烟防火阀。

（二）划分防烟分区的构件

火灾产生的烟气，应该在发生火灾的防排烟分区内加以排除，需要用一些构件在建筑内顶棚部位划分防烟分区。划分防烟分区的构件主要有挡烟垂壁、挡烟梁等。

1. 挡烟垂壁

挡烟垂壁是安装在工业和民用建筑的顶棚、楼板、横梁或吊顶下或隐藏在吊顶内部，火灾时能够引导、蓄积和（或）阻止烟与热气体迁移并形成一定的蓄烟空间的垂直分隔体。这种装置通常设置在烟气扩散流动路线上烟气控制区域的分界处，有时在同一防烟分区内也采用，以便和排烟设备配合进行更有效的排烟。

（1）阻烟机理　挡烟垂壁是从顶棚上垂直向下吊装的一道幕墙。挡烟垂壁底部距顶棚面的垂直距离称为有效高度，一般不小于 500mm（地下建筑不小于 800mm）。

当室内发生火灾时，所产生的烟气由于浮力作用而积聚在顶棚下面，随着时间的推移，烟层越来越厚。当烟层厚度小于挡烟垂壁的有效高度时，烟气就被阻挡在垂壁和墙壁所包围的区域内而不能向外扩散，如果烟气没能及时予以排除，那么烟层将越来越厚，当烟层厚度超过垂壁的有效高度时，烟气就将越过垂壁的下端向外扩散流动。所以，在许多情况下，挡烟垂壁往往不是单独使用，而是与排烟设施同时使用的，作为排烟的辅助设施，可有效地增强排烟效果，如图 8-4 所示。

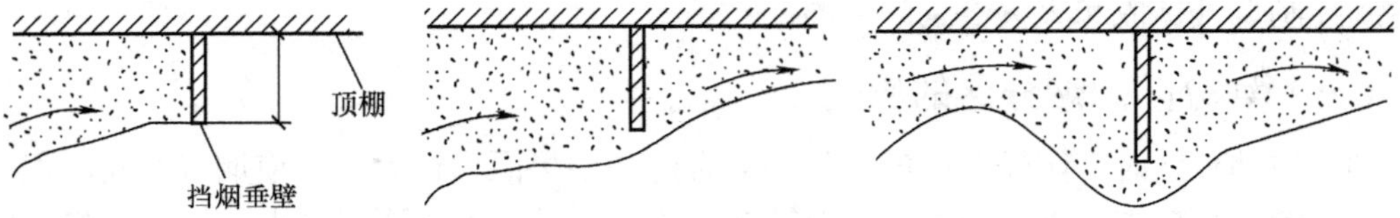

图 8-4　挡烟垂壁的挡烟作用

（2）形式和结构　挡烟垂壁的形式有活动式和固定式两种，分别如图 8-5a、b 所示。固定垂壁就是将垂壁长期固定在顶棚面上，其下垂的高度固定不变。为了防止垂壁的下端影响人们的正常工作和生活，对于人们经常活动的场所，或当建筑物的顶棚较低时，采用固定式的挡烟垂壁是不适宜的。活动式垂壁平时是紧贴或收缩在顶棚面上或顶棚内，只在发生火灾时与感烟探测器等联动而下垂到顶棚面下一定的高度。所以活动式垂壁可用在顶棚较低的建筑物中，当垂壁的下端过低时，会妨碍受灾人员的疏散，因此，其下端离地面的高度应不低于 1 800mm。

根据挡烟垂壁的工作场所，挡烟垂壁必须用非燃烧材料制成。活动式挡烟垂壁一般多用钢板或铅丝玻璃板制成；有的固定式挡烟垂壁还可为钢筋混凝土结构，在建筑物土建时一起制成。

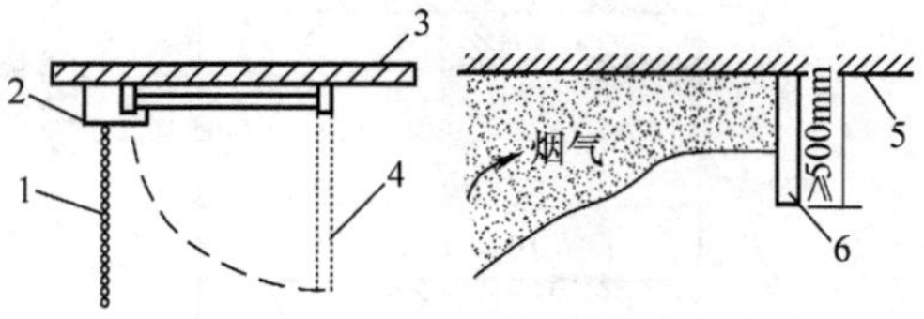

图 8-5 挡烟垂壁的形式

a）活动垂壁 b）固定垂壁

1—操作链 2—阻挡器 3、5—顶棚 4、6—挡烟垂壁

（3）挡烟垂壁的设置要求 挡烟垂壁的设置应与顶棚的构造相适应，这样才能起到有效的防烟作用，具有代表性的有如下几种：

1）不同顶棚高度时挡烟垂壁的下垂有效高度。顶棚高度不同时，挡烟垂壁的下垂有效高度（h_y）应从较低的顶棚面上起算，如图 8-6 所示。

2）格栅式顶棚，挡烟垂壁的起算位置不同。对于格栅式顶棚，由于本身不隔烟，所以挡烟垂壁应设置在顶棚内，其下垂有效高度应从楼板底面起算，如图 8-7 所示。

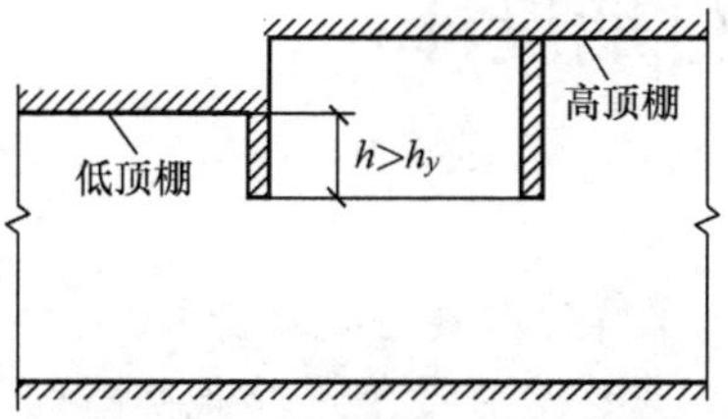

图 8-6 不同顶棚高度时挡烟垂壁示意图

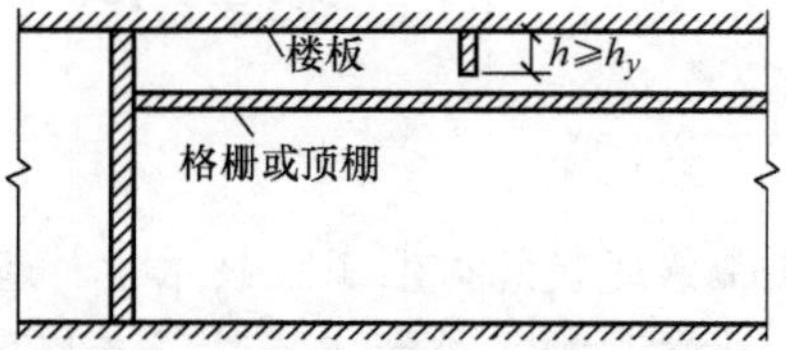

图 8-7 格栅式顶棚的挡烟垂壁示意图

3）易燃材料顶棚挡烟垂壁的有效高度。当顶棚材料为易燃材料时，挡烟垂壁的有效高度仍按顶棚面起算，但挡烟垂壁应向上延伸，穿过顶棚面，并紧贴在非燃烧体楼板或顶板上，必须安全隔断，使顶棚内实现隔烟。这样，一旦顶棚烧毁，挡烟垂壁仍能起到有效的防烟作用，如图 8-8 所示。

4）非燃烧或难燃烧顶棚挡烟垂壁的有效高度。当顶棚材料为非燃烧材料或难燃烧材料时，挡烟垂壁的有效高度只按顶棚面起算即可，而挡烟垂壁也只紧贴顶棚面即可，不必完全隔断，如图 8-9 所示。

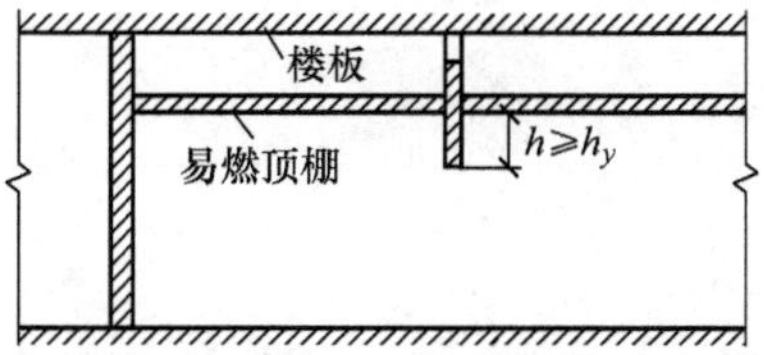

图 8-8 易燃顶棚的挡烟垂壁示意图

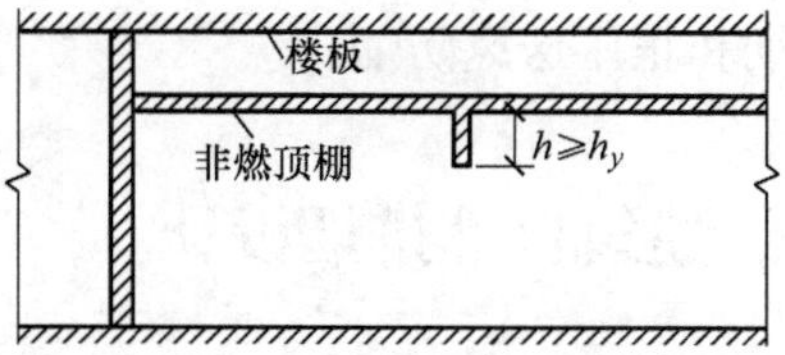

图 8-9 非燃烧或难燃烧顶棚的挡烟垂壁示意图

2．挡烟梁

挡烟梁作为顶棚构造的一个组成部分，在顶棚某处下垂一梁式构造，其高度应超过挡烟垂壁的有效高度，而宽度应小于顶棚总宽度的 1/10，如图 8-10 所示。

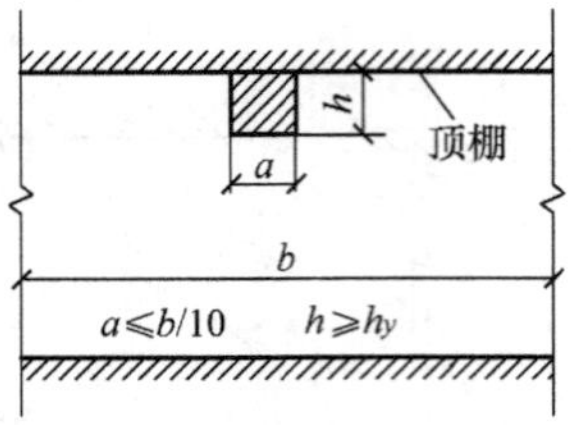

图 8-10　挡烟梁设置示意图

【思考与练习题】

1．简述火灾烟气在建筑中是如何蔓延流动的。

2．火灾烟气在建筑中的水平、垂直扩散速度是多少？烟囱效应下的扩散速度是多少？

3．简述烟气控制的方式。

4．划分防烟分区的目的是什么？应如何划分防烟分区？

5．挡烟垂壁的挡烟机理是什么？其结构和形式有哪些？

第三节　建筑防排烟设计

【学习目标】

1. 了解建筑防排烟工程技术设计包含的内容，了解什么是空气幕防排烟。

2. 熟悉几种防排烟方式的基本原理和优缺点，熟悉消防员使用建筑防排烟设施时应注意的问题。

3. 掌握几种防排烟系统的设计要求。

4. 掌握自然排烟口的设计要求。

把建筑物各部分划分烟气控制区后，当某控制区发生火灾时，该区域将成为有烟区，其他区域暂时为无烟区。如何使着火区域中所产生的烟气量尽可能地少，并防止烟气从有烟区向无烟区蔓延扩散，如何将有烟区中的烟气尽快地排放到大气中去，这是建筑防火设计中的重要课题，前者是防烟的问题，后者则是排烟的问题。防烟和排烟这两个问题通常是紧密联系不可分割，合称为防排烟。目前国内外用于建筑工程的防排烟工程技术主要有自然排烟、机械排烟和正压送风防烟。

一、建筑自然排烟设计

室内外气体温度差引起的热压作用和室外风力所形成的风压作用，使室内烟气和室外空气之间发生对流运动，自然排烟就是借助该对流运动进行排烟的。

（一）自然排烟的方式和基本原理

自然排烟方式是把火灾产生的热烟气通过浮力和外部风力作用及建筑物的对外开口把

烟气排至室外的排烟方式，是利用建筑的阳台、凹廊或在外墙上设置便于开启的外窗或排烟窗进行无组织的排烟。这种排烟方式实质上是热烟气和冷空气的对流运动。如图 8-11 所示，在自然排烟中，必须有冷空气的进口和热烟气的出口，烟气排出口可以是建筑物的外窗，也可以是专门设置在侧墙上部的排烟口。

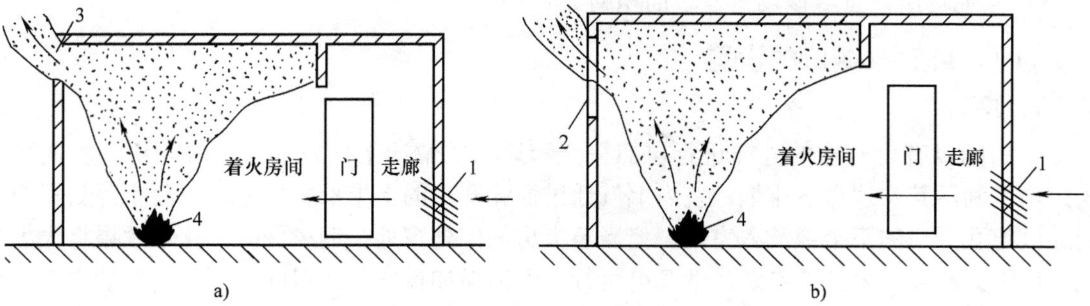

图 8-11　房间自然排烟方式

a）排烟口排烟　b）外窗排烟

1—进风口　2—外窗　3—排烟口　4—火源

（二）自然排烟方式的优缺点

自然排烟的优点是：①不需要专门的排烟设备；②火灾时不受电源中断的影响；③构造简单、经济；④平时可兼作换气用。据调查情况表明，这种自然排烟的方式一直被广泛采用，根据我国目前的经济、技术条件及管理水平，此方式值得推广，并宜优先采用。

但是，自然排烟也存在不少问题，主要是排烟的效果不稳定、对建筑物的结构有特殊要求及存在着火灾通过排烟口向紧邻上层蔓延的危险性等。

（三）自然排烟系统的设计要求

在自然排烟方式中，由于排烟效果存在的问题，对自然排烟设计范围要有一定的限制。

1）下列建筑内靠外墙的防烟楼梯间及其前室、消防电梯间的前室和合用前室宜采用自然排烟设施进行防烟，如图 8-12a～d 所示。

① 二类高层公共建筑。

② 建筑高度不大于 100m 的住宅建筑。

③ 建筑高度不大于 50m 的其他建筑。

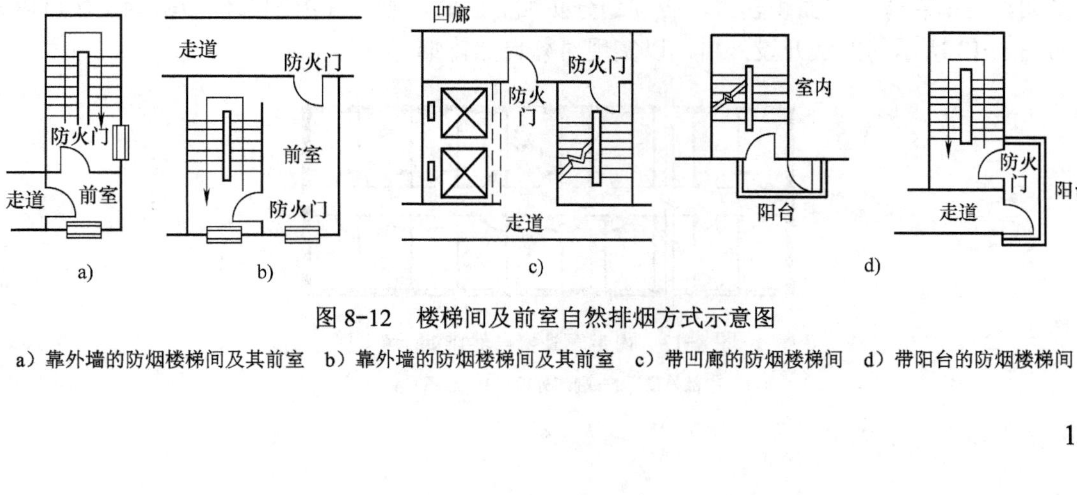

图 8-12　楼梯间及前室自然排烟方式示意图

a）靠外墙的防烟楼梯间及其前室　b）靠外墙的防烟楼梯间及其前室　c）带凹廊的防烟楼梯间　d）带阳台的防烟楼梯间

2）设置自然排烟设施的场所，其自然排烟口的有效面积应符合下列规定：

① 防烟楼梯间的前室和消防电梯间的前室，不应小于 $2.0m^2$；合用前室，不应小于 $3.0m^2$。

② 靠外墙的防烟楼梯间，每 5 层内可开启排烟窗的总面积不应小于 $2.0m^2$。

③ 中庭、剧场舞台，不应小于其楼地面面积的 5%。

④ 其他场所，宜取该场所建筑面积的 2%～5%。

（四）自然排烟口的设置

1．房间

在房间设有可开启的外窗进行自然采光和通风的情况下，发生火灾时无论外窗面积多大，均可利用其实现自然排烟。室内烟气通过窗孔开口的上半部排出室外，而室外新鲜空气则通过窗孔开口的下半部流入室内。但当着火房间的外窗处在迎风面时，排烟效果将大大降低。尽管如此，因为外窗自然排烟简单可行，无需增加投资，在房间和厅堂的排烟中是一种应予以采用的方式。自然排烟的设计在实践中采取下列一系列措施：

1）自然排烟的窗口应设置在房间的外墙上方或屋顶上，并应有方便开启的装置。当房间高度小于 3m 时，排烟口的下缘应在离顶棚面 0.8m 以内；当房间高度在 3～4m 时，排烟口下缘应在离地板面 2.1m 以上部位；而当房间高度大于 4m 时，排烟口下缘在房间总高度一半以上即可。

2）防烟分区内任一点距自然排烟口的水平距离不应大于 30m。

3）房间的排烟窗应尽量设置为两个或两个以上，且朝向不同。

4）根据烟气有向上升腾的特性，在设计时加高上、下层窗口之间的距离。即把窗口分为上、下两部分，一部分靠近顶棚，另一部分接近地面，使热烟气与冷空气分别通过洞口出入，则随着两者之间距离的加大，流速的加快，而使流量增多。在灭火实践中，可以利用这一原理来解决排烟问题。相邻两楼层的上、下层窗口或排烟口之间的外墙应具有足够的垂直距离，要求上、下层窗口之间墙壁的高度应不小于 0.9m。从防火安全方面看，距离越大，对防止火灾蔓延越有利。

2．走廊

对于房间单侧布置的敞开式走廊，其直接与大气相通，着火房间中的烟气一旦侵入走廊就马上扩散到大气中去，这是天然的自然排烟。

对于房间两侧布置的封闭式走廊，即通常所说的内走廊，一般只能在走廊的两端头开设外窗。当单层建筑面积小于 $500m^2$ 时，可作为一个防烟分区，因而可利用两端的外窗实现自然排烟。当单层建筑的面积较大，必须划分防烟分区时，则处在中间部位的防烟分区可以采用如图 8-13 所示的办法开设外窗，以实现对外自然排烟。

图 8-13　内走廊外窗自然排烟示意图

1—中部外窗　2—端部外窗　3—走廊　4—房间

图 8-14 所示为高层建筑的标准层利用内走廊的顶部作为水平烟道，然后在其两端头开设对外开口实现自然排烟的情况。

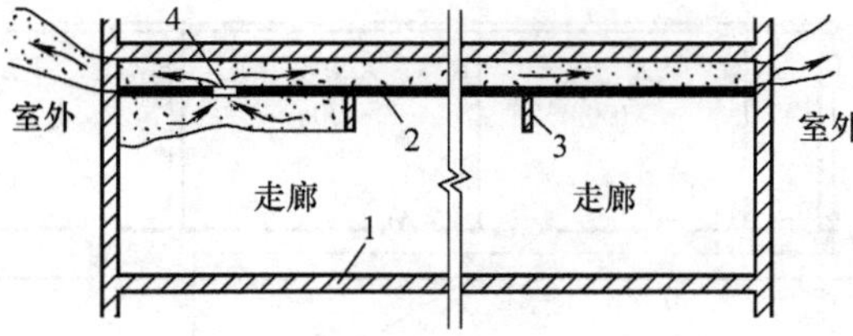

图 8-14 内走廊顶部作为水平烟道的自然排烟示意图

1—地板 2—吊顶 3—挡烟垂壁 4—排烟口

二、建筑机械排烟设计

机械排烟是借助机械力作用强迫送风或排气来排除火灾烟气的一种方式。利用排烟机把着火房间中所产生的烟气通过排烟口排到室外的排烟方式称为负压机械排烟方式，如图 8-15 所示。

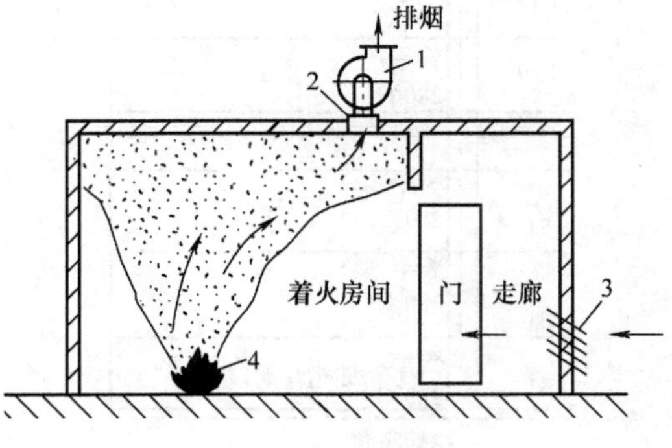

图 8-15 负压机械排烟方式

1—排烟机 2—排烟口 3—进风口 4—火源

（一）机械排烟设施的设置

民用建筑的下列场所或部位应设置机械排烟设施

1）设置在一、二、三层且房间建筑面积大于 100m² 和设置在四层及以上或地下、半地下的歌舞娱乐放映游艺场所。

2）中庭。

3）公共建筑内建筑面积大于 100m² 且经常有人停留的地上房间（见图 8-16）和建筑面积大于 300m² 的可燃物较多的地上房间。

4）建筑内长度大于 20m 的疏散走道，如图 8-17 所示。

5）各房间总建筑面积大于 200m² 或一个房间建筑面积大于 50m²，且经常有人停留或可燃物较多的地下、半地下建筑（包括地下、半地下室）。

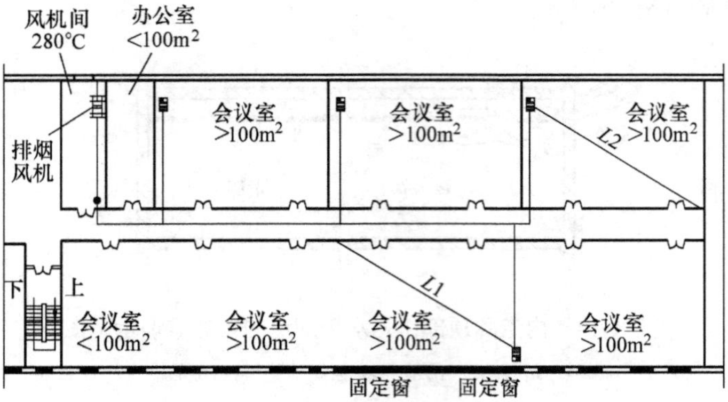

图 8-16　房间内的排烟示意图

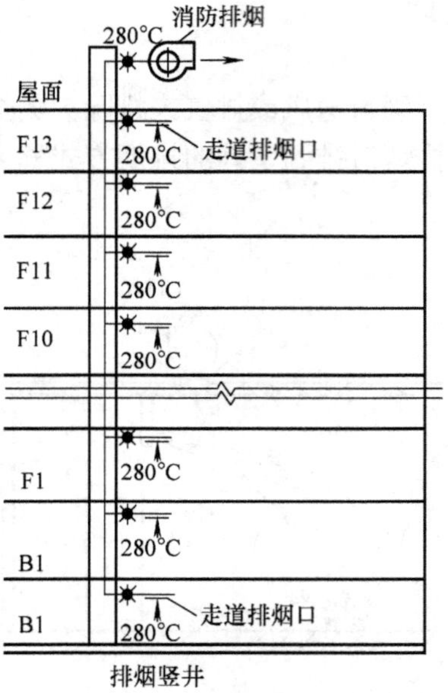

图 8-17　内走道排烟系统图

（二）机械排烟工作原理

火灾发生时，着火层或着火区域中产生大量高温烟气，体积膨胀，压力上升到比其他楼层或区域略高，一般平均压力高出 10～15Pa，短时可能达到 35～40Pa。着火区和非着火区之间存在着压差，所以烟气将通过门窗缝隙、开口以及各种管道穿墙间隙泄漏出来。为了控制烟气的扩散，即防止烟气由着火区域向非着火区域泄漏，必须使着火区域的压力比相邻区域的压力低。为此，应利用机械排烟机抽吸着火区域的烟气，并将其排出室外。

（三）机械排烟的优缺点

负压机械排烟的优点是能克服自然排烟受外界气象条件以及高层建筑热压作用的影响，排烟效果比较稳定，特别是在火灾初起阶段，能有效地保证非着火层或区域的人员疏散和物资转移的安全，但这种排烟方式也存在着不少问题。

1．在火灾猛烈发展阶段排烟效果可能大大降低

尽管我们在确定排烟风机的容量时总是留有余量，但火灾的情况错综复杂，某些场合下，火灾进入猛烈发展阶段，烟气大量产生，可能出现烟气的生成量短时内超过风机排烟量的情况，这时排烟风机来不及把生成的烟气完全排除，着火房间形成正压，从而使烟气扩散到非着火区中，因此防排烟效果大大降低。这就是说，负压机械排烟方式在火灾初起阶段行之有效，在火灾猛烈发展阶段可能失效，为保证负压机械排烟在整个火灾过程中绝对有效，就需增大排烟风机的容量，这将使设备投资增高。

2．排烟风机和排烟管道必须能在高温下工作

火灾初起阶段，烟气温度较低，随着火灾的发展，烟气温度逐渐升高；火灾猛烈发展阶段，着火房间内的烟气温度可能高达600～1 000℃，要求排烟风机和排烟管道承受如此高的温度是不可能的。当烟气温度超过280℃时，排烟风机和管道的工作将是不安全的，为保证排烟风机和管道工作的安全可靠，必须采取相应的技术措施。排烟风机的设置应符合下列规定：

1）在排烟风机入口处的总管上应设置当烟气温度超过 280℃时能自行关闭的排烟防火阀，该阀应与排烟风机连锁，当该阀关闭时，排烟风机应停止运转。

2）排烟风机应能在280℃的环境条件下连续工作不少于30min。

3．初期投资和维修费用高

由于负压机械排烟要求排烟风机和管道具备耐高温性能，而且在超温时有自动保护装置，因此设备的初期投资较高。

另一方面，为了使建筑的任何一个房间或部位发生火灾时都能有效地进行防排烟，就必须把建筑物的所有房间都作为排烟对象加以防范，排烟风机的容量也必然选得较高，不但初投资高，而且管理费用也高。

三、建筑正压送风防烟设计

确保疏散通道在发生火灾时的安全是建筑防火设计的一项重要任务。对着火房间或着火区域采用自然排烟或负压机械排烟方式，在一定条件下固然可以达到防止烟气蔓延扩散到非着火区域的目的，但如前所述，自然排烟的防排烟效果是不稳定的，采用负压机械排烟方式克服了自然排烟效果受气象条件影响，但由于火灾的复杂性和排烟风机的耐热性等问题，烟气从着火区域蔓延扩散到非着火区域仍然是无法避免的。那么，如何把着火区域产生的烟气有效地堵截于疏散通道之外，从而确保疏散通道的绝对安全，这就是正压送风防烟的出发点。

（一）应设置正压送风防烟设施的场所或部位

建筑的下列场所或部位应设置正压送风防烟设施：

1）防烟楼梯间及其前室。

2）消防电梯间前室或合用前室。

3）避难走道的前室、避难层（间）。

当防烟楼梯间的前室、合用前室采用开敞式阳台或凹廊进行防烟，或前室、合用前室内有不同朝向且开口面积符合自然排烟要求的可开启外窗时，该防烟楼梯间内可不设置机械防烟设施。

（二）正压送风防烟工作原理

正压送风防烟（机械加压送风）就是在疏散通道等需要防烟的部位送入足够的新鲜空气，使其维持高出建筑物其他部位的压力，从而把着火区域产生的烟气堵截于防烟部位之外的防烟方式。在采用正压送风防烟方式的同时，在着火区域采用自然或机械排烟方式进行排烟，这就构成了正压送风和排烟的防排烟组合方式。

（三）正压送风防烟方式的优缺点

正压送风防烟方式的主要优点，一是能够确保疏散通道的绝对安全，二是便于旧式建筑物的防排烟技术改造。

1．确保疏散通道的安全

即使在某些情况下偶然有少量烟气侵入，但在很短时间内就能被稀释排除，并不因此而降低疏散通道的安全性。这一优点已被大量的试验和火灾实践所证实。

2．便于旧式建筑物的防排烟技术改造

许多旧式建筑物，没有很好地考虑和解决防排烟问题，最多是采用外窗进行自然排烟。建立正压送风系统比较简单，只要对楼梯间等作为疏散通道的部位送入足够数量的新鲜空气，以维持一定的正压值就可以满足技术要求，不必对建筑物本体进行较大的改动，工作量较小，改造工期较短。

（四）正压送风防烟设施的设计要求

1）高层建筑的下列部位应设置独立的机械加压送风（正压送风）防烟设施：

① 不具备自然排烟条件的防烟楼梯间及其前室，消防电梯前室或合用前室。

② 采用自然排烟措施的防烟楼梯间，其不具备自然排烟条件的前室。

③ 封闭避难层（间）。

由于防烟楼梯间及其前室、消防电梯前室或合用前室各部位当有可开启外窗时，能采用自然排烟方式，造成楼梯间与前室或合用前室在采用自然排烟方式与采用机械加压送风方式排列组合上的多样化。这种组合关系及防烟部位见表 8-1。

表 8-1　防烟楼梯间与前室或合用前室的组合关系及防烟部位

组合关系	防烟部位
不具备自然排烟条件的楼梯间与其前室	楼梯间
采用自然排烟的前室或合用前室与不具备自然排烟条件的楼梯间	楼梯间
采用自然排烟的楼梯间与不具备自然排烟条件的前室或合用前室	前室或合用前室
不具备自然排烟条件的楼梯间与合用前室	楼梯间、合用前室
不具备自然排烟条件的消防电梯前室	前室

2）防烟楼梯间前室或合用前室，利用敞开的阳台、凹廊或前室内有可开启外窗自然排烟时，该楼梯间可不设防烟设施，如图 8-18a、b 所示。

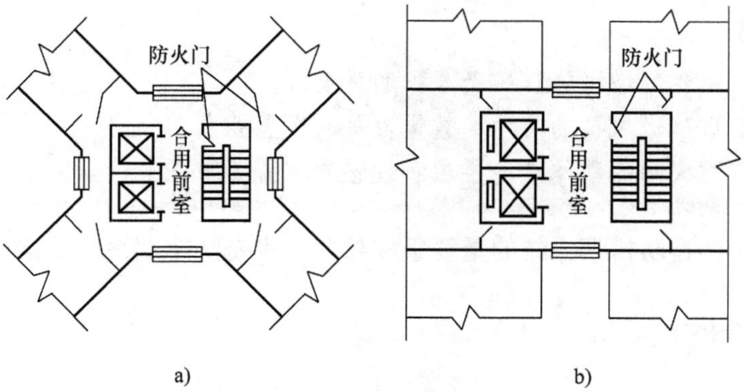

图 8-18 有可开启外窗的前室示意图

a）四周有可开启外窗的前室 b）两个不同朝向有开启外窗的前室

四、空气幕防排烟设计

吹吸式空气幕用于防排烟的基本原理主要是利用吹吸气流形成流动的气幕墙，将火灾区与其他毗邻区域分隔，形成安全区，同时排放火灾产生的烟气和有毒气体。空气幕防排烟系统是由送风口（吹气口）、排气口（吸气口）、送风排风机、送排风管道以及电气控制等设备组成的，如图 8-19 所示。

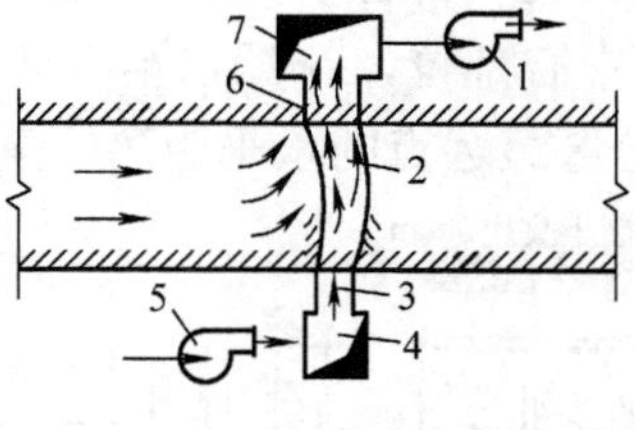

图 8-19 空气幕防排烟系统示意图

1—排风机 2—气幕 3—送风口 4—送风井道 5—送风机 6—排气口 7—排风井道

有关空气幕防排烟系统的工程设计目前还没有较成熟的方法，普遍的做法是在通风工程中空气幕设施方法的基础上，结合防排烟工程的一些特点进行设计。理想的防排烟方式是：既能严格地阻止火灾烟气侵入疏散通道或避难区域，确保这些区域的绝对安全，又能允许受灾人员和消防救援人员自由地进入这些区域，做到畅通无阻。

【思考与练习题】

1．简述目前国内建筑防排烟设计的方法。

2．简述几种建筑防排烟方式的工作原理及设计要求。

3．在防排烟系统的哪些部位应设置排烟防火阀？

4．自然排烟口设置要求有哪些？自然排烟窗的开窗面积要求是什么？

第四节　建筑防排烟设备及其附件

【学习目标】

1. 熟悉送风机和排烟机的送风量、排烟量要求。
2. 掌握排烟口和送风口的尺寸、数量及平面布置要求。
3. 掌握排烟防火阀的动作温度要求和设置的位置要求。

建筑防排烟设备是防排烟系统的重要组成部分，也是防排烟系统正常运行的保障。

一、机械排烟口

发生火灾时建筑物内所产生的烟气排向室外或烟道的出口称为排烟口。排烟口的尺寸和布置将直接影响到排烟效果。

（一）机械排烟口的有效尺寸

机械排烟口的尺寸不像自然排烟口那样要求严格，一般只要求按排烟口的有效面积计算的排烟速度低于 10m/s，排烟口的最小面积一般不应小于 $0.04m^2$。如果排烟速度过高，一方面使排烟口处局部阻力过大，另一方面在烟气入口处较容易吸入空气，降低实际排烟能力。

（二）机械排烟口的平面布置

同一防烟分区中的排烟口的数量及其平面布置是与该分区的地面面积以及平面布置有关的。

1）为了保证排烟畅通，使室内任何部位着火时产生的烟气能在较短的时间内排至室外，应将排烟口尽可能设在防烟区的中心部位，排烟口至该防烟区最远点的水平距离不应超过 30m。房间与走道排烟口至防烟分区最远点的水平距离示意图如图 8-20 所示。

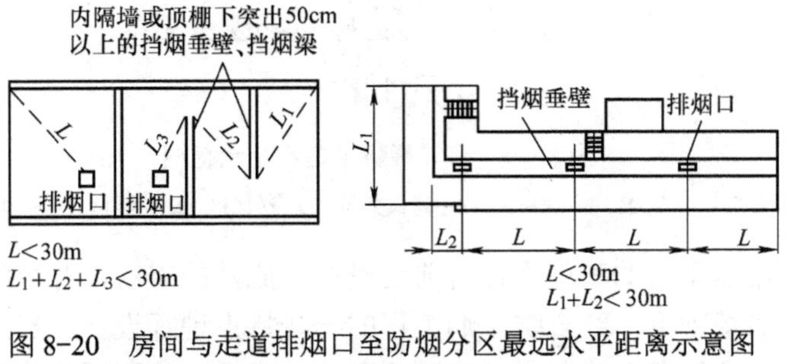

图 8-20　房间与走道排烟口至防烟分区最远水平距离示意图

走道的排烟口与防烟楼梯的疏散口的距离无关，但排烟口应尽量布置在与人流疏散方向相反的位置，如图 8-21 所示。

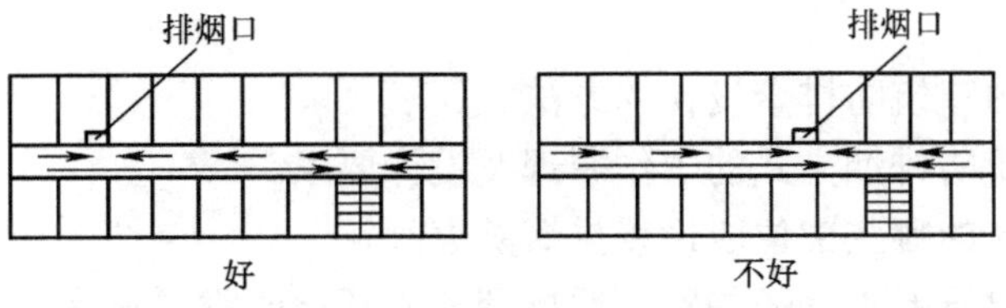

图 8-21　走道排烟口与疏散口的位置

2）排烟口应设在顶棚上或靠近顶棚的墙面上，且与附近安全出口沿走道方向相邻边缘之间的最小水平距离不应小于 1.5m。设在顶棚上的排烟口，距可燃构件或可燃物的距离不应小于 1.00m。排烟口平时关闭，并设有手动和自动开启装置。

3）同一防烟分区中应分设两个以上的排烟口，各排烟口之间应有联动装置，当任何一个排烟口开启时，其余的排烟口必须能随之开启，这样才能保证整个防烟分区的总有效排烟面积达到设计的要求。

二、排烟防火阀

当建筑内发生火灾后，排烟口开启，同时启动排烟风机排烟，对人员进行疏散。当排烟道内的烟气温度达到 280℃时，在一般情况下，烟气中已带火，如不停止排烟，烟火就有扩大到上层的危险，造成新的危害。排烟防火阀安装在排烟系统管道上，平时呈关闭状态，根据需要排放烟气时由控制中心发出信号将其打开，当管道内气体温度达到 280℃时，会自动关闭以阻止火势蔓延，在一定时间内能满足耐火稳定性和耐火完整性的要求，起隔烟防火作用。排烟防火阀主要用于：

1）机械排烟系统的排烟支管。

2）设在顶棚上或靠近顶棚的墙面上的排烟口。

3）排烟风机的机房入口。

4）排烟管道穿过防火墙时。

此类阀兼有自动排烟阀和防火阀的功能，平时处于关闭状态，需要排烟时，其动作和功能与排烟阀相同，可自动开启排烟。当管道内气流温度达到 280℃时，阀门靠装有 280℃易熔金属的温度熔断器而自动关闭，切断气流，防止火灾蔓延。

三、送风口

送风口是室外新鲜空气被送入与进入建筑物有关部位的孔口。

（一）送风口的布置形式

正压送风系统中送风口的布置有单点送风和多点送风两种形式。在正压送风防烟系统中，对每个正压区间，送风口只有一处时称为单点送风，而送风口有多处时，称为多点送风。单点送风形式如图 8-22 所示，送风机可以设在建筑物的屋顶层，也可以设在建筑物的地面层，还可以设在建筑物的中间设备层，其中最常见的是设在屋顶层。

当火灾是在远离送风口的楼层发生，而且送风口附近的几个楼层的楼梯间的门开启时，几乎全部加压送风量将从这几个开启的门流失掉，致使着火层楼梯间起加压作用的风量只占总送风量的极小部分，风压也很低，起不到应有的防烟作用。这就是说采用单点送风不能在任何情况下使远离送风口的楼梯间处保持足够的正压。

为了较好地防止正压空气通过打开的楼梯门流失掉，保持楼梯间在全高度内的压力均衡一致，对于高层建筑的楼梯间正压送风系统来说，一般应采用多点送风形式，楼梯间宜每隔二～三层设一个加压送风口，如图 8-23 所示。而对于高层建筑物中楼梯间前室或合用前室的加压送风口应每层设一个。

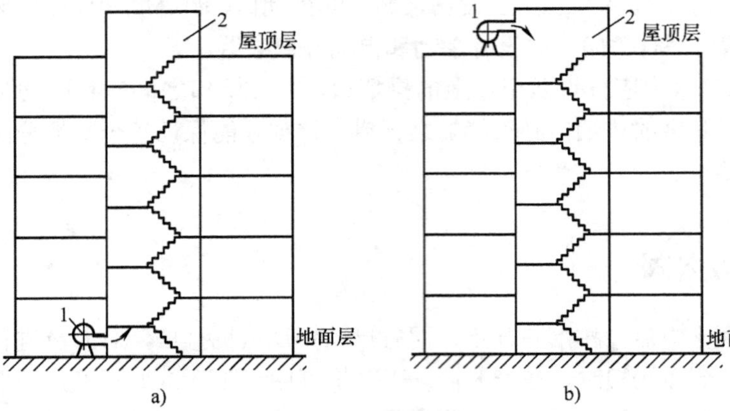

图 8-22　单点送风布置形式

a）地面层送风　b）屋顶层送风

1—送风机　2—防烟楼梯间

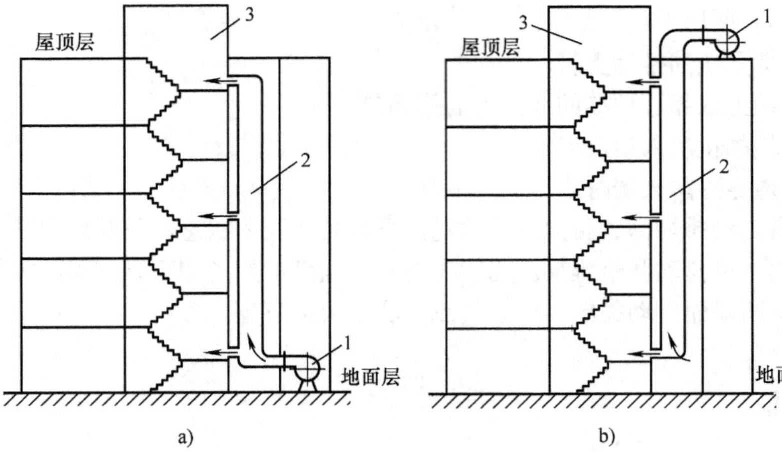

图 8-23　多点送风布置形式

a）地面层送风　b）屋顶层送风

1—送风机　2—送风竖井　3—防烟楼梯间

送风机屋顶层布置的关键问题是要严防烟气回流现象的产生。从建筑物排至室外的烟气有可能被送风机吸入送回正压系统中，然后被送到建筑物的各个部位，这就是所谓的烟气回流现象。因此在设计时应采取一定的措施：

1）送风机的取风口位置应尽可能远离烟气的排出口，如排烟口、排烟竖井出口及电梯井顶部排气口等。从垂直方向，取风口位置在下，排烟口位置在上。

2）送风机取风口应布置在各种不利孔口的上方，即相对于室外自然风向而言，送风机取风口应在上风向，各种排烟口、排气口应在下风向。

3）送风机的取风口应设置自动关闭装置，当烟气回流时能自动关闭。

（二）送风口的尺寸

送风口的尺寸一般只要求按送风口有效面积计算的送风速度低于 7m/s 即可。如送风速度过高，将使进口局部阻力过大；如送风速度过小，则送风口的尺寸较大，布置上以及与风道的连接都有困难。

四、风机

防排烟工程中所应用的风机按用途分有送风机和排烟机，按其工作原理分又有离心式风机和轴流式风机两种。

（一）排烟风机

1）排烟风机应耐热、变形小，应在排烟风机机房入口处设有当烟气温度超过 280℃时能自动关闭的排烟防火阀。排烟风机应保证在 280℃时能连续工作 30min。

2）排烟风机与排烟口应设有连锁装置。当任何一个排烟口开启时，排烟风机即能自动启动。即一经报警，确认发生火灾时，由手动或由消防控制室遥控开启排烟口，则排烟风机立即投入运行，同时应立即关闭着火区的通风空调系统。

3）选择排烟风机的排烟量时应满足以下要求：

① 担负一个防烟分区或净空高度大于 6.00m 的不划防烟分区的房间排烟时，应按每平方米面积不小于 60m^3/h（单台风机最小排烟量不应小于 7 200m^3/h）。

② 担负两个或两个以上防烟分区排烟时，应按最大防烟分区面积每平方米面积不小于 120m^3/h 计算。

③ 中庭体积小于 17 000m^3 时，其排烟量按其体积的 6 次/h 换气计算；中庭体积大于 17 000m^3 时，其排烟量按其体积的 4 次/h 换气计算；但最小排烟量不应小于 102 000 m^3/h。

④ 带裙房的高层建筑防烟楼梯间及其前室、消防电梯间前室或合用前室，当裙房以上部分利用可开启外窗进行自然排烟，裙房部分不具备自然排烟条件时，其前室或合用前室应设置局部机械排烟设施，其排烟量按前室每平方米不小于 60 m^3/h 计算。

（二）送风机

正压送风正压值的要求是：在相通加压部位的门关闭的条件下，其值应足以阻止着火层的烟气在热压、风压、浮压及膨胀力等力量联合作用下进入楼梯间、前室或封闭避难层。仅从防烟角度来说，这个数值越高越好，但是由于一般疏散门的方向是朝着疏散方向开启，而加压作用的方向恰好与疏散方向相反，如果压力过高，可能会使开启门困难或者打不开门。另一方面，压力过高也会使风机、风道等送风系统的投资增多。

为了促使防烟楼梯间内的加压空气向走廊流动，提高对着火层烟气的排斥作用，我国目前要求在加压送风时防烟楼梯间的空气压力大于走廊的空气压力，即防烟楼梯间正压值为 40～50 Pa，前室、合用前室、消防电梯间前室及封闭避难层（间）正压值为 25～30 Pa，走廊的压力相对为零。

【思考与练习题】

1．分别简述机械排烟口、正压送风口的尺寸大小及布置要求。

2．分别简述送风机和排烟机的设计要求。

第九章 建筑内部装修及外墙保温防火

随着我国国民经济的快速发展和人民生活水平的不断提高，建筑既要满足最基本的使用功能，又要满足人们从更高层次上对所处环境的精神及美观功能的需求。因此，建筑工程在结构完工后，宜根据建筑功能需要和建筑节能减排要求，进行建筑内部装修和建筑外墙保温施工。近年来，因建筑内部使用易燃、可燃装修材料和建筑外墙保温系统使用易燃、可燃材料引发的火灾越来越多，造成人员重大伤亡和财产损失也是由于采用了大量的易燃、可燃材料所致。因此对建筑内部装修和外墙保温系统进行防火设计尤为重要，合理选用防火性能好的材料有助于降低火灾荷载，减少火灾的发生或延缓火势的蔓延。

第一节 建筑内部装修防火概述

【学习目标】

1. 了解建筑内部装修材料的选用原则。
2. 熟悉建筑内部装修材料的分类和燃烧性能分级。
3. 掌握建筑内部装修的火灾危险性。

建筑内部装修能给人们提供优美的、个性化的建筑内部环境。随着科技的发展，建筑内部装修已不再是在房屋工程内粉刷和安装门窗、水电等设备的简单工程，而是包括了对地面、墙面、顶棚及隔断等部位的再装修，对家具、窗帘及帷幕等物品的再装饰。室内装修的这种改变促使人们使用多种多样的建筑内部装修材料，并对设计与施工提出了更高的要求。

一、建筑内部装修材料分类和燃烧性能分级

建筑物的用途及部位不同，对装修材料燃烧性能的要求也不同。为了安全合理地根据建筑的规模、用途、场所及部位等选用内部装修材料，《建筑内部装修设计防火规范（2001 年修订版）》（GB 50222—1995）对建筑内部装修材料进行了分类和分级。

（一）建筑内部装修材料的分类

建筑内部装修材料按使用部位和功能分为七类：

1）顶棚装修材料。

2）墙面装修材料。柱面的装修应与墙面的规定相同。

3）地面装修材料。

4）隔断装修材料。

5）固定家具。兼有分隔功能的到顶橱柜应认定为固定家具。

6）装饰织物。指窗帘、帷幕、床罩及家具包布等。

7）其他装饰材料。指楼梯扶手、挂镜线、踢脚板，窗帘盒（架）及暖气罩等。

（二）建筑内部装修材料按燃烧性能的分级

国家标准《建筑内部装修设计防火规范（2001 年修订版）》（GB 50222—1995）将内部装修材料按燃烧性能划分为四级，见表 9-1。

表 9-1 装修材料燃烧性能等级

等 级	装修材料燃烧性能
A	不燃性
B_1	难燃性
B_2	可燃性
B_3	易燃性

二、建筑内部装修材料选用原则

建筑内部装修设计时应妥善处理装修效果和使用安全的矛盾，积极采用不燃性和难燃性材料，尽量避免采用在燃烧时产生大量浓烟或有毒气体的材料，做到安全适用、技术先进和经济合理。

（一）积极采用不燃性和难燃性材料

1）严格控制人员密集场所，高层、地下建筑内可燃材料的使用。

2）受条件限制或装修特殊要求，必须使用可燃材料的，应对可燃材料进行阻燃和降烟处理。

3）与电气线路或发热物体接触的材料必须采用不燃材料或经过阻燃处理的难燃材料。

4）楼梯间、管道井等竖向通道和供人员疏散的走道内应采用不燃材料或经过处理的难燃材料。

（二）减少火灾时烟气毒性大的材料的选用

有研究表明，在火灾事故中的遇难者中，约有 80%是因吸入火灾烟气中毒性气体而丧生的。在装修材料中，很多材料是有机高分子材料，而所有有机高分子材料在燃烧时都会产生一氧化碳、二氧化碳气体，有些还会产生如氮氧化物、氰化氢等有害物质。一氧化碳是燃烧产物中最主要的杀手之一，人一旦过度吸入一氧化碳气体，轻者出现头痛、头晕及呕吐等症状，重者会心跳加速、呼吸急促，甚至出现昏迷、死亡。因此，选择建筑内部装修材料时应尽可能从安全的角度出发，选用一些在燃烧时不会产生大量烟气或有毒气体的装修材料。

三、建筑内部装修的火灾危险性

国内外火灾统计分析表明，许多火灾的蔓延扩大成灾都是由于采用了大量可燃、易燃装修材料。

2000 年 12 月 25 日，河南洛阳市东都商厦电焊火花引起装修材料起火，导致 309 人死亡。

2008 年 9 月 20 日，深圳市龙岗区龙岗街道龙东社区舞王俱乐部因燃放烟花引燃顶棚易燃装修材料发生火灾，导致 43 人死亡，88 人受伤。

建筑内部采用可燃、易燃材料的火灾危险性表现在以下几方面：

（一）增大了建筑内的火灾荷载

建筑物内火灾荷载大，则火灾持续时间长，燃烧更加猛烈，且会出现持续性高温，因而造成的危害更大。

（二）使建筑失火的几率增大

建筑内部装修采用可燃、易燃材料多、范围大，则火源接触到的机会就多，因而引发火灾的可能性增大，大量的火灾实例都充分说明了这一点。

（三）使火势迅速蔓延扩大

建筑一旦发生火灾，可燃、易燃装修材料在被引燃、发生燃烧的同时，热辐射和火焰容易造成火势迅速蔓延扩大。

（四）严重影响人员安全疏散和扑救

可燃性装饰材料燃烧时能产生大量烟雾和有毒气体，不仅降低了火场的能见度，而且还会使人中毒，严重影响人员疏散和火灾扑救。据统计，火灾中伤亡的人员，多数是因烟雾中毒和缺氧窒息致死的。

（五）造成室内轰燃提前发生

建筑物发生轰燃的时间长短除与建筑物内可燃物品的性质、数量有关外，还与建筑物内是否进行装修及装修的材料关系极大。装修后建筑物内更加封闭，热量不易散发，加之可燃性装修材料导热性能差，热容小，易积蓄热量，因而会促使建筑内温度上升，造成室内轰燃提前发生。

【思考与练习题】

1．建筑内部采用可燃、易燃材料会加大哪些火灾危险性？

2．建筑内部装修积极采用不燃性和难燃性的材料有哪些要求？

第二节　建筑内部装修防火设计一般要求

【学习目标】

1．了解建筑内部装修防火设计的基本原则。

2．熟悉《建筑内部装修设计防火规范（2001 年修订版）》对电气设备、室内装饰物及特殊功能部位与用房有哪些装修要求。

3．掌握《建筑内部装修设计防火规范（2001 年修订版）》对消防设施及部位、安全疏散设施及部位、使用明火的空间部位有哪些装修要求。

建筑内部装修材料的燃烧性能是决定火灾危险性大小的根本因素。如果建筑内部装修时忽略了防火安全，那么其火灾危险性就大，失火后火势蔓延快，不利于火灾扑救和人员安全疏散。

一、建筑内部装修防火设计的基本原则

一个安全的建筑内部装修防火设计能有效地防止火灾时火势迅速蔓延扩大，最大限度减少火灾损失。建筑内部装修防火设计应遵循以下三个原则：

（一）坚持安全与美观并重的原则

装修的第一目的就是为人们提供一个美观舒适的工作、生活环境，但装修中采用木质的、棉质的甚至有机高分子材料会使火灾荷载增加，建筑失火的几率增大，火势蔓延扩大，同时产生烟雾和有毒气体，使人们的疏散行动、火灾扑救工作难以进行。为确保人民生命财产安全，装修时应在满足规范要求的基础上兼顾美观的需求。

（二）坚持从严要求的原则

从严要求体现在：重要建筑物比一般建筑物严；地下建筑比地上建筑严；超高层建筑比一般高层建筑严；楼梯间、走道等公共部位比一般部位严；顶棚比墙面严；墙面比地面严；悬挂物比贴在基材上的物件严。

（三）遵守国家规范标准间互相协调的原则

建筑内部装修防火是建筑防火设计工程的一部分。一般来讲建筑室内装修工作都是主体结构工程完成后开展的后续工程，装修不当会妨碍各种设施的正常使用，因此室内装修应与现行的国家消防技术规范相衔接，严禁因装修封堵，影响安全疏散通道、出口及消防设施的正常使用。

二、建筑内部特殊部位及设施装修防火的规定

为了规范装修材料的选用，《建筑内部装修设计防火规范（2001 年修订版）》对某些特殊部位及设施的装修材料的防火性能提出了具体的规定。

（一）消防设施及部位

消防控制室等场所是火灾时消防官兵、消防工程技术人员需要坚守的地方，为保证人员安全，其装修材料的燃烧性能要求较高。

1. 消防控制室

消防控制室是火灾自动报警系统的控制和处理信息中心，也是火灾时灭火作战的指挥中心，其本身的安全十分重要。为保证其自身安全和系统设备正常、可靠工作，规定消防控制室的顶棚和墙面应采用 A 级装修材料，地面及其他装修应使用不低于 B_1 级装修材料。消防水泵房、排烟机房及固定灭火系统钢瓶间的内部装修材料应全部采用 A 级。

2．消防电梯轿厢

消防电梯是发生火灾后供消防人员实施火灾扑救、疏散重要物资和抢救被困人员的专用设备，为了提高其自身的安全性，相应地采用非燃烧材料作轿厢内装修，是非常必要的。因此，消防电梯轿厢内周围采用的装修材料不应低于A级。

3．消火栓门

建筑内所设的消火栓是防火安全系统的一部分，在扑救火灾中起着非常重要的作用。为了便于使用，建筑内部设置的消火栓一般都在比较醒目的位置上，并且颜色也比较鲜艳。

建筑室内消火栓的门不应被装饰物遮掩，消火栓门四周的装修材料颜色应与消火栓门的颜色有明显区别。

4．消防设施和疏散指示标志

建筑内的消防设施包括消火栓，自动火灾报警装置，自动灭火系统、防排烟装置，防火分隔构件以及安全疏散标志等，它们共同构成了建筑消防安全的防护体系。

建筑内部装修不应遮挡消防设施和疏散指示标志及出口，并且不应妨碍消防设施和疏散走道的正常使用。进行室内装修设计时，要保证疏散指示标志和安全出口易于辨认，以免人员在紧急情况下产生疑惑和误解。

5．挡烟垂壁

挡烟垂壁的作用是减慢烟气扩散的速度，提高防烟分区排烟口的吸烟效果。一般挡烟垂壁可采用结构梁来实现，也可用专门的产品来实现。如果在结构梁垂壁上贴可燃装修材料，或用可燃材料制作挡烟垂壁，都会导致可燃材料被烟气烤燃并生成更多的烟气和高温，从而降低挡烟垂壁的效用。为了保证挡烟垂壁在火灾中发挥应有的作用，应采用A级装修材料。

（二）安全疏散设施及部位

安全疏散设施及部位的装修材料影响内部疏散人员和救援消防官兵的安全，其装修材料的燃烧性能应符合以下要求。

1．楼梯间及前室

无自然采光的楼梯间、封闭楼梯间、防烟楼梯间和前室，其顶棚、墙面和地面均应采用A级装修材料。

火灾发生时，建筑中各楼层的人员只能经过垂直疏散通道向外撤离。尤其在高层建筑中，一旦垂直通道被烟火封锁，受灾人员的逃生以及消防人员的救援都极为困难。所以这些部位的装修材料必须使用不燃烧材料，要保证疏散楼梯在火灾条件下发挥其应有的作用。

2．疏散走道和安全出口

疏散走道和安全出口门厅的顶棚采用A级装修材料，其他装修应采用不低于B_1级装修材料。

疏散走道是水平疏散路线中最重要的一段，它的两端分别连通各个房间和楼梯间。当着火房间中的人员逃出房间进入走道后，该水平走道应能较好地保障其顺利地走向前室和楼梯。安全出口是指直通疏散楼梯间或直通室外的门厅。为保证人员能够安全地疏散，并为消防队员扑救火灾提供有利条件，必须重视疏散走道和安全出口的内部装修防火问题。

（三）电气设备

1. 配电箱

建筑内部的配电箱，不应直接安装在低于 B_1 级的装修材料上。

由电气设备引发的火灾在各类火灾中占很大比例。室内装修采用的可燃材料越来越多，客观上增加了电气设备引发火灾的危险性。为了防止配电箱产生的火花或高温熔珠引燃周围的可燃物，而且避免箱体传热引燃墙面装修材料，特作此规定。

2. 灯具和灯饰

照明灯具的高温部位，当靠近非 A 级装修材料时，应采取隔热、散热等防火保护措施。灯饰所用材料的燃烧性能等级不应低于 B_1 级。

室内照明灯具多装有遮光罩，或采取一些灯具暗藏的方式达到美化室内环境、营造光线的目的，虽然有些灯罩由玻璃、金属等不燃烧材料制成，但还是有相当多的灯罩采用了如塑料、竹木甚至纸制材料。由于灯具的热源往往与灯饰靠得很近，且灯饰也处于易于燃烧的垂直状态，因此灯饰应至少选用 B_1 级材料，当因装饰效果的需要必须采用 B_2 或 B_3 级材料时，应对其进行阻燃处理使其达到 B_1 级的要求。

（四）使用明火的空间部位

1. 建筑内的厨房

厨房内明火火源较多，餐馆、饭店的厨房工作时间又较长，因此有必要对其装修材料进行严格的限制；且厨房的装修多以易于清洗为主要目的，多采用瓷砖、石材及涂料等不燃烧材料进行装修，因此建筑物内厨房的顶棚、墙面及地面这几个部位应采用 A 级装修材料。

2. 经常使用明火的餐厅和科研试验室

使用明火的餐厅是指那些设有明火灶具的餐厅、宴会厅及包间等，如火锅城、烧烤店等，这些地方的明火灶具，往往数量大，且由流动人员操作，因此不易控制和管理。有些科学试验室，需用明火装置进行试验，如酒精灯、喷枪等，且试验室内往往存有一些易燃易爆的试剂、材料等。因此经常使用明火的餐厅、科研试验室，装修材料的燃烧性能等级除 A 级外，应比同类建筑物的要求相应提高。

（五）室内装饰物

在公共建筑中，经常将壁挂、雕塑、模型及标本等作为内装修的内容之一。这些饰物有相当一部分是易燃的，当这些饰物设置得过多时，势必造成火灾隐患。为此，应加以必要的限制。如确需设置一些类似的装饰时，应使其远离火源和热源。

（六）特殊功能部位和用房的装修要求

对一些人员密集场所、火灾危险性大的用房应按从严要求原则设计。

1. 歌舞娱乐放映游艺场所

近年来，歌舞厅等娱乐休闲场所屡屡发生重大火灾事故，其中一个重要原因是这类场所大多为营造气氛而注重装修，装修时采用了大量可燃材料，因此发生火灾时产生大量的有毒气体。

当歌舞厅、卡拉 OK 厅（含具有卡拉 OK 功能的餐厅）、夜总会、录像厅、放映厅、桑拿浴室（除洗浴部分外）、游艺厅（含电子游艺厅）及网吧等歌舞娱乐放映游艺场所设置在一、二级耐火等级建筑的四层及四层以上时，室内装修的顶棚材料应采用 A 级装修材料，其他部位应采用不低于 B_1 级的装修材料；当设置在地下一层时，室内装修的顶棚、地面材料应采用 A 级装修材料，其他部位应采用不低于 B_1 级的装修材料。

2．共享空间

建筑物设有上下层相连通的中庭、走马廊、敞开楼梯及自动扶梯时，其连通部位的顶棚、墙面应采用 A 级装修材料，其他部位应采用不低于 B_1 级的装修材料。

3．无窗房间

除地下建筑外，无窗房间内部装修材料的燃烧性能等级，除 A 级外，应在原规定基础上提高一级。

无窗房间一旦发生火灾，首先是不易早期发现，而一旦发现则往往火势已经较大；其次，由于无窗房间较为密闭，室内的烟气和毒气不易排出；另外，这样的房间也不利于消防人员对火情的侦察与施救。因此，有必要将无窗房间的室内装修的要求提高一个等级。

4．图书室、资料室、档案室和存放文物的房间

图书、资料及档案等本身为易燃物，一旦发生火灾，火势发展迅速。有些图书、资料、档案及文物等的保护价值很高，一旦被焚，无法复得。因此要求这类房间的顶棚、墙面应采用 A 级装修材料，地面应使用不低于 B_1 级的装修材料。

5．特殊贵重设备用房

大中型电子计算机房、中央控制室及电话机房等放置特殊贵重设备的房间，其顶棚和墙面应采用 A 级装修材料，地面及其他装修应用不低于 B_1 级的装修材料。

在各类计算机房、中央控制室内，放置了大批贵重和关键性的设备，一旦失火就会造成巨大的直接或间接经济损失。另外有些设备不仅怕火，也怕高温和水渍，即使火势不大的火灾，也会造成很大的经济损失，因而对此类房间应提出较高的装修防火要求。

6．变形缝

建筑内部的变形缝包括沉降缝、温度伸缩缝及防震缝。变形缝是贯通建筑物上下的通缝，一旦着火该部位会形成垂直的火灾蔓延通道，使垂直防火分区失去作用。因此，变形缝两侧的基层应采用 A 级材料，表面装修应采用不低于 B_1 级的装修材料。

【思考与练习题】

1．《建筑内部装修设计防火规范（2001 年修订版）》对消防设施及部位有哪些装修要求？

2．《建筑内部装修设计防火规范（2001 年修订版）》对安全疏散设施及部位有哪些装修要求？

3．《建筑内部装修设计防火规范（2001 年修订版）》对使用明火的空间部位有哪些装修要求？

第三节　各类建筑内部装修防火设计

【学习目标】

1. 熟悉《建筑内部装修设计防火规范（2001 年修订版）》中各类场所的允许放宽条件及特殊要求。

2. 掌握《建筑内部装修设计防火规范（2001 年修订版）》中各类场所的基准要求。

为了保障建筑的消防安全，防止建筑火灾的发生，减少火灾损失，建筑内部装修应按照防火设计规范要求，合理选材、科学设计，做到既安全适用又美观舒适。

一、单、多层民用建筑内部装修防火设计

我国《民用建筑设计通则》（GB 50352—2005）将住宅建筑依层数划分为：一～三层为低层住宅，四～六层为多层住宅。除住宅建筑之外的民用建筑中，高度不大于 24m 者为单层和多层建筑（包括建筑高度大于 24m 的单层公共建筑）。

（一）基准要求

单、多层民用建筑内部各部位装修材料的性能等级不应低于表 9-2 中的规定。从该表可以看出，对建筑面积较大、人员密集的候机楼、客运站、影剧院及商场营业厅等的要求相对较高。因为这些场所流动人员多，不易管理，一旦发生火灾人员疏散困难，因此，对这类建筑的内部装修提高要求，有助于减少火灾隐患。

歌舞厅、餐馆等娱乐、餐饮类建筑虽然一般建筑面积不大，但因它们一般处于繁华的市区临街地段，且人员密度较大，加之设有明火操作间和很强的灯光设备，引发火灾的概率高，火灾造成的后果严重，故对它们提出了较高的要求。

（二）允许放宽条件

1．局部放宽

考虑到一些建筑物大部分房间的装修材料都可满足规范的要求，而某一局部或某一房间因特殊要求，需采用可燃装修材料，且该局部又无法设置自动报警、自动灭火系统时，允许那些面积小于 100m^2，且采用防火墙和甲级防火门窗与其他部位分隔的房间的装修材料在表 9-2 的基础上降低一个等级。

2．设有自动消防设施的放宽

现在很多建筑物内安装了自动灭火与报警系统，这些设备的使用大大增强了建筑物抵御火灾的能力。有研究表明，在安装有自动喷水灭火系统的建筑中，初起火灾的扑灭率高达 80%。因此，宜从合理经济的角度出发，统筹考虑。除歌舞娱乐放映游艺场所外，当单、多层民用建筑需做内部装修的空间内安装有自动灭火系统时，除顶棚外，其内部装修材料的燃

烧性能等级可在表 9-2 规定的基础上降低一级；当同时装有火灾自动报警装置和自动灭火系统时，其顶棚装修的燃烧性能等级可在表 9-2 规定的基础上降低一级，其他部位装修材料的燃烧性能等级可不受限制。

表 9-2　单、多层民用建筑内部各部位装修材料的燃烧性能等级

建筑物及场所	建筑规模、性质	装修材料燃烧性能等级							
		顶棚	墙面	地面	隔断	固定家具	装饰织物		其他装饰材料
							窗帘	帷幕	
候机楼的候机大厅、商店、餐厅、贵宾候机室及售票厅等	建筑面积＞10 000m² 的候机楼	A	A	B_1	B_1	B_1	B_1		B_1
	建筑面积≤10 000m² 的候机楼	A	B_1	B_1	B_1	B_1	B_1	B_1	B_1
汽车站、火车站、轮船客运站的候车（船）室、餐厅及商场等	建筑面积＞10 000m² 的车站、码头	A	A	B_1	B_1	B_2	B_2		B_1
	建筑面积≤10 000m² 的车站、码头	B_1	B_1	B_1	B_2	B_2	B_2		B_2
影院、会堂、礼堂、剧院及音乐厅	座位数＞800	A	A	B_1	B_1	B_1	B_1	B_1	B_1
	座位数≤800	A	B_1	B_1	B_1	B_2	B_1	B_1	B_2
体育馆	座位数＞3 000	A	A	B_1	B_1	B_1	B_1	B_1	B_2
	座位数≤3 000	A	B_1	B_1	B_1	B_2	B_2	B_1	B_2
商场营业厅	每层建筑面积＞3 000m² 或总面积＞9 000m² 的营业厅	A	B_1	A	A	B_1	B_1		B_2
	每层建筑面积为 1 000～3 000m² 或总面积为 3 000～9 000m² 的营业厅	A	B_1	B_1	B_1	B_1	B_1		
	每层建筑面积＜1 000m² 或总面积＜3 000m² 的营业厅	B_1	B_1	B_1	B_2	B_2	B_2		
饭店、旅馆的客房及公共活动用房等	设有中央空调系统的饭店旅馆	A	B_1	B_1	B_1	B_2	B_2		B_2
	其他饭店、旅馆	B_1	B_1	B_2	B_2	B_2	B_2		B_2
歌舞厅、餐馆等娱乐及餐饮性建筑	营业面积＞100m²	A	B_1	B_1	B_1	B_2	B_1	B_1	B_1
	营业面积≤100m²	B_1	B_1	B_1	B_1	B_1	B_2		B_2
幼儿园、托儿所、中小学、医院病房楼、疗养院及养老院		A	B_1	B_1	B_1	B_2	B_1	B_1	B_1
纪念馆、展览馆、博物馆、图书馆、档案馆及资料馆等	国家级、省级	A	B_1	B_1	B_1	B_2	B_1	B_1	B_1
	省级以下	B_1	B_1	B_2	B_2	B_2	B_2		B_2
办公楼、综合楼	设有中央空调系统的办公楼、综合楼	A	B_1	B_1	B_1	B_2	B_2		B_2
	其他办公楼、综合楼	B_1	B_1	B_2	B_2	B_2			
住宅	高级住宅	B_1	B_1	B_1	B_1	B_2	B_2		B_2
	普通住宅	B_1	B_2	B_2	B_2	B_2			

二、高层民用建筑内部装修防火设计

我国《建筑设计防火规范》规定：建筑高度大于 27m 的住宅建筑和 2 层及以上、建筑高度大于 24m 的其他建筑为高层建筑。

（一）基准要求

高层民用建筑内部各部位装修材料的燃烧性能等级不应低于表 9-3 中的规定。

现在许多大、中城市中的高层综合建筑内，不再是单一的居住、办公等，而是集中了多重使用功能，如有些高层建筑内含有小型电影放映厅、报告厅、会议厅及餐厅等。在这些地方，人员密度大且流动性大，因此对这些部位的装修进行了特别的规定。

（二）允许放宽条件

1. 局部放宽

很多高层建筑都建有裙房，且裙房的使用功能比较复杂，其内部装修若与整栋建筑取同一标准，在实际操作中有一定困难。考虑到一般裙房与主体高层建筑之间有防火分隔并且裙房的层数有限，因此规定高层民用建筑的裙房内面积小于 500m^2 房间，当设有自动灭火系统，并且采用耐火极限不低于 2.00h 的隔墙、甲级防火门及窗与其他部位分隔时，顶棚、墙面及地面的装修材料燃烧性能等级可在表 9-3 的基础上降低一级。

2. 设有自动消防设施的放宽

除歌舞娱乐放映游艺场所、100m 以上的高层民用建筑及座位数大于 800 的观众厅、会议厅、顶层餐厅外，当设有火灾自动报警装置和自动灭火系统时，除顶棚外，其内部装修材料的燃烧性能等级可在表 9-3 的基础上降低一级。这一要求也是充分考虑了既经济又安全的原则而制定的。

表 9-3 高层民用建筑内部各部位装修材料的燃烧性能等级

建筑物	建筑规模、性质	装修材料燃烧性能等级									
		顶棚	墙面	地面	隔断	固定家具	装饰织物				其他装饰材料
							窗帘	帷幕	床罩	家具包布	
高级旅馆	座位数>800 的观众厅、会议厅，顶层餐厅	A	B_1	B_1	B_1	B_1	B_1	B_1		B_1	B_1
	座位数≤800 的观众厅、会议厅	A	B_1	B_1	B_1	B_1	B_1	B_1		B_2	B_1
	其他部位	A	B_1	B_1	B_2	B_2	B_1	B_2	B_1	B_2	B_1
商业楼、展览楼、综合楼、商住楼及医院病房楼	一类建筑	A	B_1	B_1	B_1	B_2	B_1	B_1		B_2	B_1
	二类建筑	B_1	B_1	B_2	B_2	B_2	B_2	B_2		B_2	B_2
电信楼、财贸金融楼、邮政楼、广播电视楼、电力调度楼及防灾指挥调度楼	一类建筑	A	A	B_1	B_1	B_1	B_1	B_1	B_1	B_1	
	二类建筑	B_1	B_1	B_2	B_2	B_2	B_1	B_2		B_2	B_2
教学楼、办公楼、科研楼、档案楼及图书馆	一类建筑	A	B_1	B_1	B_1	B_2	B_1	B_1		B_1	B_1
	二类建筑	B_1	B_1	B_2	B_1	B_2	B_1	B_1		B_2	B_2
住宅、普通旅馆	一类普通旅馆、高级住宅	A	B_1	B_2	B_1	B_2	B_1		B_1	B_2	B_1
	二类普通旅馆、普通住宅	B_1	B_1	B_2	B_2	B_2	B_2		B_2	B_2	B_2

注：1. “顶层餐厅”包括设在高空的餐厅等。

2. 建筑物的类别、规模及性质应符合国家现行标准《建筑设计防火规范》的有关规定。

（三）特殊要求

近年来，电视塔等特殊高耸建筑物，其建筑高度越来越高，内部还建有允许公众进入的观光厅、餐厅等。由于这类建筑物形式的限制，人员在危险情况下的疏散十分困难，因此有必要限制这类建筑物内可燃装修材料的使用，降低火灾发生以及蔓延的可能性，所以特对此类建筑作出较为严格的要求。《建筑内部装修设计防火规范》中规定，电视塔等特殊高层建筑的内部装修，装饰织物的燃烧性能等级应不低于 B_1 级，其他均应采用 A 级。

三、地下民用建筑内部装修防火设计

随着地下空间的开发和利用，城市中规划建筑了各种类型的地下民用建筑，但地下建筑比较地面建筑更加密闭，热量、烟气不易散发，人员疏散和火灾扑救均更加艰难。

（一）装修防火标准

地下民用建筑内各部位的装修设计必须符合表 9-4 中的规定。

表 9-4　地下民用建筑内各部位装修材料的燃烧性能等级

建筑物及场所	装修材料燃烧性能等级						
	顶棚	墙面	地面	隔断	固定家具	装修织物	其他装修材料
休息室、办公室、旅馆的客房及公共活动用房等	A	B_1	B_1	B_1	B_1	B_1	B_2
娱乐场所、旱冰场、舞厅、展览厅、医院的病房及医疗用房等	A	A	B_1	B_1	B_1	B_1	B_2
电影院的观众厅、商场的营业厅	A	A	A	B_1	B_1	B_1	B_2
停车库、人行通道、图书资料库及档案库	A	A	A	A	A		

地下建筑装修防火要求主要取决于人员的密度。对于人员密集的商场营业厅、电影院观众厅等在选用装修材料时，防火标准要求高；而对旅馆客房、医院病房以及各类建筑的办公用房，因其容纳人员较少且经常有专人管理，所以选用装修材料燃烧性能等级时适当放宽。对于图书、资料类库房，因可燃烧物数量大，所以要求全部采用不燃材料装修。

表 9-4 中娱乐场是指建在地下的体育及娱乐建筑，如球类、棋类以及文体娱乐项目的比赛与练习场所。

（二）安全通道

地下建筑与地上建筑显著的不同点就是人员只能通过安全通道和出口疏散到地面。地下建筑被完全封闭在地下，火灾时，人流疏散的方向与烟火蔓延的方向是一致的。从这个意义上讲，人员安全疏散相比地面建筑更困难。为了保证人员最大的安全度，确保各条安全通道和出口自身的安全与畅通是必要的。为此，对地下民用建筑的疏散走道和安全出口的门厅，要求其顶棚、墙面和地面的装修材料应采用 A 级装修材料。

（三）地下建筑的地上部分

单独建造的地下民用建筑的地上部分相对的使用面积小，且建在地面上，火灾危险性小，疏散扑救均比地下建筑部分要容易。为此，对单独建造的地下民用建筑的地上部分，规定其门厅、休息室及办公室等内部装修材料的燃烧性能等级可在表 9-4 规定的基础上降低一级要求。

（四）固定货架等

地下空间的利用促进了地下大型商场的兴建。地下商场内部结构各异，有一定量的可燃装修，外加地下商场储存销售可燃性商品，加大了地下空间的火灾荷载和火灾危险性。因此，特别规定地下商场、地下展览厅的售货柜台、固定货架及展览台等，应采用 A 级建筑装修材料。

【思考与练习题】

1．单、多层民用建筑内部装修防火设计基准要求有哪些？
2．高层民用建筑内部装修防火设计基准要求有哪些？

第四节　建筑外墙保温概述

【学习目标】

1. 了解建筑外墙保温材料的类型。
2. 掌握有机高分子保温材料的火灾危险性。

外墙保温系统是集节能、保温、隔声及装饰效果为一体的非承重性建筑墙体系统。随着“普及低碳理念，实践低碳生活”要求的提高，建筑节能与低碳环保成为了当前建筑发展的基本要求。2007 年 10 月，国家下达文件，要求全国各地新建建筑必须做建筑外墙保温，既有建筑限期改造，以实现建设部提出的“十一五”期间建筑节能贡献率要达到 20%的节能发展目标。

一、建筑外墙保温系统的类型

外墙保温指采用一定的固定方式，把导热系数较低、保温隔热效果较好的绝热材料与建筑外墙固定为一体，增加墙体的平均热阻值，从而达到保温或隔热效果的一种工程做法。目前，外墙保温技术主要包括外墙内保温系统、外墙自保温系统及外墙外保温系统。我国寒冷地区早在解放初就已经开始建筑保温工作，主要采用的就是外墙内保温系统，由于内保温系统保温效果差且影响建筑内部装修和使用而没有广泛推广。外墙外保温系统不但在保温功能方面存在较大优势，而且由于保温层置于建筑围护结构外侧，能使建筑避免雨、雪、冻融及干湿循环造成的结构破坏，减少空气中有害气体和紫外线对围护结构的侵蚀。外墙外保温系统是现在国内外建筑节能保温施工中常用的方法。

二、建筑外墙保温材料的类型

保温材料是指导热系数小于或等于 0.2W/（m・℃）的材料。目前广泛采用的外墙外保温材料主要有两大类，一类是不燃性的无机保温材料，如岩棉、玻璃棉及膨胀玻化微珠保温浆料等；另一类是易燃、可燃且具有引发火灾危险性的有机高分子保温材料，主要包括聚苯乙烯泡沫塑料（EPS）、挤塑板（XPS）和硬质聚氨酯泡沫塑料（PU）。由于各种原因，我国建筑保温行业一直保持低门槛，有机保温材料由于具有导热系数低、节能效果好、材质轻、价格低及施工工艺成熟等优点，占据建筑保温材料市场大部分的份额。但它们最大的缺陷是火灾危险性大。

三、有机高分子保温材料的火灾危险性

有机高分子保温材料主要包括聚苯乙烯泡沫塑料（EPS）、挤塑板（XPS）和硬质聚氨酯泡沫塑料（PU）。它们最大的优点是质量轻、保温隔热性能好及价格较低。最大的缺点是火灾危险性大，主要表现在以下方面。

（一）着火燃烧容易

目前建筑外墙采用的保温材料绝大多数是聚苯乙烯和聚氨酯，其燃烧性能属 B_3 级的易燃材料，一个小火源即能引起保温材料着火燃烧。如 2009 年 4 月 19 日南京市山西路军人俱乐部内 50 层的中环国际大厦着火，起火原因是工人电焊火花点燃了暴露在外的墙体保温层，大火从 8 楼空调外机井处的保温层一直烧到大厦最顶楼。2010 年 9 月 22 日乌鲁木齐长春路一栋 26 层在建高层建筑外墙的火灾，为电源插头破损打火引发保温层着火。

（二）火势燃烧蔓延快

没有经过阻燃处理的有机高分子保温材料燃烧速度很快，蔓延极为迅速，从初起燃烧到猛烈燃烧，在时间上基本没有明显的划分。同时，燃烧热值高，热辐射强。2009 年 2 月 9 日央视新大楼北配楼火灾从起火到整个大楼都燃烧起来只用了十几分钟，消防部门投入 100 多台消防车和 1 000 多消防官兵施救了 8 个多小时，直到整个大楼的外壳被燃完为止。上海“11·15”大火从点燃到整个大楼被大火吞噬仅用了 6min，最后也是整个大楼外层被烧完。

（三）产生毒害性气体

有机高分子保温材料燃烧时会产生浓重的烟雾，烟雾中含有大量的毒害性气体。聚苯乙烯、挤塑板和硬质聚氨酯等保温材料燃烧时，能产生一氧化碳、二氧化碳及氧化氮等有毒气体和氰化氢、氯化氢等剧毒气体，根据对火灾事故中人员伤亡情况的分析知，90%以上人员的伤亡主要是由于吸入这种混合烟雾毒气造成的。2010 年 11 月 15 日，上海市静安区胶州路 707 弄 1 号的一栋 28 层住宅楼因电焊施工引燃聚氨酯泡沫等易燃保温材料，有毒浓烟迅速进入建筑内部，导致 58 人死亡 70 人受伤。2011 年 4 月 19 日，上海电信大楼因装修工人切割施工作业时引燃可燃的风管保温材料，导致 4 人死亡。

（四）燃烧产生熔滴

多数有机高分子保温材料燃烧时能产生熔滴，特别是 EPS 泡沫、XPS 泡沫，耐火性极差，在 80℃时就会熔融而变形滴落。熔滴温度较高，由起火部位向下滴落时不但能伤人，还会使火灾迅速地向下蔓延，形成整个建筑外立面的立体火灾。2009 年 2 月央视新大楼北配楼由于

燃放烟花爆竹引燃屋顶和墙体挤塑板保温材料，挤塑板遇火熔化后产生的滴落物迅速引发了更严重的燃烧，火势迅速蔓延至整个大楼的立面。

【思考与练习题】

1．建筑外墙保温施工的意义有哪些？

2．有机高分子保温材料的火灾危险性有哪些？

第五节　建筑外墙保温防火设计要求

【学习目标】

1. 了解建筑外墙保温防火的一般要求。
2. 掌握建筑外墙采用外保温系统的防火设计要求。

建筑是百年大业，建筑节能是建筑发展的基本要求，随着全国各地外墙保温施工改造的推行，由于一些工程的建设单位、设计单位以及施工单位采用易燃、可燃的外墙保温材料，加之施工现场安全主体责任不落实，监管不到位，由此引发的火灾事故此起彼伏。建筑节能是我国向世界承诺完成低碳减排任务的重大措施。不能因为外墙保温系统着火否定建筑节能的目标和做法而因噎废食，而应该严格把好建筑外墙保温系统防火设计关，制定科学合理的火灾防范对策，把好源头安全防范关，避免由可燃外墙保温材料和不安全的施工所带来的火灾隐患永远埋在建筑里威胁建筑使用人员的安全。

一、建筑外墙保温防火的一般要求

我国建筑能耗占社会总能耗的比例约为30%，既有建筑中的80%以上属高能耗建筑。建筑节能是我国向世界承诺完成低碳减排任务的重大措施。国内外大量的工程实践证明，目前广泛采用的外墙保温系统是较好的建筑保温节能技术。为了防止建筑外墙因保温系统引发火灾，建筑外墙保温系统应满足以下要求。

1）采用内、外保温系统的建筑基层墙体或屋面板，其耐火极限应符合建筑设计防火规范的有关规定。

2）建筑外墙采用保温材料与两侧墙体无空腔的复合保温结构体系时，其整体外墙的耐火极限应符合建筑设计防火规范的有关规定。当采用 B_1、B_2 级保温材料时，保温材料两侧应采用不燃烧材料做保护层且外侧保护层的厚度不应小于50mm。

3）外墙外保温系统与基层墙体、装饰层之间有空腔时，其保温系统应符合下列规定：

① 建筑高度小于或等于24m时，其保温材料的燃烧性能不应低于 B_1 级；建筑高度大于24m时，应为A级。

② 采用 B_1 级保温材料时，应采用不燃材料做防护层且防护层的厚度不应小于50mm。

③ 保温系统与基层墙体、装饰层之间的空腔，应在每层楼板处采用防火封堵材料封堵。

4）建筑的屋面外保温系统，当屋面板的耐火极限不低于1.00h时，其保温材料的燃烧性

能不应低于 B_2 级；当屋面板的耐火极限低于 1.00h 时，不应低于 B_1 级。

采用 B_1、B_2 级保温材料的屋面保温系统，应采用不燃材料作防护层且防护层的厚度不应小于 10mm。

当屋面和外墙均采用 B_1、B_2 级保温材料时，应采用宽度不小于 500mm 的不燃材料设置防火隔离带将屋面和外墙分隔。

5）电气线路不应穿越或敷设在 B_1 或 B_2 级保温材料中；确需穿越或敷设时，应采取防火保护措施。安装开关、插座等电器配件的周围应采取防火措施。

二、建筑外墙采用内保温系统的防火设计要求

在我国建筑节能技术发展的起步阶段，外墙内保温系统应用比较广泛，这是因为当时外墙外保温技术尚不成熟，而且内保温也有一定的好处，比如造价低、安装方便等。但是随着我国节能标准的提高，内保温由于存在无法避免的“热桥”作用，会给建筑物带来某些不利的影响。“热桥”指的是在内外墙交界处、构造柱、框架梁及门窗洞等部位，形成的散热的主要渠道。建筑外墙采用内保温系统时，应符合下列规定：

1）人员密集场所及各类建筑内的疏散楼梯间、避难走道、避难间及避难层，应采用 A 级保温材料。

2）其他建筑、场所或部位，应采用低烟、低毒且燃烧性能不低于 B_1 级的保温材料。采用 B_1 级保温材料时，应采用不燃材料做防护层，且防护层的厚度不应小于 10mm。

三、建筑外墙采用外保温系统的防火设计要求

建筑外墙外保温技术是目前大力推广的一种建筑保温节能技术。外保温与内保温相比，技术合理，有其明显的优越性：一是保护主体结构，延长建筑物寿命；二是基本消除“热桥”的影响；三是使墙体潮湿情况得到改善；四是有利于室温保持稳定；五是便于对旧建筑物进行节能改造；六是可以避免装修对保温层的破坏；七是增加房屋使用面积。建筑外墙采用外保温系统时，应符合下列规定：

1）住宅建筑的外墙外保温材料与基层墙体、装饰层之间无空腔时，其保温系统应符合下列规定：

① 建筑高度小于或等于 27m 时，其保温材料的燃烧性能不应低于 B_2 级。采用 B_1、B_2 级保温材料时，应采用不燃材料做防护层，且建筑首层位置的防护层厚度不应小于 10mm；其他楼层不应小于 5mm。外墙上的门、窗、洞口应设置乙级防火门窗，防火窗的玻璃可采用 C 类防火玻璃；应在每层采用高度不小于 300mm 的不燃材料设置水平防火隔离带或挑出宽度不小于 1.0m 的防火挑檐。

② 建筑高度大于 27m、小于或等于 100m 时，其保温材料的燃烧性能不应低于 B_1 级。建筑高度大于 27m、小于或等于 54m，并采用 B_1 级保温材料时，应采用不燃材料做防护层，且建筑首层位置的防护层厚度不应小于 10mm；其他楼层不应小于 5mm。外墙上的门、窗、洞口应设置乙级防火门窗，防火窗的玻璃可采用 C 类防火玻璃；应在每层采用高度不小于 300mm 的不燃材料设置水平防火隔离带或挑出宽度不小于 1.0m 的防火挑檐。

建筑高度大于 54m、小于或等于 100m，并采用 B_1 级保温材料时，其防护层的厚度不应小于 50mm。

③ 建筑高度大于 100m 时，应采用 A 级。

2）除住宅建筑外，其他建筑的外墙外保温系统与基层墙体、装饰层之间无空腔时，其保温系统应符合下列规定：

① 人员密集场所，应采用 A 级保温材料；人员密集场所的建筑，其保温材料要求可分别按照建筑设计防火规范的相关要求确定。

② 除人员密集场所外的其他建筑或场所，当建筑高度小于或等于 24m 时，其保温材料的燃烧性能不应低于 B_2 级；当建筑高度大于 24m、小于或等于 50m 时，不应低于 B_1 级；当建筑高度大于 50m 时，应为 A 级。

③ 采用 B_1、B_2 级保温材料时，应采用不燃材料做防护层，且防护层的厚度不应小于 50mm。

3）下列情况，应按现行国家标准《建筑外墙外保温系统的防火性能试验方法》的规定对该外墙外保温系统的防火性能进行试验，并达到合格判定标准，且整体外墙的耐火极限应符合建筑设计防火规范的有关规定：

① 除采用 A 级保温材料的建筑外，外墙外保温系统采用不同于建筑设计防火规范规定的其他构造方式。

② 除采用 B_2 级保温材料的建筑外，外墙装饰层采用不同于建筑设计防火规范规定的其他装饰材料。

【思考与练习题】

1. 简述建筑外墙保温系统的防护层和防火挑檐有哪些作用。
2. 水平隔离带主要应用于建筑外墙保温系统的哪些地方？

第十章　建筑消防设施

建筑消防设施是指在建筑物、构筑物中设置的用于火灾报警、灭火、人员疏散、防火分隔及灭火救援行动等设施的总称。归纳起来，常见的建筑消防设施有火灾自动报警设施（系统）、防火分隔设施、安全疏散设施、防排烟设施和灭火设施五大类。熟悉各类建筑消防设施的系统组成及工作原理，并能熟练操作，是灭火救援指战员成功处置现代建筑火灾的关键。

由于防火分隔设施、安全疏散设施和防排烟设施已在本书前面相关章节作了系统介绍，这里不再赘述。本章结合基层消防部队灭火救援工作的实际需要，重点介绍火灾自动报警系统和几种主要的灭火设施。

第一节　火灾自动报警系统

【学习目标】

1. 了解火灾自动报警系统的组成及基本形式。
2. 熟悉火灾自动报警系统的工作原理。
3. 掌握火灾自动报警系统的火灾报警处理方法。

火灾自动报警系统是火灾探测报警与消防联动控制系统的简称，是人们为了早期发现、通报火灾，及时引导人员疏散和联动各种消防设施，并接受设备的反馈信号而设置在建筑中或其他场所的一种自动消防设施，是各类建筑消防设施的核心组成部分。发生火灾时，火灾自动报警系统能及时探测火灾，发出火灾报警，同时启动火灾警报装置；启动自动防排烟设施；启动应急照明系统、火灾应急广播等疏散设施，引导火灾现场人员及时疏散；启动相应防火、灭火设施，防止火灾蔓延扩大，同时实施灭火，以减少火灾损失。

一、火灾自动报警系统的主要组成及功能原理

火灾自动报警系统最基本的系统组成主要有触发器件（火灾探测器、手动火灾报警按钮）、火灾报警控制器、火灾警报装置（声光报警器）及消防联动控制装置等，如图 10-1 所示。

在火灾自动报警系统中，安装在现场的火灾探测器用以监测保护区域内火灾特征参数（烟雾、高温、火焰等）的变化情况，一旦探测到火灾事故发生，火灾探测器将火灾特征参数的变化情况转变为电信号并传输给火灾报警控制器，火灾报警控制器接收到现场火灾报警信号后，发出火灾报警信号，启动相应的火灾警报装置并将火灾报警信息传输给消防联动控

制装置，消防联动控制装置再发出各类联动控制信号，启动相应的疏散设施、防排烟设施、防火分隔设施和灭火设施等。

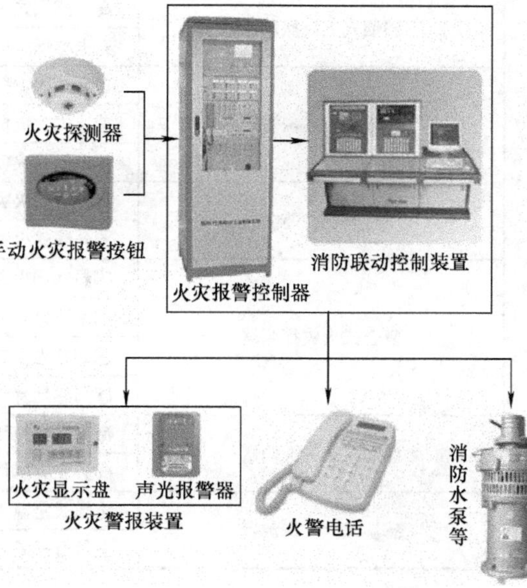

图 10-1　火灾自动报警系统的组成

（一）火灾探测器

火灾探测器的作用首先是将火灾现场的相关火灾特征参数，如烟雾、高温及火焰等转变为电信号，然后通过弱电线路将此电信号传输给火灾报警控制器，如图 10-2 所示。

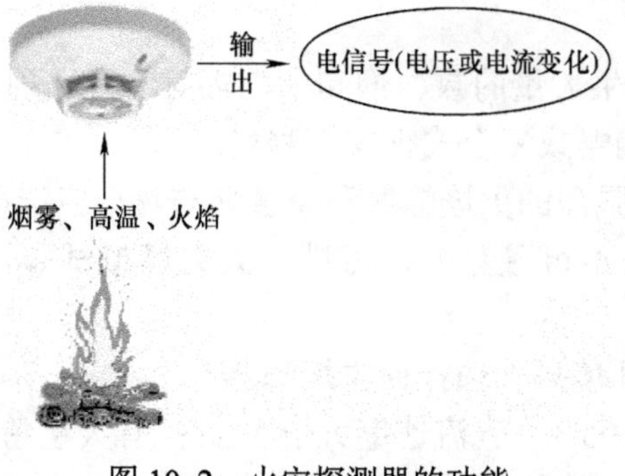

图 10-2　火灾探测器的功能

1. 火灾探测器的常见分类

根据探测器的结构造型，火灾探测器可分为点型火灾探测器和线型火灾探测器两种；根据探测器感应的火灾参数，火灾探测器分为感烟式火灾探测器、感温式火灾探测器、火焰火灾探测器和复合式火灾探测器四种。另外，根据探测原理的不同，结构造型和感应参数相同的火灾探测器还可作进一步分类。火灾探测器的常见分类情况见表 10-1。

表 10-1　火灾探测器的常见分类情况

结构造型	感应参数	探测原理
点型火灾探测器	感烟式火灾探测器	离子感烟式火灾探测器
		光电感烟式火灾探测器
	感温式火灾探测器	定温式火灾探测器
		差温式火灾探测器
		差定温式火灾探测器
	火焰火灾探测器	红外线式火灾探测器
		紫外线式火灾探测器
	复合式火灾探测器	感温感烟火灾探测器
		感温感光火灾探测器
		感烟感光火灾探测器
		感温感烟感光火灾探测器
线型火灾探测器	感烟式火灾探测器	激光火灾探测器
		红外光束感烟火灾探测器
	感温式火灾探测器	电缆式定温火灾探测器
		空气管差温式火灾探测器

2．火灾探测器的选择

由于探测原理、结构特点不同，不同种类的火灾探测器的适用场所不尽相同。选择火灾探测器时，要根据探测区域内可能发生的初起火灾特征、环境条件及房间高度等因素综合进行。

（1）根据初起火灾特征选择火灾探测器

1）火灾初起阶段有阴燃阶段，产生大量的烟和少量热，很少或没有火焰辐射，应选用感烟式火灾探测器。

2）火灾发展迅速，产生大量的热、烟和火焰辐射，可选用感烟式火灾探测器、感温式火灾探测器、火焰火灾探测器或复合式火灾探测器。

3）火灾发展迅速，有强烈的火焰辐射和少量烟与热，应选用火焰火灾探测器。

4）初起火灾形成特征不可预测的，可进行火灾模拟试验，根据试验结果选择火灾探测器。

（2）根据设置场所的环境条件选择火灾探测器

1）相对湿度长期大于 95%，气流速度大于 5m/s；有大量粉尘、水雾滞留，可能产生腐蚀性气体；在正常情况下有烟滞留；产生醇、醚类及酮类等有机物质的场所，不宜选用离子感烟探测器。

2）可能产生阴燃或者发生火灾未及早报警将造成重大损失的场所，不宜选用感温探测器；温度在 0℃以下的场所，不宜选用定温探测器；正常情况下温度变化大的场所，不宜选用差温探测器。

3）有下列情形的场所，不宜选用火焰火灾探测器：

① 可能发生无焰燃烧的火灾。

② 在火焰出现前有浓烟扩散。

③ 探测器的镜头易被污染。

④ 探测器的"视线"易被遮挡。

⑤ 探测器易被阳光或其他光源直接或间接照射。

⑥ 在正常情况下，有明火作业及 X 射线、弧光等影响。

（3）根据房间高度选择火灾探测器　房间高度直接影响火灾探测器的选择，不同高度房间的火灾探测器选择情况见表 10-2。

表 10-2　不同高度房间的火灾探测器选择情况

房间高度 h/m	感烟式探测器	感温式探测器			火焰火灾探测器
		一　级	二　级	三　级	
$12<h\leqslant 20$	不适合	不适合	不适合	不适合	适合
$8<h\leqslant 12$	适合	不适合	不适合	不适合	适合
$6<h\leqslant 8$	适合	适合	不适合	不适合	适合
$4<h\leqslant 6$	适合	适合	适合	不适合	适合
$h\leqslant 4$	适合	适合	适合	适合	适合

注：感温式探测器灵敏度是指探测器在火灾条件下响应温度参数的敏感程度。感温式探测器灵敏度分为一级、二级、三级三个级别，其响应温度分别为 62℃、70℃与 78℃，一级灵敏度最高，三级灵敏度最低。

3．火灾探测器数量的确定

规范规定：探测区域内每个房间至少应设置一只火灾探测器。一个探测区域内所需设置的探测器数量按下式计算

$$N\geqslant \frac{S}{KA} \tag{10-1}$$

式中　N——一个探测区域内所需设置的探测器数量（只），取整数；

S——一个探测区域的面积（m^2）；

A——单个探测器的保护面积（常用的感烟式、感温式火灾探测器的保护面积及保护半径见表 10-3）（m^2）；

K——修正系数，重点保护建筑取 0.7～0.9，非重点保护建筑取 1.0。

探测区域是指按探测火灾的部位划分的单元，也即有热气流或烟雾充满的区域。就屋内吊顶表面和吊顶内部而言，为被墙、楼板和突出吊顶或楼板下表面 0.6m 及以上的梁等分隔的部位。如图 10-3 所示，图示空间被划分为 A、B、C 三个探测区域。

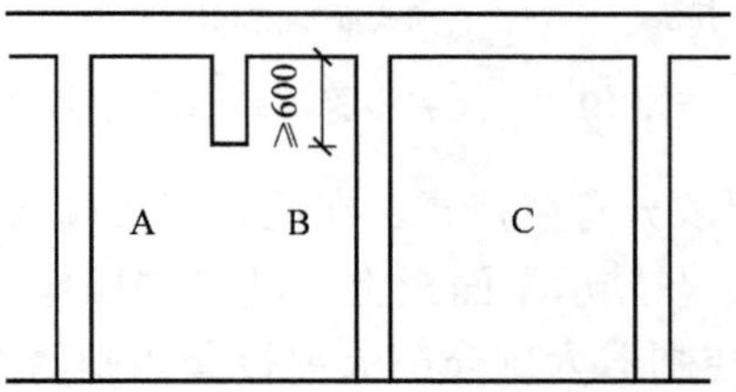

图 10-3　区域的划分

表 10-3 感烟式、感温式火灾探测器的保护面积及保护半径

火灾探测器种类	探测器区域地面面积 S/m^2	房间高度 h/m	探测器的保护面积及保护半径					
			探测器安装面（屋顶、楼板或吊顶）坡度（α）					
			$\alpha \leq 15°$		$15° < \alpha \leq 30°$		$\alpha > 30°$	
			A/m^2	R/m	A/m^2	R/m	A/m^2	R/m
感烟式探测器	$S \leq 80$	$h \leq 12$	80	6.7	80	7.2	80	8.0
	$S > 80$	$6 < h \leq 12$	80	6.7	100	8.0	120	9.9
		$h \leq 6$	60	5.8	80	7.0	100	9.0
感温式探测器	$S \leq 30$	$h \leq 8$	30	4.4	30	4.9	30	5.5
	$S > 30$	$h \leq 8$	20	3.6	30	4.9	40	6.3

（二）手动火灾报警按钮

手动火灾报警按钮是用手动方式产生火灾电信号的一种触发器件。在火灾自动报警系统中，为防止火灾探测器出现故障致使系统不能正常探测火灾，必须在建筑公共部位安装手动火灾报警按钮。当现场人员确认火灾发生时，按下手动火灾报警按钮，即可产生火灾电信号并通过弱电线路传递给火灾报警控制器，如图 10-4 所示。

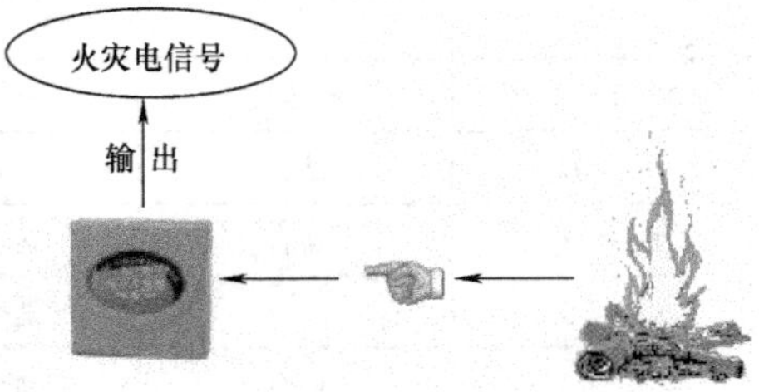

图 10-4 手动火灾报警按钮的功能

（三）火灾报警控制器

火灾报警控制器是火灾自动报警系统的心脏，是消防系统的指挥中心。火灾报警控制器主要有四项功能：第一是接收并处理来自火灾探测器或手动火灾报警按钮传输来的火灾电信号，进行声、光报警；第二是显示与记录火灾发生的具体时间和部位；第三是向火灾探测器提供电源，监视其所连接的火灾探测器及传输线路有无故障；第四是向联动控制装置发出联动信号，如图 10-5 所示。

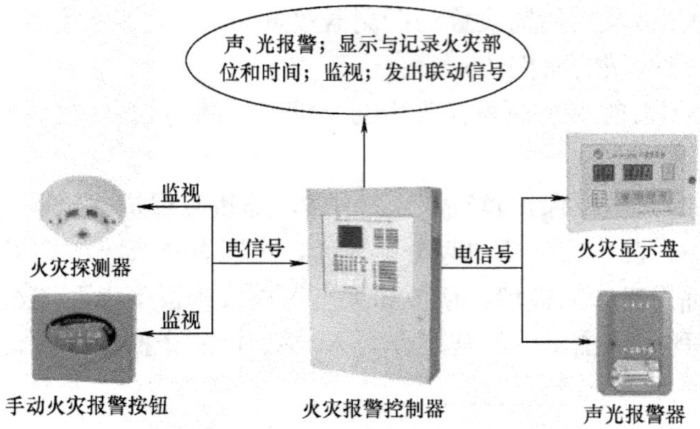

图 10-5 火灾报警控制器的功能

火灾报警控制器按结构要求分有壁挂式、立柜式和台式三种，如图 10-6 所示。

火灾报警控制器的工作状态显示于面板上，其按键操作也是通过面板完成的。下面以 JB-QB-2700/088 型区域报警控制器为例介绍火灾报警控制器的面板功能及其按键操作，如图 10-7 所示。

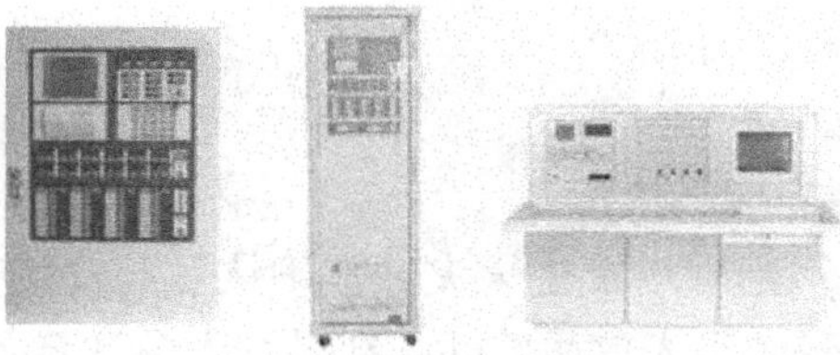

a) b) c)

图 10-6 火灾报警控制器按结构要求分类

a）壁挂式 b）立柜式 c）台式

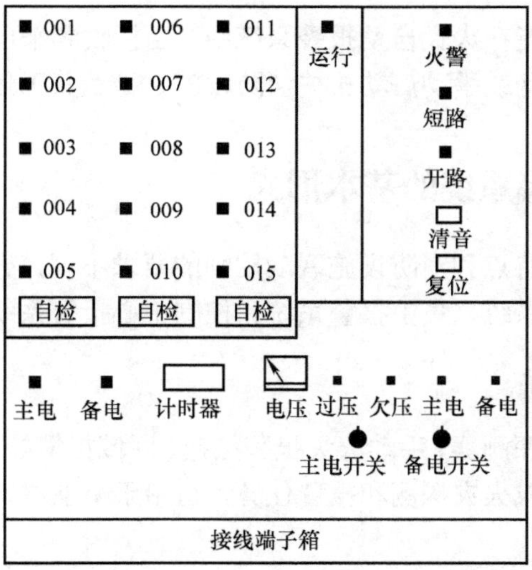

图 10-7 JB-QB-2700/088 区域报警控制器面板

（1）控制器电源参数　位于控制器面板下半部分，主要为过电压与欠电压保护、主电源与备用电源状态、系统工作电压与时间等。

（2）运行状态指示灯　反映系统是否处于工作状态。

（3）火灾报警指示灯　在有火灾发生的情况下，以发光形式报警。

（4）故障指示灯　主要有短路与开路（断线）指示灯两种，当系统出现上述故障时，以发光形式报警。

（5）声响报警　在发生火灾或系统出现故障时发出声响报警，前者为火灾报警，后者为故障报警。

（6）部位显示　正常状态下，没有显示。当发生火灾时，显示安装于火灾发生部位的火灾探测器的部位或编号；当火灾探测器出现故障时，显示发生故障的火灾探测器的部位或编号，图 10-7 所示火灾报警控制器面板上的编号 001～015 即为火灾探测器的安装部位编号。

（7）计时器显示时间　正常情况下显示当前时间，当发生火灾或系统出现故障时，计时器显示与记录火灾报警或故障报警的日期和时间。

（8）清音（消声）键　按下该键可清除火灾报警控制器的火灾报警声或故障报警声。

（9）复位键　按下复位键，将火灾报警控制器报警状态下的各种报警信息（火灾报警或故障报警）清除，使火灾报警控制器回到初始监视工作状态。

（10）自检键　按下此键则自动检测系统是否处于正常工作状态，若有故障，系统会进行故障报警。

（四）火灾警报装置

火灾警报装置的作用是：当现场发生火灾并被确认后，安装在现场的火灾警报装置由火灾报警控制器启动，发出强烈的声光信号，以达到提醒人员注意的目的。主要有声光报警器、火灾显示盘及报警门灯等。

（五）消防联动控制装置

消防联动控制装置是指在火灾自动报警系统中，当接收到来自触发器件或火灾报警控制器的火灾电信号后，能自动或手动启动相关消防设施并显示其工作状态的装置。

二、火灾自动报警系统的基本形式

根据火灾监控对象的特点和消防设施联动控制的要求不同，火灾自动报警系统的基本形式主要有三种：区域报警系统、集中报警系统和控制中心报警系统。

（一）区域报警系统

区域报警系统由火灾探测器、手动火灾报警按钮、区域报警控制器和火灾警报装置构成。区域报警系统主要用于完成火灾探测和报警任务，适用于小型建筑对象或防火对象的单独监控，如图 10-8 所示。

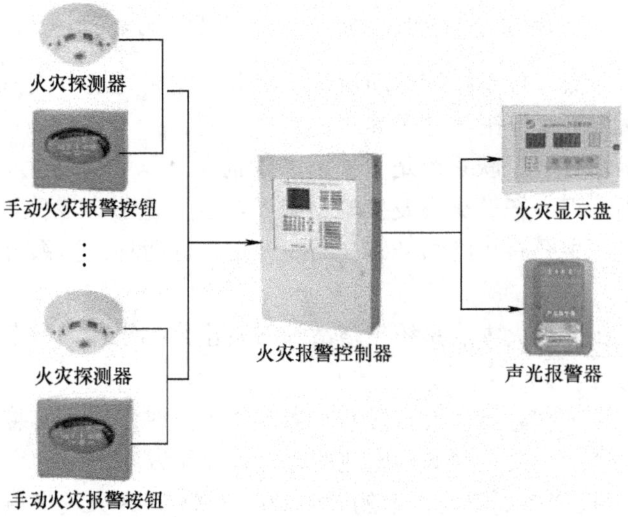

图 10-8　区域报警系统

（二）集中报警系统

集中报警系统由火灾探测器、手动火灾报警按钮、区域报警控制器和集中报警控制器等组成。集中报警控制器主要适用于高层宾馆、写字楼等对象，如图 10-9 所示。

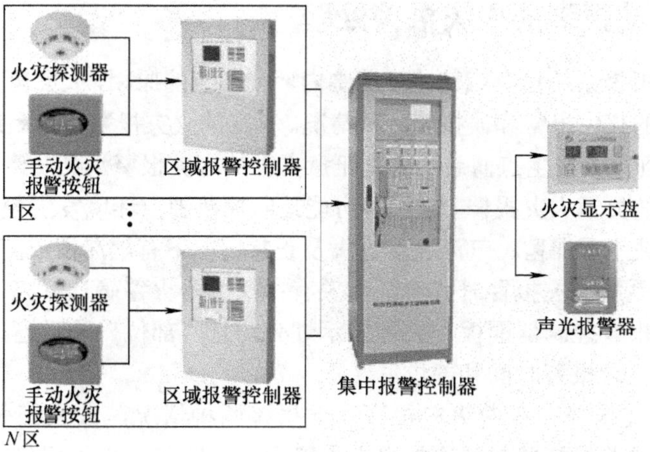

图 10-9　集中报警系统

（三）控制中心报警系统

控制中心报警系统是由设置在消防控制室的消防联动控制设备、集中火灾报警控制器、区域火灾报警控制器和火灾探测器等组成的功能复杂的火灾自动报警系统。控制中心报警系统不但能监控和通报火灾，而且还能联动启动相关消防设备，如火警电话、火灾事故照明、防排烟设备及消防水泵等建筑消防设施，它是高层建筑及智能建筑中自动消防系统的主要类型，是楼宇自动化系统的重要组成部分。控制中心报警系统如图 10-10 所示。

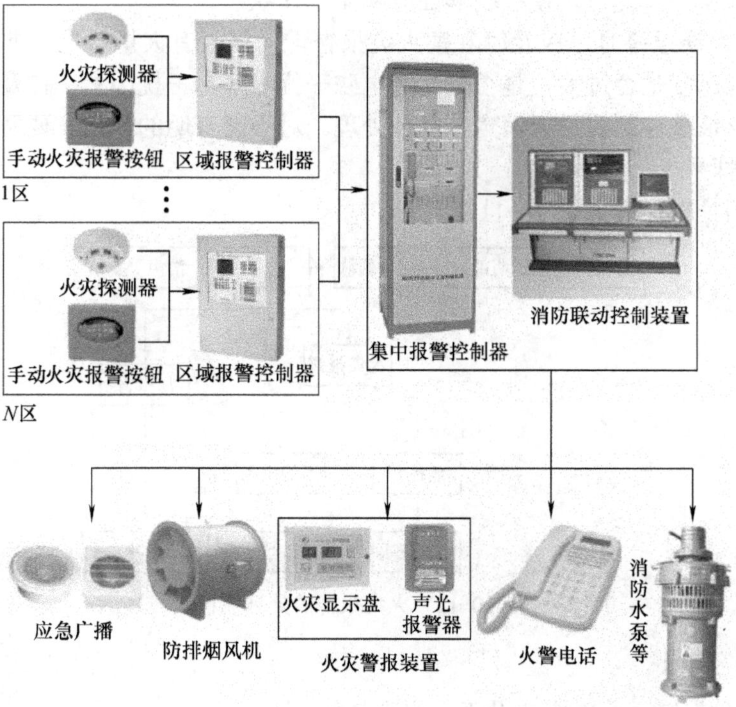

图 10-10　控制中心报警系统

三、火灾自动报警的火灾报警处理

由于火灾自动报警系统自身或其监控范围内环境影响的原因，火灾自动报警系统的火灾报警可能会存在真实的火灾报警和误报警两种情况。真实的火灾报警是指系统监控范围内真有火灾发生，系统检测到火灾发生点而启动的真正意义上的火灾报警。误报警是指系统监控范围内没有发生火灾而系统显示火灾报警。误报警可能是监控范围内环境发生较大变化所致，如监控范围内有大量灰尘或水雾滞留、气流速度过大及正常情况下有烟滞留或高频电磁干扰等。

火灾自动报警系统火灾报警时的特征现象有：探测器火警确认灯亮；火灾报警控制器发出火警声响；火灾报警控制器面板上火警指示灯亮，且“部位”显示窗口显示探测器的部位号或编号，打印机记录报警时间和部位。

由于系统的火灾报警存在着火灾报警和误报警两种情况，故系统火灾报警时要头脑冷静，保持镇定，同时要保持警惕，不因火灾报警而乱了阵势，也不轻信误报警。当系统显示火灾报警时，应按以下步骤和方法处理：

1）通过火灾报警控制器的部位指示，查明发出火灾报警信号的探测器部位号或编号，查明火灾报警部位。

2）可以使用消防电话让现场人员或派人迅速到现场尽快查明报警现场情况，判断火灾探测器报警原因，是火灾报警，还是误报警。

3）当确认是发生火灾时，应根据不同情况及时采取措施：如火情比较小，现场人员可以就近采用灭火器具将火扑灭；如火情较大，应及时组织本单位人员利用现有消防设施处置火灾，同时迅速拨打 119 电话，通知消防队并全力配合消防队施救。火警处置完毕，对火灾报警控制器进行消声、复位，使控制器回到初始工作状态。

4）当确认为误报警时，应及时观察火灾报警现场是否有大量粉尘、非火灾烟雾或水雾滞留现象，气流速度是否过大，是否有高频电磁干扰等环境干扰因素，在及时排除现场干扰因素后，对火灾报警控制器进行消声、复位处理。对不能查明的原因，要及时请专业技术人员加以查明与排除。

火灾报警的处理流程如图 10-11 所示。

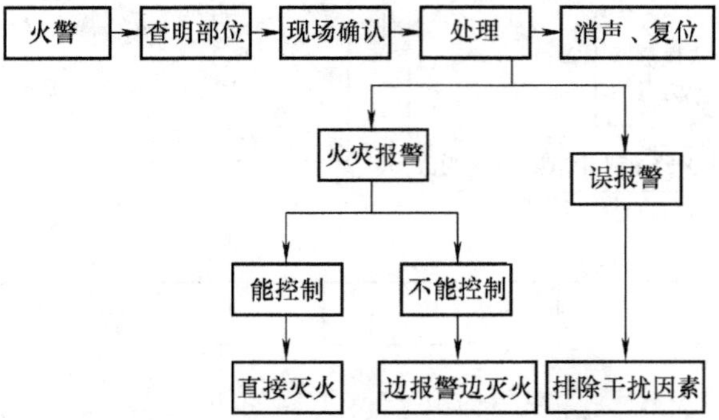

图 10-11　火灾报警的处理流程

【思考与练习题】

1．火灾自动报警系统的组成及工作原理是什么？

2．如何处理火灾自动报警系统的火灾报警？

第二节 消火栓系统

【学习目标】

1. 了解室外消火栓系统及室外消火栓的种类，掌握室外消火栓的操作、使用及维护。
2. 熟悉室内消火栓系统的组成。
3. 掌握室内消火栓系统的工作原理及应用。

消火栓系统是指为建筑消防服务的、以消火栓为给水节点、以水为主要灭火剂的消防给水系统。它由消火栓、给水管道及供水设施等组成。按消火栓系统设置的区域分，有城市消火栓系统和建筑消火栓系统；按消火栓系统设置的位置来分，有室外消火栓系统和室内消火栓系统。

一、室外消火栓系统

室外消火栓系统通常是指设置在建筑外墙以外的消防给水系统，主要承担城市、集镇及居住区或工矿企业等室外部分的消防给水任务。

（一）室外消火栓系统的分类

1. 按水压分

（1）高压室外消火栓系统　高压室外消火栓系统是指系统给水管网平时能满足灭火所需的水压和流量，它不需要使用消防车或其他移动水泵加压，而直接由室外消火栓接出水带、水枪灭火。在有可能利用地势设置高位水池或设置集中高压消防水泵房时，可采用高压室外消火栓系统。

（2）临时高压室外消火栓系统　临时高压室外消火栓系统是指系统管网平时水压不高，发生火灾时，临时启动泵站内的高压消防水泵，使管网内的供水压力达到高压室外消火栓系统的供水压力要求。一般在石油化工或甲、乙、丙类液体及可燃气体储罐区内多采用这种系统。

（3）低压室外消火栓系统　低压室外消火栓系统是指系统管网内平时水压较低，一般只负责提供消防用水量，火场上水枪灭火所需的压力由消防车或其他移动消防水泵加压供给，一般城镇和居住区多为这种给水系统。采用低压室外消火栓系统，其管网内的供水水压应保证最不利点室外消火栓处的水压不小于 0.10MPa，以满足消防车从室外消火栓取水的需要。

2. 按用途分

（1）合用室外消火栓系统　合用室外消火栓系统是指生活、生产及消防共用的一套管网系统，具体可分为生活与消防合用，生产与消防合用，生活、生产及消防三者合用三种形式。一般城市消火栓系统属于这种类型。采用合用室外消火栓系统可以大量节省管网投资，比较经济。当生活、生产用水量相对较大时，宜采用这种系统。但在工厂内采用生产与消防合用室外消火栓系统时应符合两个前提条件：一是当消防用水时不会导致生产事故；二是在生产设备检修时不会引起消防用水中断。

（2）独立室外消火栓系统　独立室外消火栓系统是指系统给水管网与生活、生产给水管网互不关联，各成独立系统的室外消火栓系统。当生活、生产用水量较小而消防用水量较大，合并在一起不经济；或是三者用水合并在一起技术上不可能；或是生产用水可能被易燃、可燃液体污染时，常采用独立室外消火栓系统，以保证消防用水安全可靠。

3．按管网形式分

（1）环状室外消火栓系统　系统管网在平面布置上，供水干管形成若干闭合管网。由于闭合管网的干管彼此相通，水流四通八达，所以此种系统供水安全可靠。

（2）枝状室外消火栓系统　系统管网在平面布置上，给水干管为树枝状，分支后的干管彼此无联系，水流从水源地向用水节点呈单一方向流动，当某段管网检修或损坏时，后方供水中断。因此，室外消火栓系统应限制采用枝状给水系统的使用范围。

（二）室外消火栓

室外消火栓又称消防水龙，是指设置在建筑室外消防给水管网上的一种供水设施，其作用是供消防车（或其他移动灭火设备）从市政给水管网或室外消防给水管网取水或直接接出水带、水枪实施灭火。

1．室外消火栓的类型

室外消火栓按其结构不同分为地上式和地下式两种，如图 10-12 所示。地上式室外消火栓多适用于南方地区，地下式室外消火栓多适用于寒冷的北方地区。

a)　　b)

图 10-12　室外消火栓

a）地上式　b）地下式

2．室外消火栓的使用

使用地上式室外消火栓时，用专用扳手打开出水口闷盖，接上水带或吸水管，再用专用扳手打开阀塞即可供水，使用后，应关闭阀塞，上好出水口闷盖。使用地下式室外消火栓时，先打开室外消火栓井盖，拧下闷盖，接上消火栓与吸水管的连接器（也可直接将吸水管接到出水口上），或接上水带，然后用专用扳手打开阀塞即可供水，使用完毕应恢复原状。

3．室外消火栓的维护

室外消火栓处于建筑的外部，会受到风吹雨淋和人为损害，所以要经常维护，使之始终处于完好状态。维护时要注意以下几点：

1）清除阀塞启闭杆端部周围杂物，将专用扳手套于杆头，检查是否合适，转动启闭杆，加注润滑油。

2）用油纱头擦洗出水口螺纹上的锈渍，检查闷盖内橡胶垫圈是否完好。

3）打开消火栓，检查供水情况，在放净锈水后再关闭，并观看有无漏水现象。

4）消火栓外表油漆剥落后应及时修补。

5）清除消火栓附近的障碍物。对于地下式消火栓，注意及时清除井内积聚的垃圾、砂土等杂物。

4．室外消火栓的布置要求

1）室外消火栓的布置间距不应超过 120m，并应沿道路布置，当道路宽度超过 60m 时，宜在道路两侧布置，并宜靠近十字路口。

2）为防止建筑上部物体坠落影响使用，室外消火栓距建筑外墙不宜小于 5m；为保证水带可扑救的有效范围，室外消火栓距建筑外墙不宜大于 40m。

3）因消防车水泵吸水管长度为 3～4m，为方便消防车直接从室外消火栓取水，室外消火栓距路边的距离不应大于 2m。

二、室内消火栓系统

在建筑外墙中心线以内的消火栓称为室内消火栓。室内消火栓的水枪使用方便，射流时射程远、流量大，灭火能力强，能将燃烧积聚的热量冲散，对扑救建筑火灾效果较好。同时，部分室内消火栓箱内还设有可供火灾现场人员用于扑救建筑初起火灾的消防水喉，所以室内消火栓是建筑物中应用较广泛的一种灭火设施。

（一）室内消火栓系统的组成

室内消火栓系统主要由消防水池、水泵（生活水泵与消防水泵）、消防水箱、水泵接合器、室内给水管网、室内消火栓箱（室内消火栓箱内设有消火栓、水带和水枪等）、报警控制设施及各种控制阀门等组成，如图 10-13 所示。

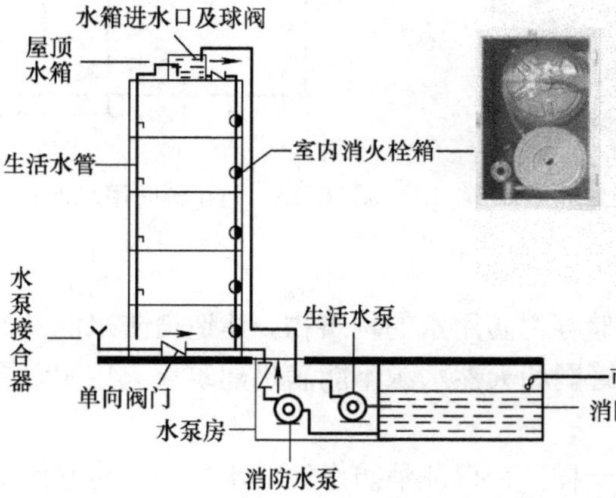

图 10-13　室内消火栓系统的组成

1．消防水箱

由于我国目前采用的水灭火系统多数为湿式系统，即无论有无火灾，消防给水管网内始终充满水，灭火系统时刻处于备战状态，系统开启即能及时出水灭火。因此往往需在建筑水灭火系统的最高位置设置消防水箱，在建筑发生火灾而消防水泵尚未启动前，由消防水箱保证消防用水（一般保证 10min 消防用水）。消防水箱是扑灭初起火灾较理想的自动供水设备，供水可靠性高、经济性好。图 10-14 所示为消防水箱的一种外观形式。在多层建筑和无设备层的高层建筑中，消防水箱一般设于屋顶，也称为屋顶消防水箱；在设有设备层的高层建筑中，消防水箱设于设备层和屋顶。

为防止消防水箱内的水由于储存时间过长而变质发臭，消防水箱宜与生活或生产水箱合并设置。平时合用水箱靠生活或生产水泵供水，并利用设于进水口的球阀控制合用水箱水位，当合用水箱即将抽满，达到最高水位时，为避免水溢出水箱，水箱进水口关闭，生活或生产水泵停泵。合用水箱的水位因生活或生产用水会逐渐下降，当水位达到最低时（消防警戒水位线），水箱进水口开启，生活或生产水泵自行启动供水。另外，合用消防水箱还应设有防止消防用水被生活或生产用水占用的技术措施，工程实践中主要有电气控制措施和机械控制措施两种。图 10-15 所示为一种简单的机械控制措施，即在生活或生产出水管上做一个“T”形接头，当合用消防水箱内的水位面降至消防警戒水位线时，“T”形接头的上端便暴露于空气中，空气进入生活或生产出水管，合用消防水箱自动停止向生活、生产用水设备供水，从而保证合用消防水箱内的消防用水存量。

图 10-14　消防水箱的一种外观形式

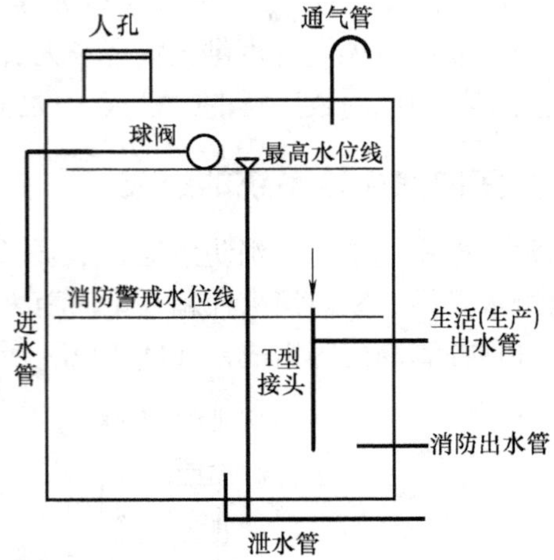

图 10-15　防止消防用水被占用的机械控制措施

2．消防水池

消防水池是人工建造的储存消防用水的构筑物。建造消防水池是天然水源或市政给水管网的重要补充，当市政给水管网和天然水源不能满足建筑灭火用水量要求时，应单独建造消防水池。

与消防水箱的设置原理一样，为保证消防水池的水质，消防水池宜与生活或生产用水合并设置水池，并设有确保消防用水不被生活或生产用水占用的技术措施，即在生活或生产水泵吸水管上做一个“T”形接头，其原理同消防水箱。

3．消防水泵

在灭火过程中，从消防水源取水到将水输送到灭火设施处，都要依靠消防水泵加压完成。所以说消防水泵是消防给水系统的心脏，其工作的好坏严重影响着灭火的成败。

4．水泵接合器

水泵接合器是供消防车向建筑室内消防给水管网输送消防用水的预留接口。建筑发生火灾时，在室内消防给水系统消防水泵因停电、水泵检修或出现其他故障停止运转期间，或当建筑发生较大火灾，室内消防用水量显现不足时，可利用消防车从室外消防水源抽水，通过水泵接合器向室内消防给水管网提供或补充消防用水。

水泵接合器有地上式、地下式和墙壁式三种类型，如图 10-16 所示。地上式适用于温暖地区；地下式（应有明显标志）适用于寒冷地区；墙壁式安装在建筑的外墙上，不占位置，使用方便，但难以保证与建筑外墙的距离，存在高空坠物的危险，通常的做法将墙壁式水泵接合器远离玻璃幕墙设置，并应与建筑外墙上的门、窗、孔洞等易出现高空坠物的部位保持不小于 1.0m 的水平距离。

a) b) c)

图 10-16 水泵接合器

a）地上式 b）地下式 c）墙壁式

5. **室内消火栓箱**

室内消火栓箱内设有室内消火栓、水带、水枪以及火灾报警按钮等，部分室内消火栓箱内还设有消防水喉，供建筑内服务人员、工作人员和旅客扑救室内初起火灾使用。

6. **控制阀门**

系统的控制阀门主要有三种：一种是双向控制阀，一般安装于给水节点和单根给水管道两端，便于系统及管网检修。另一种是单向阀门，主要安装在消防水箱、消防水泵与水泵接合器出水口附近。安装于消防水泵出水口附近的单向阀门是为防止消防水箱的水倒流回消防水池；安装于消防水箱出水口附近的单向阀门是为防止火灾发生时消防水泵的供水进入消防水箱，降低系统供水压力；安装于水泵接合器出水口附近的单向阀门是为防止水泵接合器长期处于高压状态，造成水泵接合器出现渗漏现象。第三种控制阀门是安装于消防水箱与消防水池进水管道上的水位控制球阀，它的作用是控制消防水箱与消防水池的最低水位和最高水位。

（二）室内消火栓系统的工作原理

平时室内消火栓系统给水管网的水由消防水箱供给，消防水箱靠生活或生产水泵抽水供给。利用室内消火栓实施灭火时，刚开始的灭火用水是由消防水箱提供，当消防水泵运行正常后，系统灭火用水由水泵从消防水池抽水加压保证。若火灾持续时间较长或火灾燃烧面积较大，导致消防水池供水不足或存水耗尽，或是消防水泵不能正常起动等，可利用消防车通过水泵接合器向室内消火栓管网补充消防用水。

（三）室内消火栓系统的分类

室内消火栓系统通常可按建筑高度、用途、系统给水范围、管网布置形式及消防水压等分为不同的类型，这里重点介绍按管网布置形式和消防水压两种分类方式。

1. **按管网布置形式分**

（1）环状管网室内消火栓系统　环状管网室内消火栓系统是指在系统的给水竖管顶部和

底部用水平干管相互连接，形成环状给水管网，使每一根给水竖管具备两个以上供水方向，每个消火栓栓口具备两个供水方向，如图 10-17 所示。这种室内消火栓系统供水安全可靠，适用于高层建筑和室内消防用水量较大（大于 15L/s）的多层建筑。

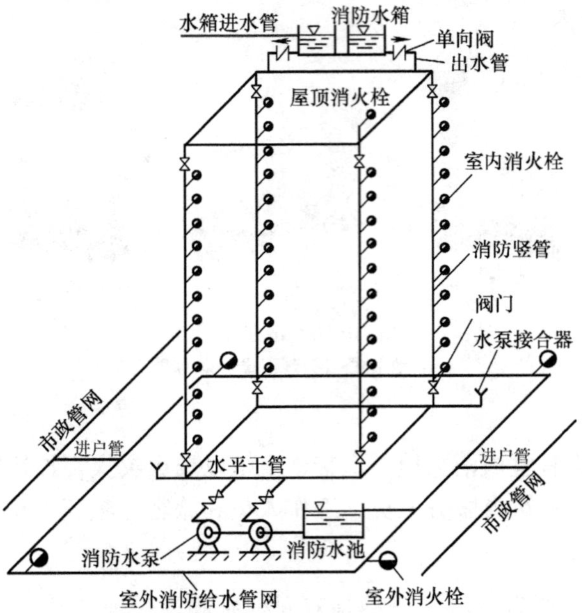

图 10-17　环状管网室内消火栓系统

（2）枝状管网室内消火栓系统　室内消火栓给水管网呈树枝状布置，其特点是从供水源至消火栓，水为单一方向流动，当某段管网检修或损坏时，后方就中断供水。这种室内消火栓系统供水可靠性差，一般仅适用于九层以下的单元式住宅。

2．按消防水压分

（1）室内高压消火栓系统　室内高压消火栓系统又称为室内常高压消火栓系统，该系统始终能够保证室内任意点消火栓所需的消防水量和水压，火灾发生时不需要用水泵进行加压，直接接水带和水枪即可实施灭火，如图 10-18 所示。这种系统在实际工作中一般不常见，当建筑所处地势较低，市政供水或天然水源始终能够满足消防供水要求时才采用。

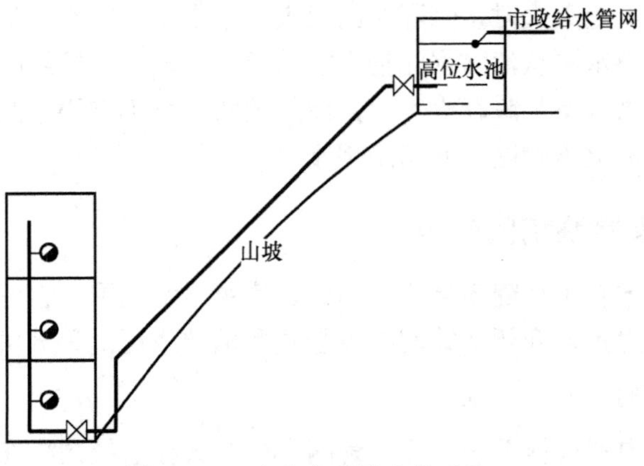

图 10-18　室内高压消火栓系统

（2）室内临时高压消火栓系统　这种系统一般设有消防水池、消防水泵和消防水箱，平时系统靠消防水箱维持消防水压，但不能保证消防用水量（仅能保证 10min 的灭火用水）。发生火灾时，通过起动消防水泵临时加压，使管网的压力达到消火栓系统的压力要求，如图 10-13 与图 10-17 所示。实际工程中大多数室内消火栓系统采用此系统。

（四）室内消火栓系统的应用

1．能同时开启的室内消火栓数量

不同类别的设有室内消火栓系统的建筑，火灾时能同时开启的室内消火栓数量是不同的，开启过多，水枪出水的流量和水压会降低，影响灭火效果和出现灭火死角。因此，正确确定火场上能同时开启的室内消火栓数量，是成功处理建筑火灾的前提。对设计符合国家相关规范要求的建筑，其室内消火栓系统在火灾时能同时开启的室内消火栓数量可按以下三种方法进行估算。

（1）根据建筑室内消火栓系统的设计用水量确定　若能清楚了解建筑室内消火栓系统的设计用水量，同时能开启使用的室内消火栓数量就可用设计用水量除以 19mm 口径水枪流量（5L/s）得出。如建筑高度超过 50m 的办公楼，其室内消火栓系统的设计用水量为 40L/s，那么此建筑在火灾时能同时开启的室内消火栓数量为 8 个（能同时开启 8 支水枪实施灭火）。

（2）根据水泵接合器的数量确定　由于水泵接合器的设计流量为 10～15L/s，19mm 口径水枪流量为 5L/s，因此，可按起动一个水泵接合器可同时启用两个室内消火栓考虑。如果能确定接室内消火栓系统的水泵接合器数量，那么火灾时能同时开启的室内消火栓数量就是水泵接合器数量的 2 倍。如某一建筑室内消火栓系统设有 2 个水泵接合器接，那么此建筑火灾时能同时开启的室内消火栓的数量为 4 个（能同时开启 4 支水枪实施灭火）。

（3）根据消防主水泵的流量确定　查明消防主水泵的流量，用消防主水泵的流量除以 19mm 口径水枪流量（5L/s），即为能同时开启的室内消火栓数量。如某一建筑消防主水泵的流量 30L/s，那么此建筑在火灾时能同时开启的室内消火栓数量为 6 个（能同时开启 6 支水枪实施灭火）。

2．室内消火栓系统的操作使用

（1）室内高压消火栓系统的操作使用　室内高压消火栓系统是指灭火时不需要消防水泵加压供水的室内消火栓系统。此系统的室内消火栓给水管网直接与建筑室外给水管网连接，未设置消防水池、消防水泵和消防水箱等给水基础设施，系统时刻处于灭火所需的高压状态。利用室内高压消火栓系统实施灭火操作比较简单，只需打开消火栓箱门，接好水带，开启阀门即可实施灭火。

（2）室内临时高压消火栓系统的操作使用　当设有室内临时高压消火栓系统的建筑发生火灾时，灭火初期是用消防水箱的水灭火，后期靠消防水泵临时加压供水灭火。因此，利用室内临时高压消火栓系统实施灭火，最为关键的一个步骤是在开始灭火的同时要起动消防水泵，以保证灭火用水能持续供给。利用室内临时高压消火栓系统实施灭火的方法是：打开消火栓箱门，按下火灾报警按钮，由其向消防控制中心发出报警信号或远距离起动消防水泵，然后拉出水带、拿出水枪或消防水喉，将水带一头与消火栓出口接好，另一头与水枪或水喉接好，展（甩）开水带，一人握紧水枪或水喉，另一人开启消火栓手轮，通过水枪或水喉产生的射流，将水射向着火点实施灭火。

（3）特殊条件下室内消火栓系统的操作使用　这里所说的特殊条件是指室内消火栓系统因水泵检修、停电或出现其他故障停止运转，或建筑火势较大，燃烧时间较长，室内消火栓灭火用水量明显不足的情况发生。此时应立即利用消防车或其他移动消防水泵从室外消防水源取水，通过水泵接合器向室内消火栓给水管网加压供水。

（五）室内消火栓系统的维护管理

室内消火栓系统是扑救建筑火灾的重要设施，对其维护管理应给予足够的重视。负责维护管理的专职人员，必须熟悉设施的系统工作原理、性能和操作维护规程。要求使用单位建立定期检查制度，每周进行一次巡检，每半年进行一次全面检查维修，使主要设施符合下列要求，保证系统经常处于准工作状态。

1）消防水源的储水量应足够，发现不足应及时补充。其中消防水池与消防水箱一般都标有消防水位警戒线，当水池或水箱的水位低于警戒线时表明消防储水量已不足。

2）消防水泵应每周或每月起动运转一次，并应模拟自动控制起动，功能正常。

3）水泵接合器的接口及配套附件应完好，无渗漏，闷盖盖好。

4）各种阀门处于正确开、闭状态。

5）室内消火栓箱门完好，供水闸阀无渗漏现象，消防水枪、水带、消防卷盘及全部附件齐全，转动部位润滑良好；报警按钮、指示灯及控制线路功能正常，无故障。

【思考与练习题】

1．室内消火栓系统的组成及工作原理是什么？

2．在建筑火灾扑救过程中如何应用室内消火栓系统？

第三节　自动喷水灭火系统

【学习目标】

1. 了解自动喷水灭火系统的种类。
2. 熟悉湿式自动喷水灭火系统的主要组件及工作原理。
3. 掌握湿式自动喷水灭火系统的组成及工作原理。

自动喷水灭火系统是指为扑救建筑初、中期火灾，安装于室内的一种固定式自动喷水灭火设施。平时系统处于准工作状态，当建筑内某场所发生火灾时，喷头或报警控制装置能够探测到火灾信号，并能自动启动喷水灭火。根据喷头形式的不同，自动喷水灭火系统可分为闭式自动喷水灭火系统和开式自动喷水灭火系统两大类。根据被保护建筑的要求，闭式自动喷水灭火系统还可分为湿式自动喷水灭火系统、干式自动喷水灭火系统、干湿式自动喷水灭火系统及预作用喷水灭火系统等形式；开式自动喷水灭火系统可分为雨淋系统、水幕系统等形式。其中湿式自动喷水灭火系统是自动喷水灭火系统中最基本的系统形式，在实际工程中最常用，本节重点介绍湿式自动喷水灭火系统的组成及工作原理。

一、湿式自动喷水灭火系统的组成

湿式自动喷水灭火系统是世界上使用时间最长、应用范围最广及控火效率最高的一种闭式自动喷水灭火系统，目前世界上已安装的自动喷水灭火系统中有 70%以上采用湿式自动喷水灭火系统。该系统结构简单，投资与使用管理费相对较省，可靠性好，适用于室内温度不低于 4℃且不高于 70℃的建、构筑物内（不能用水扑救的建、构筑物火灾除外）。

湿式自动喷水灭火系统主要由闭式洒水喷头、水流指示器、湿式报警阀、压力开关、末端试水装置、监测装置、给水管网及供水设施等组成，如图 10-19 所示。

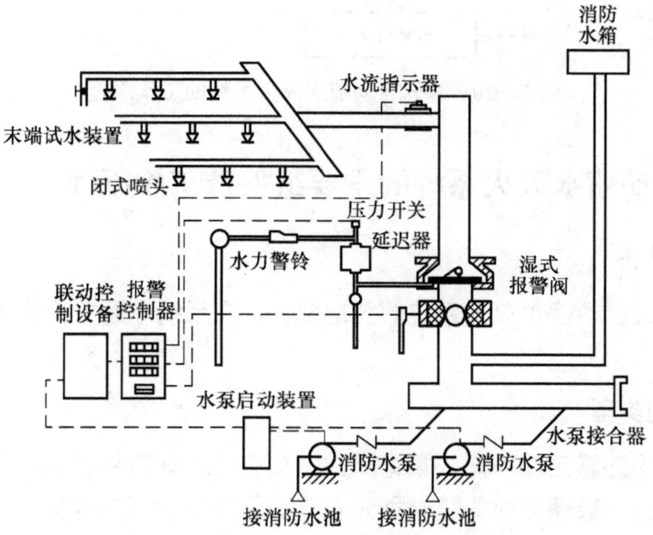

图 10-19 湿式自动喷水灭火系统的组成

二、湿式自动喷水灭火系统的工作原理

湿式自动喷水灭火系统的工作原理如图 10-20 所示。当火灾发生时，火源周围温度上升，导致火源上方的闭式喷头开启、喷水灭火。此时，由于闭式喷头喷水灭火，给水管网内的水由静止变为流动，使水流指示器动作向报警控制器送出火灾电信号，报警控制器显示闭式喷头喷水灭火区域。由于闭式喷头开启泄压，打破了湿式报警阀前后的水压平衡，湿式报警阀自动开启，消防水箱压力水流流向给水管网。与此同时，部分水流通过湿式报警阀阀座上的凹形槽流入信号管，冲击压力开关和水力警铃，使压力开关动作向报警控制器送出火灾电信号，水力警铃发出声响报警信号。消防控制中心根据水流指示器和压力开关传来的火灾报警电信号，通过联动控制设备自动起动消防水泵向系统加压供水，达到持续自动灭火的目的。

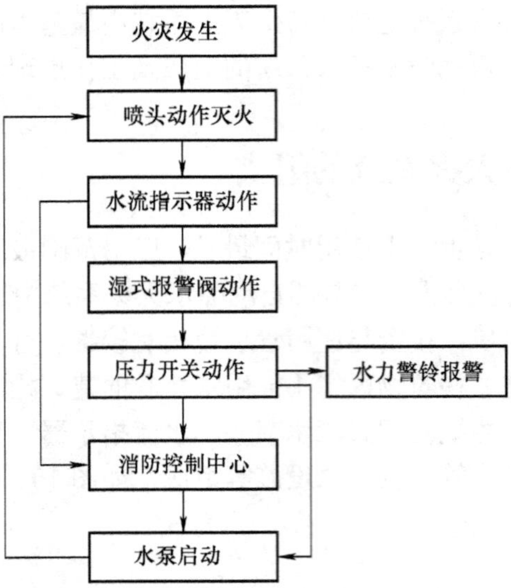

图 10-20 湿式自动喷水灭火系统的工作原理

三、湿式自动喷水灭火系统的主要组件及工作原理

（一）闭式喷头

闭式喷头是闭式自动喷水灭火系统的关键部件，在系统中起着探测火灾、启动系统和喷水灭火三大作用。

1．闭式喷头的类型

根据闭式喷头的感温元件不同，常见闭式喷头有玻璃球喷头和易熔合金喷头。

（1）玻璃球喷头　玻璃球喷头是一种充有热膨胀系数较高的有机溶液，用玻璃球作为释放元件的喷头，当环境温度升高时，玻璃球内的有机溶液发生热膨胀后产生很大的内压力，直至玻璃球外壳发生破碎，从而开启喷头喷水，如图 10-21 所示。由于玻璃球喷头工作稳定性、抗腐蚀性较强，体积小、外观美观且制造方便，目前是我国采用最多的一种喷头类型。

（2）易熔合金喷头　易熔合金喷头是以一种低熔点复合有色金属感温元件组成的喷头。不同的有色金属有不同的熔点，当环境温度上升到有色金属熔点时，就会使感温元件发生解体脱落，改变喷头的密封性使喷头喷水灭火，如图 10-22 所示。

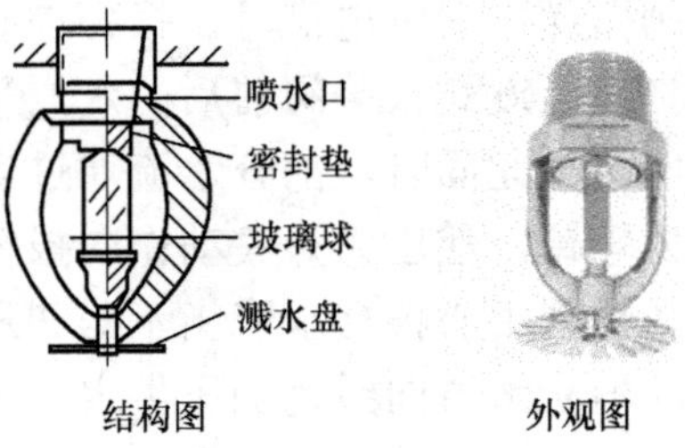

图 10-21 玻璃球喷头

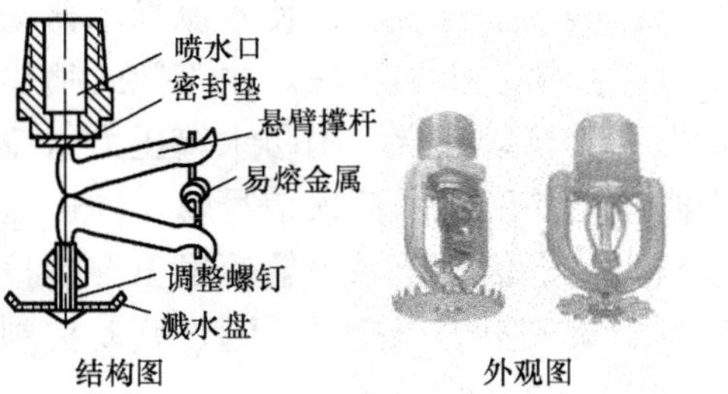

图 10-22 易熔合金喷头

2. 闭式喷头的公称动作温度和颜色标志

闭式喷头的公称动作温度和颜色标志见表 10-4。玻璃球喷头公称动作温度分九档，易熔合金喷头公称动作温度分七档。在选定闭式喷头的公称动作温度时，闭式喷头的公称动作温度宜比环境温度高 30℃。

表 10-4 闭式喷头的公称动作温度和颜色标志

玻璃球喷头		易熔合金喷头	
公称动作温度/℃	颜色标志	公称动作温度/℃	颜色标志
57	橙	57～77	本色
68	红	80～107	白
79	黄	121～149	蓝
93	绿	163～191	红
141	蓝	204～246	绿
182	紫红	260～302	橙
227	黑	320～343	黑
260	黑		
343	黑		

（二）湿式报警阀

湿式报警阀是湿式自动喷水灭火系统中的主要部件，安装在总供水干管上，连接给水设备和灭火给水管网。湿式报警阀主要由阀体、延迟器、压力开关、水力警铃、试警铃阀、阀前压力表、阀后压力表及水压平衡管组成，如图 10-23 所示。

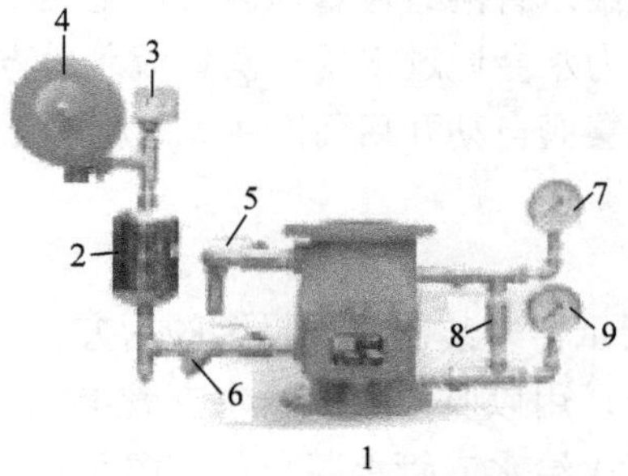

图 10-23 湿式报警阀

1—阀体 2—延迟器 3—压力开关 4—水力警铃
5—试警铃阀 6—信号管 7—阀前压力表 8—水压平衡管 9—阀后压力表

1. 阀体

湿式报警阀前后平时水压平衡，当灭火给水管网中某一个闭式喷头动作喷水灭火时，湿式报警阀前后的水压平衡被打破，湿式报警阀自动开启，接通水源和灭火给水管网。在湿式报警阀开启的同时，部分水流通过阀座上的凹槽，经信号管送至压力开关和水力警铃，完成火灾报警，如图 10-24 所示。

2．延迟器

延迟器是一个罐式容器，安装在湿式报警阀与压力开关和水力警铃之间，用以防止由于水源压力突然发生变化而引起湿式报警阀短暂开启，或对因湿式报警阀局部渗漏而进入信号管的水流起一个暂时容纳作用，从而避免虚假报警。只有在真正发生火灾时，喷头和湿式报警阀相继打开，水流源源不断地大量流入延迟器，经过 30s 左右充满整个容器，才会冲击压力开关和水力警铃。

3．压力开关

压力开关垂直安装在水力警铃入水口前的管道上，在水力警铃报警的同时，由于管道内水压不断升高，冲击压力开关接通弱电回路而向报警控制器传递火灾电信号，如图 10-25 所示。

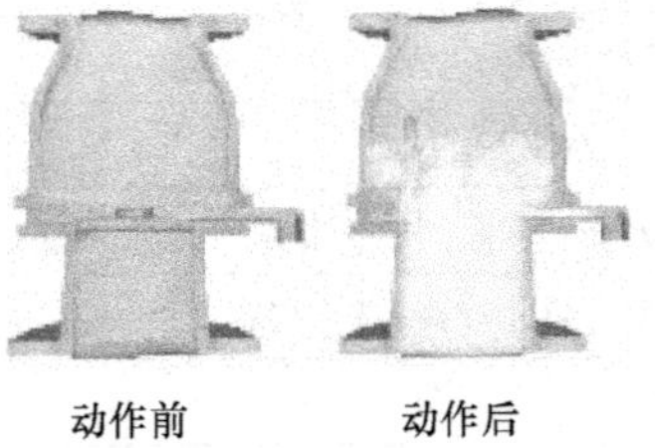

图 10-24　湿式报警阀工作原理

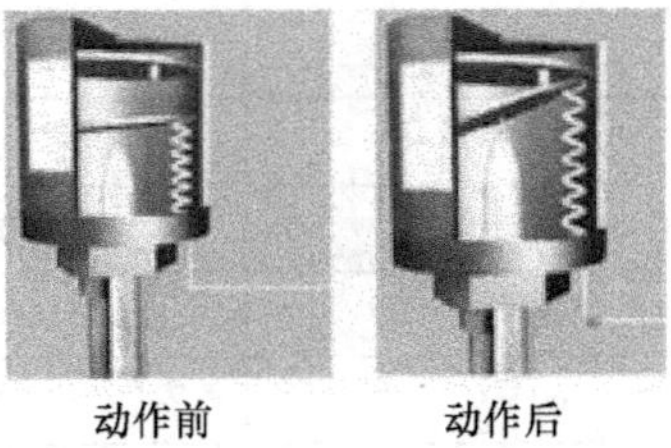

图 10-25　压力开关的工作原理

4．试警铃阀

进行人工试验检查时，打开试警铃阀泄水，湿式报警阀能自动打开，水流迅速充满延迟器，并使压力开关和水力警铃立即动作报警。

5．水压平衡管

当湿式报警阀后方的灭火给水管网有微量泄漏时，湿式报警阀前后水压会产生较小的差异，这时湿式报警阀前方的压力水会通过水压平衡管流入后方，及时调整湿式报警阀前后水压以达到平衡，避免因湿式报警阀自动开启而产生系统误报警。

（三）水流指示器

如图 10-26 所示，水流指示器安装在湿式报警阀后方的灭火给水干管与支管交汇处，用以监控灭火给水支管上的闭式喷头的工作状态。当灭火给水支管上某一闭式喷头因火灾喷水灭火时，此支管的水由静止变为流动状态，流水冲击水流指示器的桨片接通弱电回路产生火灾电信号，火灾电信号传输到报警控制器转变为声光报警信号，并根据支管服务区域显示火灾发生部位。水流指示器工作原理如图 10-26 所示。

图 10-26　水流指示器工作原理

【思考与练习题】

1．湿式自动喷水灭火系统的系统组成及工作原理是什么？

2．湿式自动喷水灭火系统有哪些主要组件？它们的功能分别是什么？

第四节　气体灭火系统

【学习目标】

1. 了解气体灭火系统的常见种类。
2. 熟悉气体灭火系统的组成及工作原理。

对于建筑内一些特殊的场所，如重要的计算机房、电力调度室及贵重物资储存室等，一般应设置气体灭火系统，通过气体灭火剂在防护区或保护对象周围建立起灭火浓度实现灭火。目前我国常采用的气体灭火系统主要有二氧化碳灭火系统、七氟丙烷灭火系统、三氟甲烷气体灭火系统及混合气体自动灭火系统等。

一、系统组成

气体灭火系统由气体灭火剂储存装置、气体灭火剂启动分配装置、输送释放装置及监控装置等组成，如图 10-27 所示。

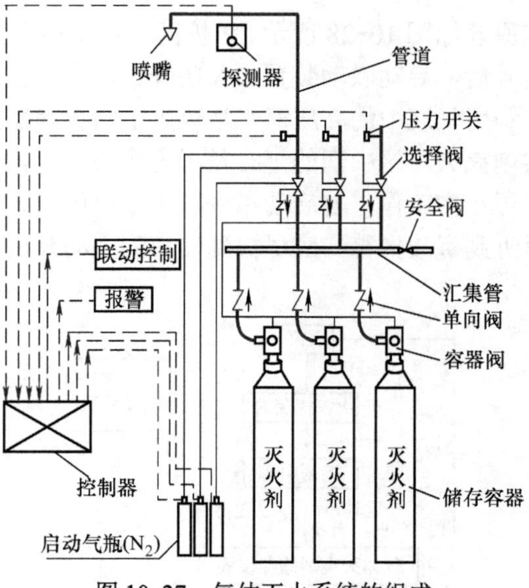

图 10-27　气体灭火系统的组成

（一）气体灭火剂储存装置

气体灭火系统的气体灭火剂储存装置包括灭火剂储存容器、容器阀、单向阀、汇集管、连接软管及支架等，通常是将其组合在一起，放置在靠近防护区的专用储瓶间内。储存装置既要储存足够量的灭火剂，又要保证在着火时能及时开启，释放出灭火剂。

（二）气体灭火剂启动分配装置

启动分配装置由启动气瓶、选择阀及启动气体管路组成。启动气瓶内充有高压氮气，用来打开灭火剂储存容器上的容器阀及相应的选择阀。启动气瓶通过其上的瓶头阀实现自动开启，瓶头阀为电动型或电引爆型，由火灾自动报警系统控制。选择阀的设置与每个防护区相对应，以便在系统启动时，能够将灭火剂输送到需要灭火的防护区。平时所有选择阀都处于关闭状态，系统启动时，与着火防护区相对应的选择阀会被打开。

（三）灭火剂输送释放装置

灭火剂输送释放装置包括管道和喷嘴。管道在气体灭火系统中担负着输送灭火剂的任务。喷嘴的作用是保证灭火剂以特定的射流形式喷出，促使灭火剂迅速气化并在保护空间内达到灭火浓度。

（四）监控装置

防护区应有火灾自动报警系统，通过其探测火灾并监控气体灭火系统，实现气体灭火系统的自动启动。火灾自动报警系统可以单独设置，也可以利用建筑的火灾自动报警系统联动控制。气体灭火系统还应有监测系统工作状态的流量或压力监测装置，常用的监测装置是压力开关。

二、系统工作原理

气体灭火系统的工作原理如图 10-28 所示。防护区一旦发生火灾，火灾探测器首先报警，消防控制中心接到火灾信号后，启动联动装置（关闭开口、停止空调等），延时约 30s 后，打开启动气瓶的瓶头阀，利用气瓶中的高压氮气将灭火剂储存容器上的容器阀打开，灭火剂经管道输送到喷头喷出实施灭火。这中间的延时是考虑到防护区内人员的疏散问题。另外，通过压力开关监测系统是否正常工作，若启动指令发出，而压力开关的信号迟迟不返回，说明系统有故障。值班人员听到事故报警，应尽快到储瓶间手动开启储存容器上的容器阀，实施人工启动灭火。

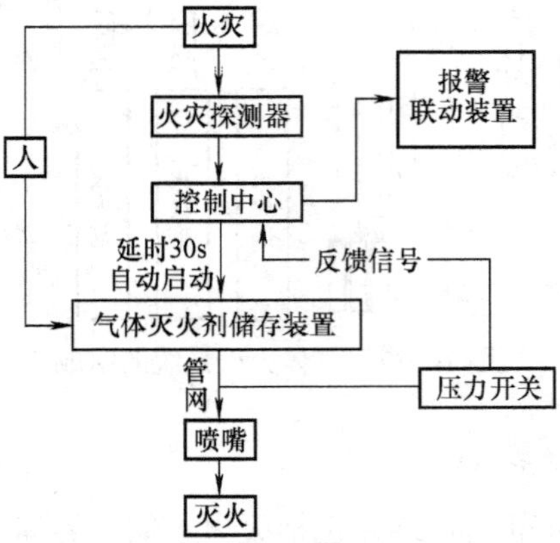

图 10-28　气体灭火系统工作原理

三、系统常见类型

（一）按使用的灭火剂分类

气体灭火系统根据其使用的灭火剂不同，可分为以下三类：

1．卤代烷自动灭火系统

常用的卤代烷自动灭火系统有哈龙 1301（三氟一溴甲烷）、哈龙 1211（二氟一氯一溴甲烷）。它们具有清洁、使用期长、喷射性能好及灭火效率高等优点。该系统曾是应用最广泛的气体灭火系统，但由于其对大气臭氧层有较大的破坏作用，所以已受到严格的限制。

2．二氧化碳灭火系统

二氧化碳灭火系统是以二氧化碳作为灭火介质，应用历史较长。二氧化碳灭火剂用量大，相应的系统规模、投资及灭火时对人的危害也较大。另外，二氧化碳会产生温室效应，对环境有影响，该系统也不宜广泛使用。

3．卤代烷替代灭火系统

卤代烷自动灭火系统由于破坏臭氧层而受到严格限制，目前正研究卤代烷替代灭火系统。从目前的研究进展看，主要有七氟丙烷灭火系统、“烟烙尽”灭火系统、SDE 自动灭火系统及洁净气体灭火系统等。卤代烷替代品不但具有卤代烷的灭火优点，而且对环境没有多大的影响。

（二）按灭火方式分类

1．全淹没气体灭火系统

全淹没气体灭火系统指喷头均匀布置在保护房间的顶部，喷射的灭火剂能在封闭空间内迅速形成浓度比较均匀的灭火剂气体和空气的混合气体，并在灭火时间内维持灭火浓度，即通过灭火剂气体将封闭空间淹没实施灭火的系统形式，如图 10-29 所示。该系统对防护房间提供整体保护，不局限于房间内的某个设备。

2．局部应用气体灭火系统

局部应用气体灭火系统是指将喷头均匀布置在保护对象周围，将灭火剂直接而集中地喷射到保护对象上，在保护对象周围形成浓度较高的灭火剂气体，如图 10-30 所示。局部应用气体灭火系统常用以保护房间内或室外的某一设备。

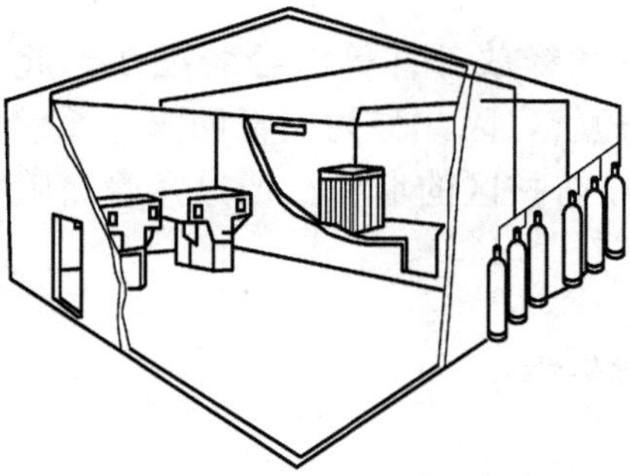

图 10-29　全淹没气体灭火系统

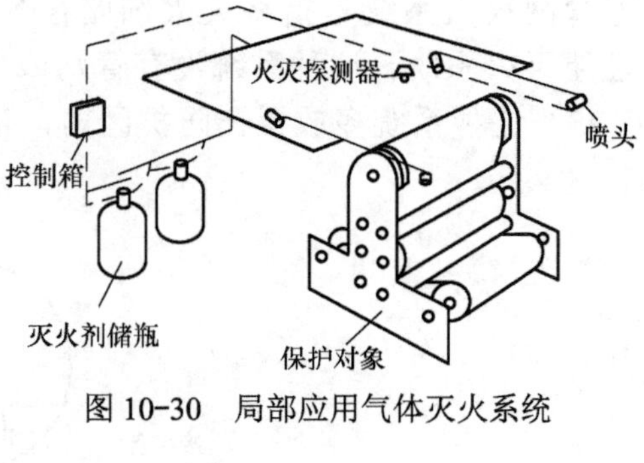

图 10-30　局部应用气体灭火系统

（三）按管网的布置情况分类

从管网布置情况看，气体灭火系统有以下三种形式：

1．组合分配灭火系统

组合分配灭火系统是指用一套灭火系统储存装置同时保护不会同时着火的几个相邻防

护区或保护对象的灭火系统。组合分配灭火系统是通过选择阀的控制，将灭火剂释放到着火的保护区来实现灭火的，其灭火剂设计用量按最大的一个防护区或保护对象来确定。这种系统的最大的优点是投资少、操作方便。要注意的是，组合分配灭火系统能同时保护但不能同时灭火（见图 10-31）。

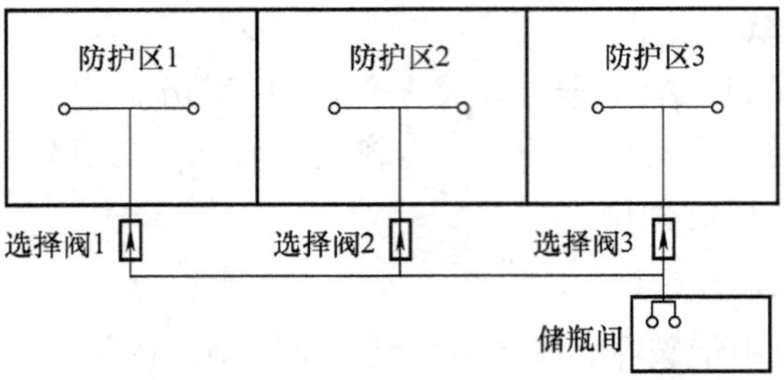

图 10-31　组合分配灭火系统

2. 单元独立灭火系统

单元独立灭火系统是指在每个防护区各自设置的气体灭火系统，如图 10-32 所示，其特点是安全可靠性高，管路布置简单，维护管理较方便，但投资较大。

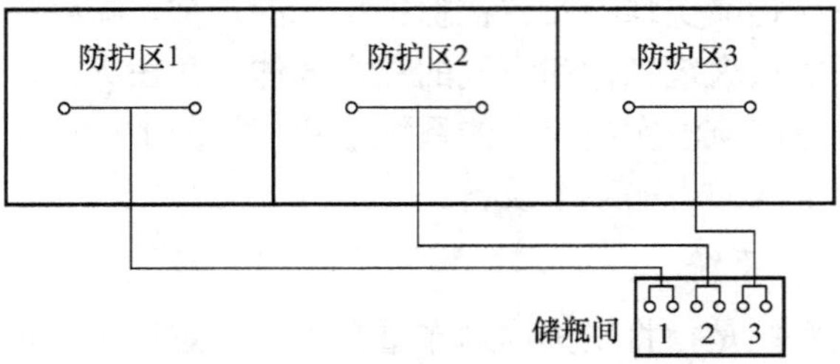

图 10-32　单元独立灭火系统

3. 无管网灭火系统

无管网灭火系统是指将灭火剂储存容器、控制和释放部件等组合装配在一起的小型、轻便灭火系统。这种系统没有管网或仅有一段短管，因此称为无管网灭火系统（见图 10-33）这种系统多放置在防护区内，也可放置在防护区的墙外，通过短管将喷头伸进防护区。

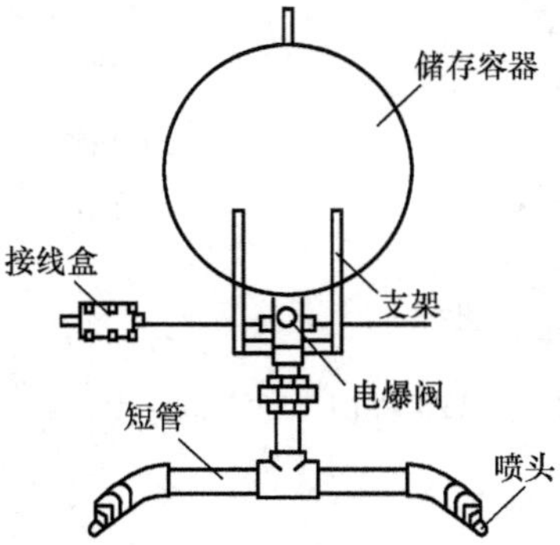

图 10-33　无管网灭火系统

无管网气体灭火系统是预制系统，一般由工厂成规模生产，使用时可根据防护区的大小直接选用，这样省去了烦琐的设计计算，且便于施工，适用于较小的、无特殊要求的防护区。

【思考与练习题】

1．气体灭火系统的系统组成及工作原理是什么？

2．常见的气体灭火系统类型有哪些？

第五节 灭 火 器

【学习目标】

1．了解灭火器的类型。

2．掌握灭火器的应用。

3．掌握灭火器的配置设计。

灭火器是由人操作的，能在其自身内部压力的作用下，将装于内部的灭火剂喷出实施灭火的器具。灭火器具有结构简单、轻便灵活及易操作使用等特点，它是扑救建筑初起火灾最基本、最有效的灭火器材。

一、灭火器的类型

灭火器类型繁多，分类方式主要有三种，即按使用方法分、按充装的灭火剂分和按驱动压力形式分。

（一）按使用方法分

1．手提式灭火器

灭火剂充装量小于 20kg 的灭火器为手提式灭火器。它具有质量小、能够手提移动及灭火轻便等特点，是应用比较广泛的一种灭火器。

2．推车式灭火器

推车式灭火器的灭火剂充装量在 20kg 以上，其车架上设有固定的车轮，可推行移动实施灭火，一般需要两人协同配合进行操作。推车式灭火器主要适用于石油、化工等企业。

3．背负式灭火器

能够用肩背着实施灭火的灭火器是背负式灭火器，其充装量一般也较大，为消防专业人员专用。

4．手抛式灭火器

手抛式灭火器内充干粉灭火剂，充装量较小，多数做成工艺品形状。灭火时将其抛掷到着火区域，干粉散开实施灭火，一般适用于家庭灭火。

5．悬挂式灭火器

悬挂式灭火器是一种悬挂在保护场所内，依靠着火时的热量将其引爆自动实施灭火的灭火器。

（二）按充装的灭火剂分

1．水型灭火器

水型灭火器充装的灭火剂主要是清洁水，有的加入适量的防冻剂，以降低水的冰点，也有的加入适量润湿剂、阻燃剂及增稠剂等，以增强灭火性能。

2．泡沫型灭火器

泡沫型灭火器充装的是泡沫灭火剂，可分为空气泡沫型灭火器和化学泡沫型灭火器两种，实际工作中较常用的是空气泡沫型灭火器。

3．干粉型灭火器

干粉型灭火器内充装的灭火剂是干粉。干粉灭火剂的品种较多，因此根据灭火器内部充装的干粉灭火剂的不同，可分为碳酸氢钠干粉灭火器、磷酸铵盐干粉灭火器及氨基干粉灭火器。由于碳酸氢钠干粉只适用于 B、C 类火灾，因此又称 BC 干粉灭火器。磷酸铵盐干粉能适用于 A、B、C 类火灾，因此又称 ABC 干粉灭火器。干粉型灭火器是我国目前使用比较广泛的一种灭火器。

4．二氧化碳型灭火器

二氧化碳型灭火器是一种利用其内部充装的液态二氧化碳的蒸气压将二氧化碳喷出实施灭火的灭火器。由于二氧化碳灭火剂具有灭火不留痕迹，并具有电绝缘性能等特点，因此比较适用于扑救 600V 以下的有带电电器、贵重设备、图书资料及仪器仪表等场所的初起火灾。但其灭火效能较差，使用时要注意避免冻伤的危害。

（三）按驱动压力形式分

1．储气瓶式灭火器

这类灭火器的动力气体储存在专用的小钢瓶内，是和灭火剂分开储存的，小钢瓶有外置和内置两种形式。使用时将高压动力气体释放，充装到灭火剂储瓶内作为驱动灭火剂的动力。这种类型的灭火器平时筒体不受压，筒体若存在质量问题不易被发现，使用时筒体突然受到高压，有可能会出现事故。

2．储压式灭火器

储压式灭火器是通过将高压动力气体和灭火剂储存在同一个容器内，使用时依靠动力气体的压力驱动灭火剂喷出的，是一种较常见的驱动压力形式。

3．化学反应式灭火器

在灭火器筒体内将酸性水溶液和碱性水溶液混合，以两者发生化学反应产生的二氧化碳气体作为驱动压力将灭火剂喷出的灭火器为化学反应式灭火器。碱性灭火器和化学泡沫灭火器就属于这类灭火器，但由于安全原因，这类灭火器已被淘汰。

二、灭火器的主要技术性能

（一）灭火器的喷射性能

1．有效喷射时间

有效喷射时间是指灭火器在最大开启状态下，自灭火剂从喷嘴喷出，到灭火剂喷射结束的时间。不同的灭火器，对有效喷射时间的要求也不同，但必须满足在最高使用温度条件下不得低于 6s。

2．喷射滞后时间

喷射滞后时间是指自灭火器开启后到喷嘴开始喷射灭火剂的时间。喷射滞后时间反映了灭火器动作速度的快慢，技术上一般要求在灭火器的使用温度范围内，其喷射滞后时间不大于 5s，间歇喷射的滞后时间不大于 3s。

3．有效喷射距离

有效喷射距离是指灭火器有效喷射灭火的距离，它指的是从灭火器喷嘴顶端起，到喷出的灭火剂最集中处中心的水平距离。不同的灭火器都有不同的有效喷射距离要求。

4．喷射剩余率

喷射剩余率是指额定充装状态下的灭火器，在喷射到内部压力与外部环境压力相等时（也就是不再有灭火剂从灭火器喷嘴喷出时），内部剩余灭火剂量相对于额定充装量的百分比。一般的要求是，在 20±5℃时，不大于 10%；在灭火器的使用温度范围内，不大于 15%。

（二）灭火器的灭火性能

灭火器的灭火性能是通过实验来测定的。对于同一种灭火剂类型的灭火器而言，灭火能力强弱由其充装量决定，衡量标准是灭火级别。充装量大的灭火能力强，灭火级别高。

1．灭 A 类火的能力

灭 A 类火的能力是按照标准的试验方法，由灭火器能够扑灭的最大木条垛火灾来确定的，主要有 3A、5A、8A、13A、21A 及 34A 等几个级别。

2．灭 B 类火的能力

灭 B 类火的能力是按照标准的试验方法，由灭火器能够扑灭的最大油盘火来确定的，油盘的面积与灭火级别有一个一一对应关系。例如 0.2m^2 大的油盘对应的灭火级别是 1B，24m^2 大的油盘对应的灭火级别是 120B 等。

从以上规定可以看出，在灭火器的灭火级别中，前面的系数代表的是灭火器灭火能力的强弱，系数大的灭火能力强；后面的字母代表的是所能扑救的火灾类别。灭火器的类型、规格和灭火级别详见表 10-5 和表 10-6。

表 10-5 手提式灭火器类型、规格和灭火级别

灭火器类型	灭火剂充装量（规格）		灭火器类型规格代码（型号）	灭火级别	
	/L	/kg		A 类	B 类
水型	3	—	MS/Q3	1A	-
			MS/T3		55B
	6	—	MS/Q6	1A	-
			MS/T6		55B
	9	—	MS/Q9	2A	-
			MS/T9		89B
泡沫	3	—	MP3、MP/AR3	1A	55B
	4	—	MP4、MP/AR4	1A	55B
	6	—	MP6、MP/AR6	1A	55B
	9	—	MP9、MP/AR9	2A	89B
干粉（碳酸氢钠）	—	1	MF1	—	21B
	—	2	MF2	—	21B
	—	3	MF3	—	34B
	—	4	MF4	—	55B
	—	5	MF5	—	89B
	—	6	MF6	—	89B
	—	8	MF8	—	144B
	—	10	MF10	—	144B
干粉（磷酸铵盐）	—	1	MF/ABC1	1A	21B
	—	2	MF/ABC2	1A	21B
	—	3	MF/ABC3	2A	34B
	—	4	MF/ABC4	2A	55B
	—	5	MF/ABC5	3A	89B
	—	6	MF/ABC6	3A	89B
	—	8	MF/ABC8	4A	144B
	—	10	MF/ABC10	6A	144B
卤代烷（1211）	—	1	MY1	—	21B
	—	2	MY2	（0.5A）	21B
	—	3	MY3	（0.5A）	34B
	—	4	MY4	1A	34B
	—	6	MY6	1A	55B
二氧化碳	—	2	MT2	—	21B
	—	3	MT3	—	21B
	—	5	MT5	—	34B
	—	7	MT7	—	55B

表 10-6 推车式灭火器类型、规格和灭火级别

灭火器类型	灭火剂充装量（规格）		灭火器类型规格代码（型号）	灭火级别	
	/L	/kg		A 类	B 类
水型	20		MST20	4A	—
	45		MST40	4A	—
	60		MST60	4A	—
	125		MST125	6A	—
泡沫	20		MPT20、MPT/AR20	4A	113B
	45		MPT40、MPT/AR40	4A	144B
	60		MPT60、MPT/AR60	4A	233B
	125		MPT125 MPT/AR125	6A	297B
干粉（碳酸氢钠）	—	20	MFT20	—	183B
	—	50	MFT50	—	297B
	—	100	MFT100	—	297B
	—	125	MFT125	—	297B
干粉（磷酸铵盐）	—	20	MFT/ABC20	6A	183B
	—	50	MFT/ABC50	8A	297B
	—	100	MFT/ABC100	10A	297B
	—	125	MFT/ABC125	10A	297B
卤代烷（1211）	—	10	MYT10	—	70B
	—	20	MYT20	—	144B
	—	30	MYT30	—	183B
	—	50	MYT50	—	297B
二氧化碳	—	10	MTT10	—	55B
	—	20	MTT20	—	70B
	—	30	MTT30	—	113B
	—	50	MTT50	—	183B

三、灭火器的应用

正确、合理地应用灭火器是成功扑救初起火灾的重要保证，要予以充分的重视。

（一）灭火器的选择

1. 灭火器的类型选择

每一类灭火器都有其特定的扑救火灾类别，配置灭火器时，应根据不同的火灾种类，选择相适应的灭火器。火灾种类按照燃烧物质的类别可划分为 A、B、C、D、E 五类，其中 A 类火灾为固体物质火灾，B 类火灾为液体火灾或可熔化固体物质火灾，C 类火灾为气体火灾，D 类火灾为金属火灾，E 类火灾为带电物体燃烧的火灾。

1）扑救 A 类火灾应选用水型、泡沫及磷酸铵盐干粉型灭火器。

2）扑救 B 类火灾应选用干粉、泡沫及二氧化碳型灭火器。应当注意的是化学泡沫灭火

器不能灭 B 类极性溶剂火灾，如醇、醛、酮、醚及酯等。

3）扑救 C 类火灾应选用干粉、二氧化碳型灭火器。

4）扑救 E 类火灾应选用二氧化碳、干粉型灭火器。

5）扑救 A、B、C、E 类火灾应选用磷酸铵盐干粉型灭火器。

6）扑救 D 类火灾的灭火器材应由设计部门和当地公安机关消防机构协商解决。

7）扑救 E 类火灾应选用干粉、泡沫型灭火器。

在选用灭火器时，应考虑不同灭火剂间可能产生的相互反应、污染及其对灭火的影响。

2．同一配置场所内灭火器的选择

1）在同一配置场所，应当尽量选用同一类型、操作方法相同的灭火器。这样可以为培训灭火器使用人员提供方便，为灭火器使用人员熟悉操作和积累灭火经验提供方便，同时也便于灭火器的维护保养。

2）在同一配置场所，当选用 2 种或 2 种以上类型灭火器时，应选用灭火剂相容的灭火器，以便充分发挥各自灭火器的灭火效能。灭火剂的不相容性见表 10-7。

表 10-7　灭火剂的不相容性

类　型	相互间不相容灭火剂	
干粉与干粉	磷酸铵盐	碳酸氢钠、碳酸氢钾
干粉与泡沫	碳酸氢钾	蛋白泡沫、化学泡沫
	碳酸氢钠	蛋白泡沫、化学泡沫
泡沫与泡沫	蛋白泡沫、氟蛋白泡沫	水成膜泡沫

磷酸铵盐灭火剂与碳酸氢钠灭火剂或碳酸氢钾灭火剂之所以不相容，是因为在火灾中的水蒸气的水解作用下，前者呈酸性（生成磷酸），后者呈碱性（生成氢氧化钠），两者会发生酸碱中和反应，降低了灭火效力。碳酸氢钠或碳酸氢钾灭火剂与蛋白泡沫或化学泡沫灭火剂之所以不相容，除了因为会发生上述的酸碱中和反应外，还因为碳酸氢钠或碳酸氢钾灭火剂会从泡沫液中吸收一定量的水分而产生泡沫消失现象。水成膜泡沫与蛋白泡沫或氟蛋白泡沫联用时会因水溶性而降低后者的灭火效能。

3．选择灭火器的注意事项

（1）对保护对象的污损程度　不同类型的灭火器在灭火时不可避免地要对被保护物品产生程度不同的污损。泡沫、水及干粉灭火器的污损较为严重，而气体灭火器（如二氧化碳灭火器）则非常轻微。为了保证贵重物质与设备免受不必要的污渍损失，选择灭火器时应充分考虑其对保护物品的污损程度。

（2）配置场所的人员情况　灭火器是靠人来操作的，因此，选择灭火器时还应考虑到配置场所内工作人员的年龄、性别及职业等情况，以适应他们的身体素质。如一般情况下多选择手提式灭火器，对女性、年龄小或老的人员较多的场所，应设置充装量小、重量轻的灭火器。

（3）配置场所的环境温度　配置场所的环境温度对灭火器的技术性能和安全性能有较大的影响，如环境温度过低，灭火器的喷射性能就会变差；环境温度过高，灭火器内部压力倍增，就有爆炸伤人的危险。因此，在选择灭火器时应注意灭火器的使用温度范围是否与环境温度相符，各类灭火器的使用温度范围见表 10-8。

表 10-8 灭火器的使用温度范围

（单位：℃）

灭火器类型		使用温度范围
水型、泡沫灭火器		4～55
干粉灭火器	储气瓶式	-10～55
	储压式	-20～55
卤代烷灭火器		-20～55
二氧化碳灭火器		-10～55

（4）灭火器的有效灭火程度 在选择灭火器时，有时会出现某一类火灾可采用多种类型的灭火器来扑救的情况，此时应参照表 10-5 和表 10-6 考虑灭火器的灭火有效程度。如在扑救 B 类火灾时，一具 7kg 的二氧化碳灭火器的灭火能力（55B）就不如一具 5kg 的干粉灭火器的灭火能力（89B）强。一般而言，可供选择的灭火器类型有两种以上时，在灭火器灭火级别大致相等的情况下，可选择充装量较小（重量小）的灭火器，以减轻灭火时的负重。

（二）灭火器操作使用注意事项

1）要熟悉灭火器的使用说明书。了解灭火器适宜扑救的火灾种类、使用温度范围、操作使用要求及日常维护等。

2）扑救室外火灾时要站在着火部位的上风或侧风方向，以防火灾对身体造成威胁。

3）扑救电气火灾时，要注意防触电。比如应加强绝缘防护，穿绝缘鞋和戴绝缘手套，并站在干燥地带等。

4）使用大多数手提式灭火器灭火时，要保持罐体直立，切不可将灭火器平放或颠倒使用，以防驱动气体泄漏，中断喷射。

5）使用泡沫灭火器扑救可燃液体火灾时，如果液体呈流淌状，喷射的泡沫应从着火区边缘由远而近地覆盖在液体表面上。如果是容器中的液体着火，应将泡沫喷射在容器的内壁上，使泡沫沿容器内壁流到液体表面加以覆盖，要避免将泡沫直接喷射在液体表面，以防射流的冲击力将液体冲出容器而扩大燃烧范围，增大扑救难度。

6）在狭小的空间使用二氧化碳型灭火器灭火时，灭火后操作者要迅速撤离。火灾被扑救熄灭后，应先打开房间门窗通风，然后人员方可进入，以防窒息或中毒。另外，使用二氧化碳灭火器时，应佩戴防护手套，未佩戴时，不要直接用手握灭火器喷筒或金属管，以防冻伤。

（三）灭火器的设置

1．设置位置

灭火器应设置在配置场所内明显易取的部位，否则应有明显的指示标志。当在室内设置时，应设置在走道、楼梯间及大厅等公共部位，且不得影响安全疏散。当设置于室外时，应有相应的保护措施。

2．设置高度

手提式灭火器的设置应保证其顶部距离地面的高度不大于 1.5m，底部距离地面的高度不小于 0.15m。

3．设置环境

灭火器应设置在干燥、无强腐蚀性的地方或部位，否则应有相应的保护措施。

4．设置数量

为确保安全，一个配置场所至少应设置 2 具灭火器，保证在一具灭火器不能使用时，可以使用另一具灭火器实施灭火。一个配置点配置的灭火器不应超过 5 具，这主要是考虑当一个配置点配置的灭火器数量太多时，每具灭火器的型号就会太小，灭火剂充装量少，喷射时间短，不利于灭火。

四、灭火器配置设计计算步骤

（一）确定灭火器配置场所的危险等级

1．工业建筑灭火器配置场所的危险等级

根据工业建筑（厂房、仓库）生产、使用、储存物品的火灾危险性，可燃物数量，火灾蔓延速度及扑救难易程度等因素，将工业建筑灭火器配置场所的危险等级划分为严重危险级、中危险级和轻危险级三个级别。

（1）严重危险级　火灾危险性大，可燃物多，起火后蔓延迅速，扑救困难，容易造成重大财产损失的场所。

（2）中危险级　火灾危险性较大，可燃物较多，起火后蔓延较迅速，扑救较难的场所。

（3）轻危险级　火灾危险性较小，可燃物较少，起火后蔓延较缓慢，扑救较易的场所。

工业建筑灭火器配置场所的危险等级举例见表 10-9。

2．民用建筑灭火器配置场所的危险等级

根据民用建筑灭火器配置场所的使用性质，人员密集程度，用电、用火情况，可燃物数量，火灾蔓延速度及扑救难易程度等因素，将民用建筑危险等级划分为严重危险级、中危险级和轻危险级三个级别。

（1）严重危险级　使用性质重要，人员密集，用电、用火多，可燃物多，起火后蔓延迅速，扑救困难，容易造成重大财产损失或人员群死群伤的场所。

（2）中危险级　使用性质较重要，人员较密集，用电、用火较多，可燃物较多，起火后蔓延较迅速，扑救较难的场所。

（3）轻危险级　使用性质一般，人员不密集，用电、用火较少，可燃物较少，起火后蔓延较缓慢，扑救较易的场所。

民用建筑灭火器配置场所的危险等级举例见表 10-10。

表 10-9 工业建筑灭火器配置场所危险等级举例

危险等级	举例	
	厂房和露天、半露天生产装置区	库房和露天、半露天堆场
严重危险级	1. 闪点小于60℃的油品和有机溶剂的提炼、回收、洗涤部位及其泵房、灌桶间；2. 橡胶制品的涂胶和胶浆部位；3. 二硫化碳的粗馏、精馏工段及其应用部位；4. 甲醇、乙醇、丙酮、丁酮、异丙醇、醋酸乙酯及苯等的合成、精制厂房；5. 植物油加工厂的浸出厂房；6. 洗涤剂厂房石蜡裂解部位、冰醋酸裂解厂房；7. 环氧氢丙烷、苯乙烯厂房或装置区；8. 液化石油气灌瓶间；9. 天然气、石油伴生气、水煤气或焦炉煤气的净化（如脱硫）厂房压缩机室及鼓风机室；10. 乙炔站、氢气站、煤气站、氧气站；11. 硝化棉、赛璐珞厂房及其应用部位；12. 黄磷、赤磷制备厂房及其应用部位；13. 樟脑或松香提炼厂房、焦化厂精萘厂房；14. 煤粉厂房和面粉厂房的碾磨部位；15. 谷物筒仓工作塔、亚麻厂的除尘器和过滤器室；16. 氯酸钾厂房及其应用部位；17. 发烟硫酸或发烟硝酸浓缩部位；18. 高锰酸钾、重铬酸钠厂房；19. 过氧化钠、过氧化钾及次氯酸钙厂房；20. 各工厂的总控制室、分控制室；21. 国家和省级重点工程的施工现场；22. 发电厂（站）和电网经营企业的控制室、设备间	1. 化学危险物品库房；2. 装卸原油或化学危险物品的车站、码头；3. 甲、乙类液体储罐区、桶装库房及堆场；4. 液化石油气储罐区、桶装库房及堆场；5. 棉花库房及散装堆场；6. 稻草、芦苇及麦秸等堆场；7. 赛璐珞及其制品、漆布、油布、油纸及其制品，油绸及其制品库房；8. 酒精度为60%vol以上的白酒库房
中危险级	1. 闪点大于或等于60℃的油品和有机溶剂的提炼、回收工段及其抽送泵房；2. 柴油、机器油或变压器油灌桶间；3. 润滑油再生部位或沥青加工厂房；4. 植物油加工精炼部位；5. 油浸变压器室和高、低压配电室；6. 工业用燃油、燃气锅炉房；7. 各种电缆廊道；8. 油淬火处理车间；9. 橡胶制品压延、成型和硫化厂房；10. 木工厂房和竹、藤加工厂房；11. 针织品厂房和纺织、印染、化纤生产的干燥部位；12. 服装加工厂房、印染厂成品厂房；13. 麻纺厂粗加工厂房、毛涤厂选毛厂房；14. 谷物加工厂房；15. 卷烟厂的切丝、卷制及包装厂房；16. 印刷厂的印刷厂房；17. 电视机、收录机装配厂房；18. 显像管厂装配工段烧枪间；19. 磁带装配厂房；20. 泡沫塑料厂的发泡、成型、印片压花部位；21. 饲料加工厂房；22. 地市级及以下的重点工程的施工现场	1. 丙类液体储罐区、桶装库房、堆场；2. 化学、人造纤维及其织物和棉、毛、丝、麻及其织物的库房、堆场；3. 纸、竹、木及其制品的库房、堆场；4. 火柴、香烟、糖、茶叶库房；5. 中药材库房；6. 橡胶、塑料及其制品的库房；7. 粮食、食品库房、堆场；8. 电脑、电视机及收录机等电子产品及家用电器库房；9. 汽车、大型拖拉机停车库；10. 酒精度小于60%vol的白酒库；11. 低温冷库
轻危险级	1. 金属冶炼、铸造、铆焊、热轧、锻造及热处理厂房；2. 玻璃原料熔化厂房；3. 陶瓷制品的烘干、烧成厂房；4. 酚醛泡沫塑料的加工厂房；5. 印染厂的漂炼部位；6. 化纤厂后加工润湿部位；7. 造纸厂或化纤厂的浆粕蒸煮工段；8. 仪表、器械或车辆装配车间；9. 不燃液体的泵房和阀门室；10. 金属（镁合金除外）冷加工车间。11. 氟利昂厂房	1. 钢材库房、堆场；2. 水泥库房、堆场；3. 搪瓷、陶瓷制品库房、堆场；4. 难燃烧或非燃烧的建筑装饰材料库房、堆场；5. 原木库房、堆场；6. 丁、戊类液体储罐区、桶装库房及堆场

表 10-10 民用建筑灭火器配置场所危险等级举例

危险等级	举例
严重危险级	1. 县级及以上的文物保护单位、档案馆、博物馆的库房、展览室及阅览室；2. 设备贵重或可燃物多的实验室；3. 广播电台、电视台的演播室、道具间和发射塔楼；4. 专用电子计算机房；5. 城镇及以上的邮政信函和包裹分拣房、邮袋库、通信枢纽及其电信机房；6. 客房数在50间以上的旅馆、饭店的公共活动用房、多功能厅及厨房；7. 体育场（馆）、电影院、剧院、会堂、礼堂的舞台及后台部位；8. 住院床位在50张及以上的医院的手术室、理疗室、透视室、心电图室、药房、住院部、门诊部及病历室；9. 建筑面积在2 000m²及以上的图书馆、展览馆的珍藏室、阅览室、书库及展览厅；10. 民用机场的候机厅、安检厅及空管中心及雷达机房；11. 超高层建筑和一类高层建筑的写字楼、公寓楼；12. 电影、电视摄影棚；13. 建筑面积在1 000m²及以上的经营易燃易爆化学物品的商场、商店的库房及铺面；14. 建筑面积在200m²及以上的公共娱乐场所；15. 老人住宿床位在50张及以上的养老院；16. 幼儿住宿床位在50张及以上的托儿所、幼儿园；17. 学生住宿床位在100张及以上的学校集体宿舍；18. 县级及以上的党政机关办公大楼的会议室；19. 建筑面积在500m²及以上的车站和码头的候车（船）室、行李房；20. 城市地下铁道、地下观光隧道；21. 汽车加油站、加气站；22. 机动车交易市场（包括旧机动车交易市场）及其展销厅；23. 民用液化气、天然气灌装站、换瓶站及调压站
中危险级	1. 县级以下的文物保护单位、档案馆、博物馆的库房、展览室及阅览室；2. 一般的实验室；3. 广播电台电视台的会议室、资料室；4. 设有集中空调、电子计算机及复印机等设备的办公室；5. 城镇以下的邮政信函和包裹分拣房、邮袋库、通信枢纽及其电信机房；6. 客房数在50间以下的旅馆、饭店的公共活动用房、多功能厅和厨房；7. 体育场（馆）、电影院、剧院、会堂及礼堂的观众厅；8. 住院床位在50张以下的医院的手术室、理疗室、透视室、心电图室、药房、住院部、门诊部及病历室；9. 建筑面积在2 000m²以下的图书馆、展览馆的珍藏室、阅览室、书库及展览厅；10. 民用机场的检票厅、行李厅；11. 二类高层建筑的写字楼、公寓楼；12. 高级住宅、别墅；13. 建筑面积在1 000m²以下的经营易燃易爆化学物品的商场、商店的库房及铺面；14. 建筑面积在200m²以下的公共娱乐场所；15. 老人住宿床位在50张以下的养老院；16. 幼儿住宿床位在50张以下的托儿所、幼儿园；17. 学生住宿床位在100张以下的学校集体宿舍；18. 县级以下的党政机关办公大楼的会议室；19. 学校教室、教研室；20. 建筑面积在500m²以下的车站和码头的候车（船）室、行李房；21. 百货楼、超市及综合商场的库房、铺面；22. 民用燃油、燃气锅炉房；23. 民用的油浸变压器室和高、低压配电室
轻危险级	1. 日常用品小卖店及经营难燃烧或非燃烧的建筑装饰材料商店；2. 未设集中空调、电子计算机及复印机等设备的普通办公室；3. 旅馆、饭店的客房；4. 普通住宅；5. 各类建筑物中以难燃烧或非燃烧的建筑构件分隔的并主要储存难燃烧或非燃烧材料的辅助房间

（二）确定灭火器配置场所的火灾种类

火灾种类有 A、B、C、D、E 五类，扑救不同种类的火灾时应选择相适应的灭火器。为正确配置灭火器，在灭火器配置设计时应准确确定配置场所的火灾种类。

（三）划分灭火器配置场所的计算单元

划分灭火器配置场所的计算单元应遵循下列三条规定：

1）灭火器配置场所的危险等级和火灾种类均相同的相邻场所，可将一个楼层或一个防火分区作为一个计算单元。如办公楼每层的成排办公室、宾馆每层的成排客房等，就可以按照楼层或防火分区将若干个配置场所合并作为一个计算单元配置灭火器。

2）灭火器配置场所的危险等级或火灾种类不相同的场所，应分别作为一个计算单元。如建筑物内相邻的化学实验室和电子计算机房，就应分别单独作为一个计算单元配置灭火器。

3）同一个计算单元不得跨越防火分区和楼层。

（四）计算灭火器配置场所各计算单元的面积

1）建筑物灭火器配置场所计算单元的面积按照建筑面积计算。

2）可燃物露天堆场，甲、乙、丙类液体储罐区及可燃气体储罐区应按堆垛、储罐的占地面积计算。

（五）计算灭火器配置场所各计算单元所需灭火级别

一般情况下，每个计算单元所需灭火级别应按下式计算

$$Q \geqslant \frac{KS}{U} \tag{10-2}$$

歌舞娱乐放映游艺场所、网吧、商场、寺庙以及地下场所等的每个计算单元所需灭火级别应按下式计算

$$Q \geqslant 1.3\frac{KS}{U} \tag{10-3}$$

式中 Q——计算单元所需灭火级别（A 或 B）；

S——计算单元的面积（m^2）；

K——计算修正系数；

U——灭火器配置基准（m^2/A 或 m^2/B）。

1. 计算修正系数（K）的确定

计算修正系数按照表 10-11 确定。

表 10-11　灭火器配置设计计算修正系数（K）

计算单元	K
未设室内消火栓系统和灭火系统	1.0
设有室内消火栓系统	0.9
设有灭火系统	0.7
设有室内消火栓系统和灭火系统	0.5
可燃物露天堆场，甲、乙、丙类液体储罐区及可燃气体储罐区	0.3

2．灭火器配置基准（U）

灭火器配置基准是指单位灭火级别（1A 或 1B）的最大保护面积。灭火器的最低配置基准见表 10-12 和表 10-13。

表 10-12 A 类火灾场所灭火器的最低配置基准

危险等级	严重危险级	中危险级	轻危险级
单具灭火器最小配置灭火级别	3A	2A	1A
单位灭火级别最大保护面积/（m^2/A）	50	75	100

表 10-13 B、C 类火灾场所灭火器的最低配置基准

危险等级	严重危险级	中危险级	轻危险级
单具灭火器最小配置灭火级别	89B	55B	21B
单位灭火级别最大保护面积/（m^2/B）	0.5	1.0	1.5

D 类火灾场所的灭火器最低配置基准应根据金属的种类、物态及其特性等研究确定。

E 类火灾场所的灭火器最低配置基准不应低于该场所内 A 类（或 B 类）火灾的规定。

（六）确定灭火器配置场所各计算单元的灭火器设置点位置和数量

灭火器设置点的位置和数量应根据灭火器的最大保护距离确定，并应保证最不利点至少在一个灭火器设置点的保护范围内。

1．灭火器的最大保护距离

灭火器的最大保护距离是指计算单元内任意一点至最近灭火器设置点的距离，A、B、C 类火灾场所灭火器的最大保护距离见表 10-14。

表 10-14 A、B、C 类火灾场所灭火器的最大保护距离 （单位：m）

火灾类别	A 类火灾			B、C 类火灾		
危险等级	严重危险级	中危险级	轻危险级	严重危险级	中危险级	轻危险级
手提式灭火器	15	20	25	9	12	15
推车式灭火器	30	40	50	18	24	30

D 类火灾场所的灭火器，其最大保护距离应根据具体情况研究确定。

E 类火灾场所的灭火器，其最大保护距离不应低于该场所内 A 类或 B 类火灾的规定。

2．灭火器设置点的合理性判断

判定灭火器设置点是否合理，关键是看计算单元内任意一点是否至少在一个灭火器设置点的保护范围内。判定的方法通常有两种：一种方法是以每一个灭火器设置点为圆心，以灭火器的最大保护距离为半径作圆，看计算单元内任意一点是否至少被一个圆覆盖；另一种方法是量取最不利点至最近灭火器设置点的距离，看其是否小于或等于灭火器的最大保护距离。当满足上述要求时，证明灭火器设置点设置合理。

（七）计算每个灭火器设置点的灭火级别

配置设计计算单元内每个灭火器设置点的灭火级别应按下式计算

$$Q_e \geqslant \frac{Q}{N} \quad (10\text{-}4)$$

式中　Q_e——计算单元中每个灭火器设置点的灭火级别（A 或 B）；

Q——计算单元所需灭火级别（A 或 B），由式（10-2）或式（10-3）计算得到；

N——计算单元内灭火器设置点的数量（个）。

（八）确定每个灭火器设置点的灭火器类型、规格和数量

根据每个灭火器设置点的灭火级别，参照表 10-5 或表 10-6 确定每个灭火器设置点的灭火器类型、规格和数量。

（九）确定每具灭火器的设置方式和要求，在设计图样上标明其类型、规格、数量和设置位置

各类灭火器图例符号见表 10-15。

表 10-15　各灭火器图例符号

符号	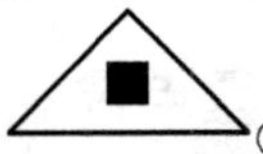 ①	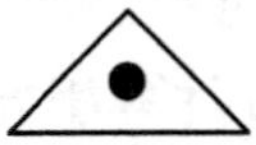 ④	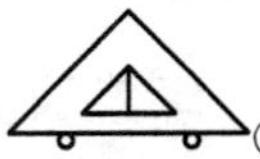 ⑦
名称	ABC 类干粉灭火器	泡沫灭火器	推车式卤代烷灭火器
符号	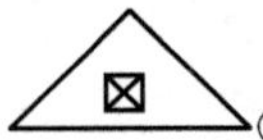 ②	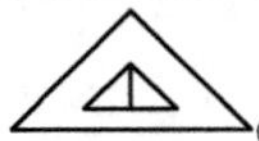 ⑤	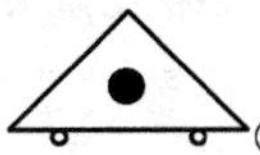 ⑧
名称	BC 类干粉灭火器	卤代烷灭火器	推车式泡沫灭火器
符号	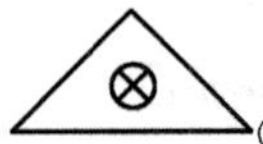 ③	 ⑥	 ⑨
名称	清水灭火器	二氧化碳灭火器	推车式 BC 类干粉灭火器

【思考与练习题】

1. 如何选择灭火器？
2. 操作使用灭火器时应注意哪些事项？
3. 在灭火器设置场所应如何配置灭火器？

第六节　建筑消防设施供电系统

【学习目标】

1. 了解消防供电系统的一般要求。
2. 掌握消防供电系统的负荷级别。

建筑自动报警及消防设备联动控制系统的工作特点是连续、不间断的，这就要求消防供电系统必须高度可靠。了解建筑消防设施供电系统的基本知识，是深入掌握建筑消防设施工

作原理及操作要领的关键。

一、消防供电系统的负荷级别

消防设备供电系统应能充分保障设备的工作性能，当火灾发生时能充分发挥消防设备的功能，将火灾损失降到最小。供电网上消防设备消耗的功率称为消防负荷，按照国家标准《供配电系统设计规范》（GB 50052—2009）的有关规定，消防供电系统的负荷分为一级消防负荷、二级消防负荷和三级消防负荷三个级别。

（一）一级消防负荷供电系统

一级消防负荷供电系统如图 10-34 所示。图 10-34a 中，表示采用不同电网构成双电源，两台变压器互为备用，单母线分段提供消防设备用电源；图 10-34b 中，表示采用同一电网双回路供电，两台变压器备用，单母线分段，设置柴油发电机组作为应急电源向消防设备供电，与主供电电源互为备用，满足一级负荷供电要求。

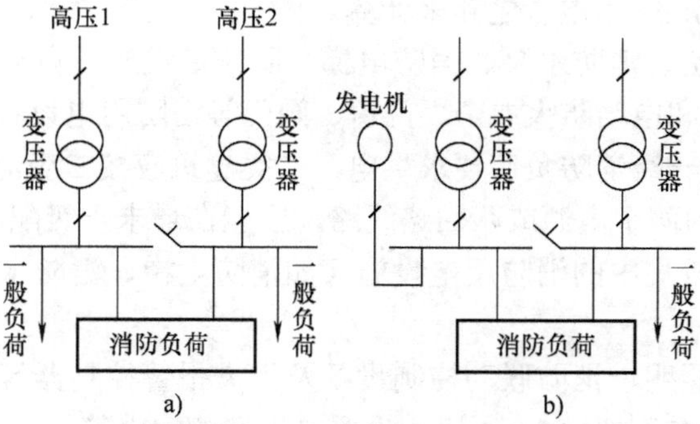

图 10-34　一级消防负荷供电系统

（二）二级消防负荷供电系统

二级消防负荷供电系统如图 10-35 所示，表示同一电网双回路供电，可满足二级负荷供电要求。

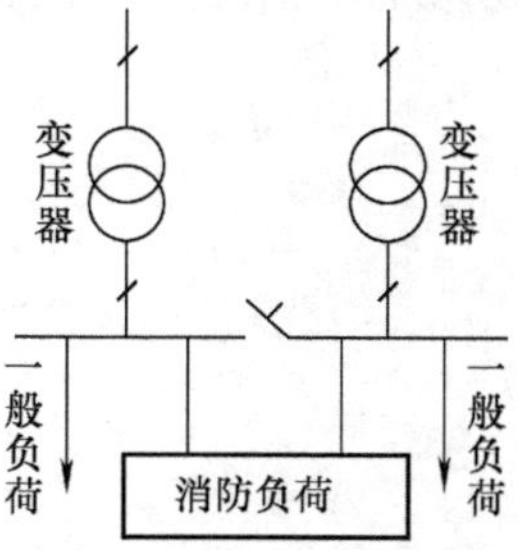

图 10-35　二级消防负荷供电系统

（三）三级消防负荷供电系统

不属于一、二级消防负荷供电系统的为三级消防负荷供电系统。三级消防负荷供电系统对供电没有特别要求，采用同一电网单回路供电即可。

二、消防供电系统的一般要求及规定

建筑中的火灾报警系统及消防设备联动控制系统的工作特点是连续、不间断的，为了保证消防系统的供电可靠性及配线的灵活性，根据《建筑设计防火规范》和《高层民用建筑设计防火规范》的规定，消防供电系统应满足以下要求：

1）火灾自动报警系统应设有主电源和直流备用电源。

2）火灾自动报警系统的主电源应采用消防电源，直流备用电源宜采用火灾报警控制器专用蓄电池。当直流备用电源采用消防系统集中设置的蓄电池时，火灾报警控制器应采用单独的供电回路，并能保证消防系统处于最大负荷状态时不影响火灾报警控制器的正常工作。

3）火灾报警系统中的CRT显示器、消防通信设备、计算机管理系统及火灾广播等的交流电源应由UPS装置供电，其容量应按火灾报警控制器在监视状态下工作24h后，再加上同时有两个分路报火警30min用电量之和来计算。

4）对于消防控制室、消防水泵、消防电梯、防排烟设施、自动灭火装置、火灾自动报警系统、火灾应急照明和电动防火卷帘、门窗、阀门等消防用电设备，一类建筑应按现行国家电力设计规范规定的一级消防负荷要求供电，二类建筑应按二级消防负荷要求供电。

5）消防用电设备的两个电源或两回路线路，应能在最末一级配电箱处自动切换。

6）对容量较大或较集中的消防用电设施（如消防电梯、消防水泵）应设配电室并采用放射式供电。

7）对于火灾应急照明、消防联动控制设备及火灾报警控制器等设施，若采用分散式供电，则应在各层（或最多不超过3～4层）设置专用消防配电箱。

8）消防联动控制装置的直流操作电压应采用24V。

9）消防用电设备的电源不应设漏电保护开关。

10）消防用电的自备应急发电设备，应设有自动启动装置，并能在30s内供电，当由市政供电转换到柴油发电机电源时，自动装置应执行先停后送程序，并应保证一定时间间隔。

11）在设有消防控制室的民用建筑中，消防用电设备的两个独立电源（或两回路线路）宜在下列场所的配电箱处自动切换：

① 消防控制室。

② 消防电梯机房。

③ 防排烟设备机房。

④ 火灾应急照明配电箱。

⑤ 各楼层配电箱。

⑥ 消防水泵房。

【思考与练习题】

1．如何理解消防供电系统的负荷级别？

2．一、二级消防负荷供电应满足什么要求？

第七节　建筑消防设施在灭火救援中的应用

【学习目标】

1. 熟悉利用建筑消防设施处置建筑火灾的指导思想。
2. 掌握建筑消防设施在灭火救援中的应用。

建筑消防设施已被广泛地设置于建、构筑物内，大量火灾案例表明，建筑消防设施对增强建、构筑物自身防护能力，对处置建、构筑物火灾发挥着巨大作用。消防队到达火灾现场后，如何充分利用建筑消防设施开展灭火救援，发挥建筑消防设施的最大功效，是成功处置建、构筑物火灾的关键。

一、利用建筑消防设施处置建筑火灾的指导思想

（一）牢固树立“固移结合”的灭火战术指导思想

“固移结合”中的“固”是指固定安装于建、构筑物内的消防设施，称为固定消防设施，也即建筑消防设施；“移”是指移动消防设施，这里特指消防部队的灭火救援装备。在处置建、构筑物火灾，特别是高层建筑火灾时，要牢固树立“以固为主、移动为辅、固移结合”的战术指导思想。

（二）切实加强固定消防设施应用专项训练和“六熟悉”“灭火演练”工作

要充分利用好固定消防设施处置建、构筑物火灾，应切实加强固定消防设施应用的专项训练和“六熟悉”“灭火演练”工作，熟悉固定消防设施的系统组成、工作原理及操作方法。只有这样，才能更好地发挥固定消防设施的作用，成功有效地处理建、构筑物火灾。

二、建筑消防设施在灭火救援中的应用

（一）火情侦察

1）利用火灾自动报警系统侦察火灾范围及火势发展蔓延的方向。灭火救援指挥员到达火灾现场后，要立即进入消防控制室，通过向消防控制中心值班人员了解和检查系统显示设备来确定火灾发生部位及可能蔓延发展的方向。

2）通过向消防控制室工作人员了解自动喷水灭火系统的水流指示器报警情况（自动喷水灭火系统动作情况），确定火灾发生的楼层或部位。

（二）人员疏散

1．利用应急广播系统稳定人员情绪，分区分段下达疏散命令

现场指挥人员进入消防控制室后，如果应急广播还未启动，应立即手动启动应急广播系统，通过应急广播系统疏散着火层、着火层上层和着火层下层人员的同时，向其他楼层的人

员通报情况，稳定人们的情绪，防止整个大楼的人员同时疏散，造成安全疏散混乱和堵塞。

2．启动正压送风系统和排烟系统，确保疏散通道安全

建筑发生火灾时，人员疏散以通过楼梯间的竖向疏散为主，设计人员根据建筑的层数和使用性质，设置了封闭楼梯间或防烟楼梯间，使人员进入楼梯间后到达相对安全的区域。因此，对设有正压送风系统和排烟系统的楼梯间应在消防控制室启动正压送风机和排烟风机，以保证楼梯间内不存在烟气。以上行动必须是在防火门关闭的条件下进行的，火灾时必须先采取关闭防火门后，启动正压送风系统和排烟系统方可发挥应有的作用，使人员安全疏散。

3．利用开启外墙窗户自然排烟的方法确保疏散通道安全

有些建筑，按照国家规范规定不用安装正压送风系统和排烟系统，此类建筑发生火灾，当烟雾还未蔓延到楼梯间及其前室时，火场灭火救援指挥员应及时派出战斗员佩戴空气呼吸器通过消防电梯或楼梯在火灾层的下一层逐层向上，打开走道或相关房间靠外墙的窗；当有部分烟雾蔓延到楼梯间及其前室时，打开楼梯间及其前室靠外墙的窗，必要时用手斧将窗上的玻璃砸碎，以及时排除烟雾，使人员得以安全疏散。

（三）建筑内部进攻路线的选择

高层建筑发生火灾时，安全有效的进攻路线有疏散楼梯和消防电梯。消防电梯是为消防队员及时近达火灾现场扑救火灾和为消防队员运送消防设备而设计的，因此，在选择内攻路线时应首选消防电梯。选择消防电梯作为进攻路线具有的优点是：一是可以节省消防队员的体力，为火灾扑救发挥更大作用；二是可以避免通过楼梯间进攻与疏散人群形成“撞车”现象，贻误灭火救援最佳战机。只有消防电梯因故障或其他原因不能使用时，才考虑通过楼梯间进攻。

（四）堵截火势

1．水平堵截火势

这里说的水平堵截火势是相对在同层设有几个防火分区的建筑而言。水平堵截火势必须抓住一个重点、三个环节，以防火分区为重点进行设防，按照“先控制，后灭火”的战术原则，将火势控制在一个防火分区内，然后消灭。第一个环节，调查清楚划分防火分区防火墙的走向，然后在部署灭火力量的同时，检查防火墙是否完好。有些单位在日常工作中往往因功能上的需要，私自在防火墙上挖洞或增设普通的门窗，如果不仔细检查往往火势会突破防火分区而扩大蔓延。第二个环节，对于采用防火卷帘或电控防火门分隔防火分区时，要在消防控制室控制或现场人工将其关闭。第三个环节，在消防控制室将通过防火墙的风管内的防火阀关闭，以防止火势通过风管突破防火分区而蔓延扩大。

2．竖向堵截火势

竖向堵截火势重点是在贯穿着火层与上层及下层的电缆井、管道井及垃圾井等处设防，防止火势从上述三个部位蔓延，同时还要对着火层上一层的窗口进行设防，以防止火势通过窗口向上蔓延。

（五）火场供水灭火

1．启动室内消火栓系统供水灭火

消防队员到达灭火阵地后，应迅速将室内消火栓处的水枪、水带与消火栓连接，开启消火栓灭火。同时，应按下手动火灾报警按钮，向消防控制中心发出火灾报警信号或远距离启动消防泵，确保火场用水量和压力要求。一般情况下，室内消火栓的设计数量能够满足火灾扑救的需要，但当火灾规模较大，可能需要在着火层上下几个楼层同时布置水枪时，就必须考虑能同时开启的室内消火栓数量问题（详见本章第二节相关内容）。

2．使用自动喷水灭火系统供水灭火

设有自动喷水灭火系统的建筑发生火灾时，灭火救援指挥员到达火场后，应了解自动喷水灭火系统的工作情况，如果到场后自动喷水灭火系统已经动作，则该火灾层的水流指示器已经报警，依据此点可以确定着火层，可派战斗员佩戴空气呼吸器，乘消防电梯迅速登高侦察火灾情况，决定是否采用消火栓系统灭火。如果建筑中已安装自动喷水灭火系统，但没有动作，灭火救援指挥员应安排战斗员利用室内消火栓系统灭火，同时安排建筑单位的技术人员迅速查清自动喷水灭火系统没有动作的原因，并及时排除。

3．使用水泵接合器供水灭火

当室内消防泵（自动喷水灭火系统水泵和室内消火栓系统水泵）不能正常工作时，采用垂直铺设水带或沿楼梯辅设水带，不但供水速度慢，而且供水效果差，此时应采用水泵接合器供水，以适应扑救建筑火灾的需要。

使用水泵接合器供水应注意以下事项：

1）明确水泵接合器供水区域和范围，如应分清主楼还是裙房；是供室内消火栓系统，还是供自动喷水灭火系统。

2）对于采取分区供水的高层建筑，要分清高、低区水泵接合器，以免误用，影响火场供水。

3）在没有设置水泵接合器或水泵接合器出现故障时，可使用该楼首层室内消火栓直接向管网供水。但是应注意，为防止水带爆裂，此时一般不可停泵，因为一旦停泵，水带将由承受动水压力迅速转变为承受较大的静水压力。若需停泵供水，则应先开启水泵出口，再停泵，以防因水带爆裂致使供水中断。

4）消防车泵和固定消防泵一旦形成并联，要注意符合并联条件，即压力要匹配。

（六）火场通信

在扑救建筑火灾中，消防部队除使用常规通信工具外，还可以采取以下两种方法保持火场通信畅通：一是利用消防控制室内的消防广播系统指挥火灾扑救。指挥员可在消防控制室内利用消防广播系统指挥战斗员的灭火行动，及时发布火场指挥部的命令，并提醒战斗员在灭火战斗中应注意的问题。二是利用对讲电话。部分建筑在设计施工时，均按要求在各楼层与水泵房、消防控制室等处安装了对讲电话插孔，战斗员可携带电话机，根据情况，将电话机插入电话插孔与有关部位的人员进行通话。

（七）科学断电

扑救建筑火灾时首先切断建筑的非消防电源是处理建筑火灾的一般常识，但在火灾初起阶段不加区别地将整幢建筑的非消防电源都切断的做法其实是不科学的。这是因为同时切断整幢建筑的非消防电源，极易引起建筑内人员惊慌和混乱，造成大量人员同时通过疏散楼梯进行疏散，造成人员踩踏事件；另外，当火灾事故照明灯和疏散指示灯出现故障时，切断整幢建筑的非消防电源还会造成疏散通道不畅。因此，火场断电应视具体情况区别对待。对不能采取统一断电的情形，应考虑采取分层或多楼层断电的方式，首先切断着火楼层及距离着火楼层较近的楼层的电，然后结合人员疏散、火势蔓延情况，依次切断距着火楼层较远的楼层的电，确保人员有序、安全疏散。

【思考与练习题】

1．利用建筑消防设施处理建筑火灾的指导思想是什么？

2．如何科学合理地应用建筑消防设施处理建筑火灾？

参考文献

[1] 公安部人民警察干部学校．建筑防火[M]．北京：群众出版社，1995．

[2] 同济大学，西安建筑科技大学，东南大学，等．房屋建筑学[M]．北京：中国建筑工业出版社，1997．

[3] 舒秋华．房屋建筑学[M]．武汉：武汉理工大学出版社，1995．

[4] 全国消防标准化技术委员会．GB 8624—2012　建筑材料及制品燃烧性能分级[S]．北京：中国标准出版社，2012．

[5] CA 哈珀．建筑材料防火手册[M]．公安部四川消防研究所，译．北京：化学工业出版社，2006．

[6] 过镇海，时旭东．钢筋混凝土的高温性能及其计算（影印版）[M]．北京：清华大学出版社，2003．

[7] 周白霞．建筑防火[M]．昆明：云南人民出版社，2005．

[8] 张树平．建筑防火设计[M]．北京：中国建筑工业出版社，2001．

[9] 张树平．建筑防火设计[M]．2 版．北京：中国建筑工业出版社，2009．

[10] 郭树林．建筑防火设计与审核细节[M]．北京：化学工业出版社，2009．

[11] 郭铁男．中国消防手册：第十卷：火灾扑救[M]．上海：上海科学技术出版社，2006．

[12] 公安部天津消防研究所．GB 50016—2006　建筑设计防火规范[S]．北京：中国计划出版社，2009．

[13] 中华人民共和国公安部．GB 50045—1995　高层民用建筑设计防火规范（2009 年版）[S]．北京：中国计划出版社，2009．

[14] 中华人民共和国建设部．GB 50352—2005　民用建筑设计通则[S]．北京：中国建筑工业出版社，2005．

[15] 蒋永琨．高层建筑防火设计手册[M]．北京：中国建筑工业出版社，2000．

[16] 李引擎．建筑防火工程[M]．北京：化学工业出版社，2004．

[17] 全国消防标准化技术委员会建筑构件耐火性能分技术委员会．GB 16809—2008　防火窗[S]．北京：中国计划出版社，2009．

[18] 全国消防标准化技术委员会建筑构件耐火性能分技术委员会．GB 12955—2008　防火门[S]．北京：中国标准出版社，2009．

[19] 全国消防标准化技术委员会．GB 14102—2005　防火卷帘[S]．北京：中国标准出版社，2005．

[20] 郭铁男．中国消防手册：第三卷：消防规划·公共消防设施·建筑防火设计[M]．上海：上海科学技术出版社，2007．

[21] 宋春红．建筑工程防火技术[M]．太原：山西科学技术出版社，2009．

[22] 宋光积．典型火灾案例选编[M]．北京：中国劳动社会保障出版社，2006．

[23] 上海市消防局．GB 50067—1997　汽车库、修车库、停车场设计防火规范[S]．北京：中国标准出版社，1998．

[24] 赵国凌．防排烟工程[M]．天津：天津科技翻译出版公司，1991．

[25] 杜红．防排烟工程[M]．北京：中国人民公安大学出版社，2003．

[26] 蔡云．通风与防排烟[M]．北京：警官教育出版社，1997．

[27] 全国消防标准化技术委员会建筑构件耐火性能分技术委员会．GA 533—2012　挡烟垂壁[S]．北京：中国标准出版社，2012．

[28] 徐志胜，姜学鹏．防排烟工程[M]，北京：机械工业出版社，2011．

[29] 李亚峰，马学文，张恒．建筑消防技术与设计[M]．北京：化学工业出版社，2005．
[30] 吕显智，周白霞．固定消防设施[M]．昆明：云南人民出版社，2006．
[31] 程远平，李增华．消防工程学[M]．徐州：中国矿业大学出版社，2002．
[32] 孙景芝，韩永学．电气消防[M]．北京：中国建筑工业出版社，2006．
[33] 孙景芝．电气消防技术[M]．北京：中国建筑工业出版社，2005．
[34] 沈瑞珠．楼宇智能化技术[M]．2 版．北京：中国建筑工业出版社，2013．
[35] 张学魁，景绒．建筑灭火设施[M]．西安：陕西旅游出版社，2000．